"十四五"职业教育国家规划教材

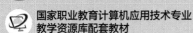 国家职业教育计算机应用技术专业
教学资源库配套教材

 iCourse·教材

高等职业教育计算机类课程新

U0590657

信息技术基础
项目化教程

（Windows 10+Office 2016）

（第2版）

▶主　编　曾爱林
▶副主编　钟江鸿　张全中　张洪川
　　　　　田　越　周钦青

中国教育出版传媒集团

高等教育出版社·北京

内容提要

本书为"十四五"职业教育国家规划教材，同时为国家职业教育计算机应用技术专业教学资源库配套教材及国家级精品资源共享课配套教材。

本书依据教育部最新颁布的《高等职业教育专科信息技术课程标准（2021年版）》的规范进行编写，充分贯彻以发展学生信息意识、计算思维、数字化创新与发展、信息社会责任"核心素养"为课程目标的新教学理念，精选项目案例、精心组织教学内容。本书共 18 个单元，分为基础篇和拓展篇，基础篇包括 Word 2016 文档处理、Excel 2016 电子表格处理、PowerPoint 2016 演示文稿制作、信息检索、新一代信息技术概述、信息素养与社会责任，以实际工作中的项目案例为载体进行教学内容组织，再辅以相关知识学习和拓展技能学习；拓展篇包括信息安全、项目管理、机器人流程自动化、程序设计基础、大数据、人工智能、云计算、现代通信技术、物联网、数字媒体、虚拟现实、区块链，通过新兴的信息技术应用案例来讲解相关概念、关键技术和典型应用。

本书配有微课视频、课程标准、授课计划、授课用 PPT、案例素材、习题库等数字化学习资源。与本书配套的数字课程在"智慧职教"平台（www.icve.com.cn）上线，学习者可登录平台在线学习，授课教师可调用本课程构建符合本校本班教学特色的 SPOC 课程，详见"智慧职教"服务指南。教师也可发邮件至编辑邮箱1548103297@qq.com 获取相关资源。

本书为高等职业院校"信息技术"或"计算机应用基础"公共基础课程教材，也可作为全国计算机等级考试一级计算机基础及 MS Office 应用考试及各类培训班的教材。

图书在版编目（CIP）数据

信息技术基础项目化教程：Windows 10+Office 2016 / 曾爱林主编. --2 版. --北京：高等教育出版社，2023.8

ISBN 978-7-04-058801-9

Ⅰ．①信… Ⅱ．①曾… Ⅲ．①Windows 操作系统-高等职业教育-教材②办公自动化-应用软件-高等职业教育-教材 Ⅳ．①TP316.7②TP317.1

中国版本图书馆 CIP 数据核字（2022）第 105771 号

Xinxi Jishu Jichu Xiangmuhua Jiaocheng（Windows 10+Office 2016）

策划编辑	吴鸣飞	责任编辑	吴鸣飞	封面设计	赵 阳	版式设计	于 婕
责任绘图	杨伟露	责任校对	马鑫蕊	责任印制	赵义民		

出版发行	高等教育出版社	网 址	http://www.hep.edu.cn	
社 址	北京市西城区德外大街 4 号		http://www.hep.com.cn	
邮政编码	100120	网上订购	http://www.hepmall.com.cn	
印 刷	北京盛通印刷股份有限公司		http://www.hepmall.com	
开 本	787 mm×1092 mm 1/16		http://www.hepmall.cn	
印 张	19.5	版 次	2019 年 3 月第 1 版	
			2023 年 8 月第 2 版	
字 数	510 千字			
购书热线	010-58581118	印 次	2023 年 8 月第 1 次印刷	
咨询电话	400-810-0598	定 价	55.00 元	

"智慧职教" 服务指南

"智慧职教"（www.icve.com.cn）是由高等教育出版社建设和运营的职业教育数字教学资源共建共享平台和在线课程教学服务平台，与教材配套课程相关的部分包括资源库平台、职教云平台和 App 等。用户通过平台注册，登录即可使用该平台。

● 资源库平台：为学习者提供本教材配套课程及资源的浏览服务。

登录"智慧职教"平台，在首页搜索框中搜索"信息技术基础项目化教程"，找到对应作者主持的课程，加入课程参加学习，即可浏览课程资源。

● 职教云平台：帮助任课教师对本教材配套课程进行引用、修改，再发布为个性化课程（SPOC）。

1. 登录职教云平台，在首页单击"新增课程"按钮，根据提示设置要构建的个性化课程的基本信息。

2. 进入课程编辑页面设置教学班级后，在"教学管理"的"教学设计"中"导入"教材配套课程，可根据教学需要进行修改，再发布为个性化课程。

● App：帮助任课教师和学生基于新构建的个性化课程开展线上线下混合式、智能化教与学。

1. 在应用市场搜索"智慧职教 icve"App，下载安装。

2. 登录 App，任课教师指导学生加入个性化课程，并利用 App 提供的各类功能，开展课前、课中、课后的教学互动，构建智慧课堂。

"智慧职教"使用帮助及常见问题解答请访问 help.icve.com.cn。

前　　言

信息技术已成为经济社会转型发展的主要驱动力，是建设创新型国家、制造强国、网络强国、数字中国、智慧社会的基础支撑，是支撑当今经济活动和社会生活的基石。如何培养大学生的综合信息素养，已成为各高等职业院校共同关注的焦点。

2021年4月，教育部颁布了《高等职业教育专科信息技术课程标准（2021年版）》（简称"新课标"），明确提出了以发展学生信息意识、计算思维、数字化创新与发展、信息社会责任四大"核心素养"为课程目标的新理念。本书编写团队充分贯彻新课标的课程目标，精选教学内容、精心组织编写本书。

本书为"十四五"职业教育国家规划教材，同时为国家职业教育计算机应用技术专业教学资源库配套教材及国家级精品资源共享课配套教材。本书内容紧跟主流信息技术，以基于工作过程的理念，以真实项目为载体，采用任务方式开展教学，知行合一，尤其注重提升学生的实践能力和创新意识。本书力求取材合理、深度适当、内容实用、操作步骤通俗易懂，对关键点进行了配图说明，以便学生自学。本书共18个单元，分为基础篇和拓展篇，基础篇包括Word 2016文档处理、Excel 2016电子表格处理、PowerPoint 2016演示文稿制作、信息检索、新一代信息技术概述、信息素养与社会责任；拓展篇包括信息安全、项目管理、机器人流程自动化、程序设计基础、大数据、人工智能、云计算、现代通信技术、物联网、数字媒体、虚拟现实、区块链。

本书项目案例以基于工作过程的理念，精心设计教学内容，以真实项目为载体，以提升学生信息技术核心素养为目标，在项目中以多个任务逐步展开知识点和相关技能，同时将中国传统文化和社会主义核心价值观与案例教学相结合，落实新课标中立德树人教学要求，采用"项目要求→项目实现→相关知识→拓展学习→课后练习"的结构组织内容，具有较强的针对性、实用性和可操作性。

为推进党的二十大精神进教材、进课堂、进头脑，进一步全面落实立德树人的根本任务，努力培养德智体美劳全面发展的新时代建设者和接班人，在本书的改版过程中，首先依据教育部颁布的新课标及目前最新的课程教学改革成果，将新课标新增的内容（基础模块中的信息检索、新一代信息技术概述、信息素养与社会责任；拓展模块中的信息安全、项目管理、机器人流程自动化、程序设计基础、大数据、人工智能、云计算、现代通信技术、物联网、数字媒体、虚拟现实、区块链）融入教材和配套的数字化教学资源中，将新技术、新工艺、新规范、典型生产案例及时纳入教学内容，进一步推动现代信息技术与教育教学深度融合，突出展示以高科技为代表的高质量创新驱动发展在现代化建设中的基础性、战略性支撑作用，贯彻"科技是第一生产力、创新是第一动力"指导思想；其次，对各单元所蕴含的高素质信息技术人才培养目标进行深入挖掘，总结并提炼出相应的素养提升环节放置在各单元的开始位置，作为教师教学和学生学习的先导内容，引导学生树立良好的创新意识、协作意识、质量意识、法律意识以及社会责任意识，加强行为规范与思想意识的引领作用，落实以人才为第一资源的科教兴国和人才强国战略，进一步将教材建设和教书育人结合起来，为建设社会主义现代化强国助力。

本书配有微课视频、课程标准、授课计划、授课用 PPT、案例素材、习题库等数字化学习资源。与本书配套的数字课程在"智慧职教"平台（www.icve.com.cn）上线，学习者可登录平台在线学习，授课教师可调用本课程构建符合本校本班教学特色的 SPOC 课程，详见"智慧职教"服务指南。教师也可发邮件至编辑邮箱 1548103297@qq.com 获取相关资源。

本书由曾爱林担任主编并统稿，钟江鸿、张全中、张洪川、田越、周钦青担任副主编，郭琳、杨万春、王丽扬、吴敏、李俊、张宇辉、杨磊、宋玉宏、罗曼、毕经美、金波担任参编，具体分工如下：单元 1 由钟江鸿编写，单元 2 由张全中编写，单元 3 由周钦青、曾爱林共同编写，单元 4 由田越编写，单元 5 和单元 6 由张洪川编写，单元 7 郭琳编写，单元 8 由杨万春编写，单元 9 由王丽扬编写，单元 10 由吴敏编写，单元 11 由李俊编写，单元 12 由钟江鸿编写，单元 13 由张宇辉编写，单元 14 由杨磊编写，单元 15 由宋玉宏编写，单元 16 由曾爱林编写，单元 17 由罗曼编写，单元 18 由毕经美、金波共同编写。

由于信息技术发展日益更新，加上编者水平有限，疏漏之处在所难免，恳请广大读者批评指正。

编　者

2023 年 6 月

目　录

基　础　篇

拓　展　篇

基　础　篇

单元 1　Word 2016 文档处理

【单元导读】

Microsoft Word 是目前应用最广泛的文本编辑软件之一，具有"所见即所得"和"操作简单快捷"的特点，因而大大地降低了学习成本。

Word 作为一款入门级的排版软件，足以满足人们日常生活和工作所需，而作为一名初学者，可以按照"内容的创建和内容的编辑"这条主线来掌握 Word 文本处理工具的操作，本书中的编辑也可用处理/加工/管理等词语来理解；其思路也适合所有工具类软件的学习，只是因内容不同，创建和编辑的方式不同，即对应的"增删改查"的方式不同。

在 Word 这个场景中，内容依据其表现形式可归纳为文本、表格和图这三类元素。按照"内容的创建、内容的编辑和内容的查找"这条主线，本单元的主要学习内容如下：

① 文本、表格、图等元素的创建与编辑、元素之间相互混合时的创建与编辑。

② 和文档相关的页面设置，如页眉/页脚、水印、脚注/尾注、水印等创建与编辑。

③ 提高办公效率的工具：邮件合并。

④ 格式的集大成者：样式的创建、编辑及应用。

本书以项目案例的方式融合以上学习内容和操作技巧，再辅以相应的操作练习题帮助读者自主练习，提升技能。

素养提升　单元 1
Word 2016 文档
处理

项目 1.1　熟悉键盘指法和常用快捷键

文本处理是针对已有的文本进行加工，所以熟悉键盘、输入文本是第一步，对于完全没有基础的读者，在较短的时间内尽快熟悉键盘是顺利开始本书学习的不二选择，同时为了提升学习效率，应尽快熟悉常用键和高频使用的快捷键。

PPT:
熟悉键盘指法和常用
快捷键

1. 项目要求

① 盲打英文速度不低于 165 字符/分钟或者中文输入速度不低于 65 字/分钟，统计成绩时间不低于 5 分钟。

② 熟悉键盘布局，熟悉键盘上 Ctrl、Alt、Shift 等常用键的用法，掌握 Windows 10 的常用功能键。

2. 项目实现

任务 1.1.1 键盘指法及速度练习

按照正确的指法练习中/英文输入，课后自行练习，直到满足本项目的最低要求。推荐练习打字网站：金山打字通。

任务 1.1.2 常用键和高频快捷键自测

新建一个空白文档，键入双引号中 "=rand()" 的 7 个字符，产生一段随机文本，作为自测的文本素材，完成如下自测。

① 如何删除当前光标之前的字符？如何删除当前光标之后的字符？
② 确认插入、改写状态并实现两者之间的切换。
③ 确认键盘空格键、Backspace 键、Delete 键、Insert 键的位置，体验其功能。
④ 确认英文字母大/小写的切换键。
⑤ 光标的定位：当前行首、行尾、文档的开始和文档的结尾。
⑥ 中文、英文的输入切换，中文输入法的选择。
⑦ 确认数字小键盘的激活键。

```
<a href=" http://www.sdpt.edu.cn" > @顺德职业技
术学院、顺德 职院!@ </a>
常用的中文符号："/【】《》¥、—，√，、/"
```

图 1-1 常见符号的输入

⑧ 确认制表键的位置并体验其功能。
⑨ 如何撤销上一个操作？那么反撤销操作呢？
⑩ 确认 Win 键位置及 Win 键的至少 3 种常用组合键。
⑪ 体验 Ctrl 键不少于 5 种的功能。
⑫ 体验 Alt 键不少于 5 种的功能。
⑬ 在 Word 中输入如图 1-1 所示的内容。

3. 相关知识

本项目是 Word 的入门项目，尽快熟悉键盘和指法是第一要务，不仅为本书后续学习效率的提升做好了铺垫，也是职场所需的必备技能之一。

对于对计算机十分陌生的读者，可以参考如图 1-2 所示的键盘了解键盘四个分区：功能键区、主键盘区、光标控制区和小键盘区。

图 1-2 键盘参考布局及结构

　　所有软件的大部分功能操作可利用"鼠标+菜单"的方式，也可利用组合键/快捷键（即"键盘"方式）来实现。而利用"键盘"的操作方式是"菜鸟"进阶到"高手"的标志之一。

　　在混合输入中英文时，要频繁地遇到中/英文的切换、半角/全角的切换以及中/英文符号的切换等问题，其相应的组合键/快捷键可参考表 1-1。

表 1-1　输入的部分高频组合键/快捷键

组合键/快捷键	功　　能
Ctrl+.	在中文输入状态下中/英文符号的切换
Shift+空格键	英文输入状态下半角/全角的切换
Shift	在中文输入状态下中/英文的切换
Win 键+空格键	中文输入法的切换

　　Word 提供了大量的组合键/快捷键，表 1-2～表 1-7 分类列出了部分高频组合键/快捷键（不区分字母的大小写）。

表 1-2　编辑的部分高频组合键/快捷键

组合键/快捷键	功　　能	组合键/快捷键	功　　能
Ctrl+B	让所选文本加粗/取消加粗	Ctrl+]	让所选文本的字号增大 1 磅
Ctrl+I	让所选文本倾斜/取消倾斜	Ctrl+C	复制所选文本或对象
Ctrl+U	给所选文本添加/取消下画线	Ctrl+X	剪切所选文本或对象
Ctrl+=	选定文本常态/下标切换	Ctrl+V	粘贴文本或对象
Ctrl+Shift+=	选定文本常态/上标切换	Ctrl+Alt+V	选择性粘贴
Ctrl+E	居中对齐	Ctrl+Shift+G	打开【字数统计】对话框
Ctrl+L	左对齐	Alt+Shift+向上光标键	上移所选段落
Ctrl+R	右对齐	Alt+Shift+向下光标键	下移所选段落
Ctrl+[	让所选文本的字号减小 1 磅		

表 1-3　撤销和恢复操作的组合键/快捷键

组合键/快捷键	功　　能
Ctrl+Z	撤销操作
Ctrl+Y	恢复或重复操作
Esc	取消操作

表 1-4　创建、查看和保存文档的组合键/快捷键

组合键/快捷键	功　　能
Ctrl+O	打开文档
Ctrl+S	保存文档
Ctrl+W	关闭文档
Alt+Ctrl+S	拆分/撤销拆分文档窗口

表 1–5 查找、替换和浏览文本的组合键/快捷键

组合键/快捷键	功　能
Ctrl+F	查找内容、格式和特殊项（即显示【导航】窗格）
Ctrl+H	替换文字、特定格式和特殊项
Ctrl+G	转到按页、书签、脚注、表格、注释、图形等方式定位
Ctrl+PageUp	移至上一编辑位置
Ctrl+PageDown	移至下一编辑位置

表 1–6　切换视图的组合键/快捷键

组合键/快捷键	功　能
Alt+Ctrl+P	切换到普通视图
Alt+Ctrl+O	切换到大纲视图
Alt+Ctrl+N	切换到草稿视图
Ctrl+P	打印文档

表 1–7　其他常用组合键/快捷键

组合键/快捷键	功　能
Ctrl+Home	快速将光标定位到文档的开始
Ctrl+End	快速将光标定位到文档的末尾
Alt+Ctrl+M	插入批注
Ctrl+Shift+E	打开/关闭修订
Ctrl+Tab	插入制表符
Ctrl+K	插入超链接
Ctrl+Shft+Enter	拆分表格

　　表 1-1～表 1-7 所列举的组合键/快捷键可作为本书后续学习的参考，有意识地多进行尝试，练习多了，自然就记住了。除了针对最具 Word 特色操作的快捷键，以上的大多数组合键/快捷键也适用于本书后续的 Excel 或者 PowerPoint 的应用场景，有待读者多用心尝试。

项目 1.2　诗词排版

1. 项目要求

　　新建空白文档，基于素材文件"沁园春·雪.txt"，参照如图 1-3 所示的排版效果。掌握页面设置、文本/段落格式的设置、分栏、边框/底纹、项目符号/编号和查找与替换等操作。

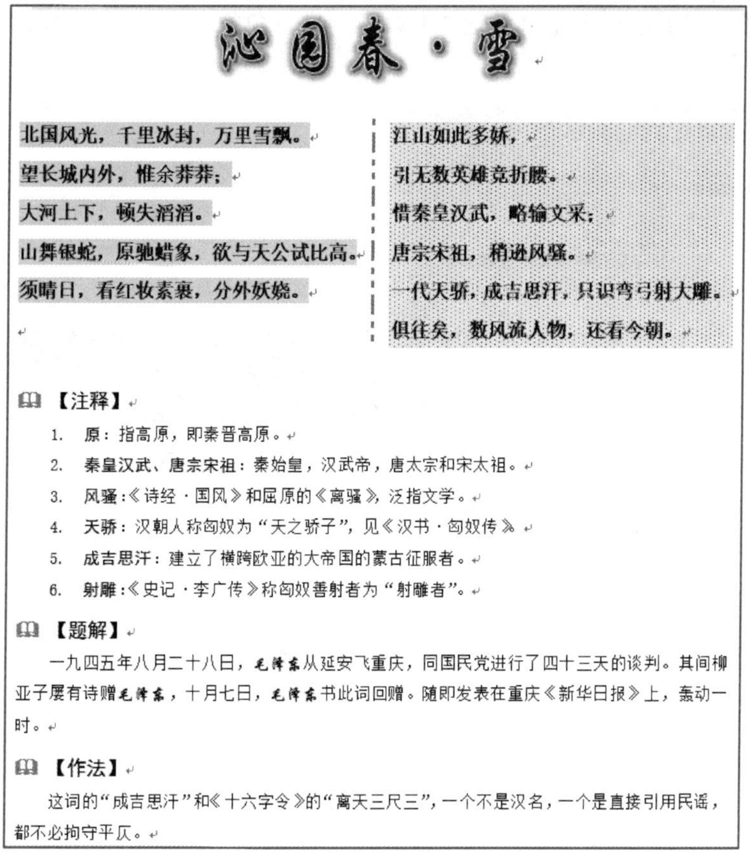

沁园春·雪

北国风光，千里冰封，万里雪飘。

望长城内外，惟余莽莽；

大河上下，顿失滔滔。

山舞银蛇，原驰蜡象，欲与天公试比高。

须晴日，看红妆素裹，分外妖娆。

江山如此多娇，

引无数英雄竞折腰。

惜秦皇汉武，略输文采；

唐宗宋祖，稍逊风骚。

一代天骄，成吉思汗，只识弯弓射大雕。

俱往矣，数风流人物，还看今朝。

【注释】

1. 原：指高原，即秦晋高原。

2. 秦皇汉武、唐宗宋祖：秦始皇，汉武帝，唐太宗和宋太祖。

3. 风骚：《诗经·国风》和屈原的《离骚》，泛指文学。

4. 天骄：汉朝人称匈奴为"天之骄子"，见《汉书·匈奴传》。

5. 成吉思汗：建立了横跨欧亚的大帝国的蒙古征服者。

6. 射雕：《史记·李广传》称匈奴善射者为"射雕者"。

【题解】

一九四五年八月二十八日，毛泽东从延安飞重庆，同国民党进行了四十三天的谈判。其间柳亚子屡有诗赠毛泽东，十月七日，毛泽东书此词回赠。随即发表在重庆《新华日报》上，轰动一时。

【作法】

这词的"成吉思汗"和《十六字令》的"离天三尺三"，一个不是汉名，一个是直接引用民谣，都不必拘守平仄。

图 1-3　处理后的效果

2. 项目实现

任务 1.2.1　设置页面格式

纸张大小为 A4；上、下、左、右边距分别为 3.7 厘米、3.5 厘米、2.8 厘米、2.6 厘米；纵向；页眉和页脚边距分别为 1.5 厘米和 2.55 厘米。

操作步骤：

步骤 1　新建 Word 空白文档，保存为"诗词排版.docx"。

步骤 2　插入素材文件："沁园春·雪.txt"。

单击【插入】选项卡【文本】功能组中的【对象】下拉按钮，在弹出的下拉列表中选择【文件中的文字】命令，如图 1-4 所示。在打开的【插入文件】对话框中选择素材文件"沁园春·雪.txt"，单击【插入】按钮关闭对话框。

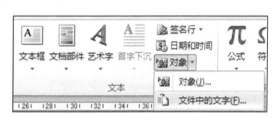

图 1-4　插入素材文件中文字的操作

在实际的操作中，由于计算机软件环境不同，可能会弹出【文件转换】对话框，按如图 1-5 所示的设置即可。

步骤 3　设置文档页面格式。

微课
设置页面格式

单击【布局】选项卡【页面设置】功能组右下角的"对话框启动器"按钮，如图 1-6 所示。

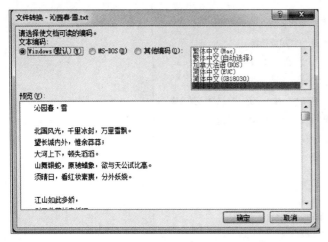

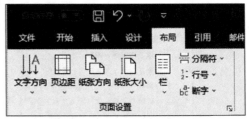

图 1-5 【文件转换】对话框   图 1-6 【页面设置】功能组

打开【页面设置】对话框，在对话框中按要求完成各参数的设置，如图 1-7 所示。

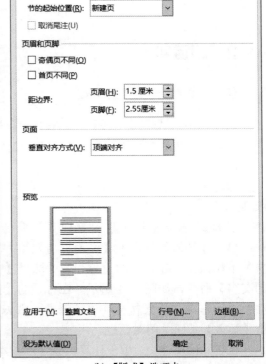

(a)【页边距】选项卡   (b)【版式】选项卡

图 1-7 文档页面格式的设置

任务 1.2.2 设置标题格式

给标题按如下要求设置格式：

① 字体格式：字体为华文楷体、加粗、40 磅，字间距缩放 85%、加宽 3 磅。

② 段落格式：标题居中，单倍行距。

③ 文本效果：文本效果版式（3 行 2 列，填充黑色），添加橙色二级发光效果。

操作步骤：以下步骤都是基于选中诗词标题"沁园春·雪"的前提下完成的。

步骤 1 单击【开始】选项卡【字体】功能组右下角的"对话框启动器"按钮，在打开的【字体】对话框中完成各参数的设置，如图 1-8 所示。

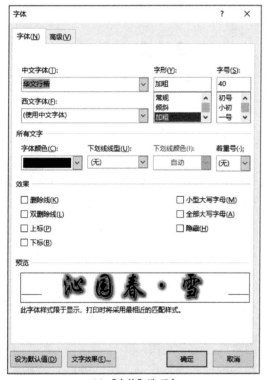

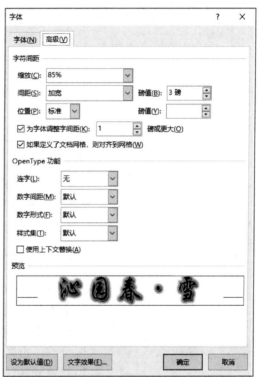

(a)【字体】选项卡　　　　　　　　(b)【高级】选项卡

图 1-8 标题字体格式的设置

步骤 2 单击【开始】选项卡【段落】功能组右下角的"对话框启动器"按钮，在打开的【段落】对话框中完成各参数的设置，如图 1-9 所示。

步骤 3 单击【开始】选项卡【字体】功能组中的【文本效果】下拉按钮，在弹出的【文本效果和版式】下拉列表中选择 3 行 2 列版式（填充：黑色，文本色 1；边框：白色，背景色 1；清晰阴影：蓝色，主题色 5），如图 1-10 所示。

图 1-9 标题段落格式的设置

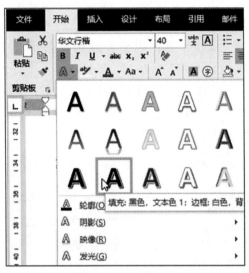

图 1-10 标题文本效果的设置

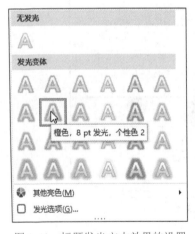

图 1-11 标题发光文本效果的设置

步骤 4 在如图 1-10 所示列表中的【发光】→【发光变体】中选择 2 行 2 列版式（橙色，8 pt 发光，个性色 2），如图 1-11 所示。

任务 1.2.3 设置正文格式

给正文按如下要求设置格式：

① 字体和行距：宋体、小四、加粗；设置段落格式为两端对齐、行距为 1.5 倍。

② 分栏：正文分为两栏，无分割线。

③ 设置底纹：左栏为绿色，个性色 6，淡色 60%，应用于文字；右栏为金色，个性色 6，淡色 60%，图案为 15%，紫色，应用到段落。

④ 边框：给正文左栏文本设置右边框，红色、双点画线，2.25 磅。

操作步骤：以下步骤都是基于选中诗词正文的前提下完成的。

步骤 1 字体和行距设置：利用【字体】对话框和【段落】对话框按要求完成字体和段落格式的设置。

步骤 2 分栏设置：单击【布局】选项卡【页面设置】功能组中的【栏】下拉按钮，在弹出的【栏】下拉列表中选择【两栏】命令即可。如果需要对分栏有更多的设置，如添加分割线、分别设置栏宽等要求，则可在【栏】下拉列表中选择【更

微课
设置正文格式

多分栏】命令，在打开的如图 1-12 所示的【栏】对话框中进行设置。

　　步骤 3　给左栏设置底纹（绿色，个性色 6，淡色 60%，应用于文字）。首先选定左栏内容，然后单击【开始】选项卡【段落】功能组中的"边框"下拉按钮，在弹出的下拉列表中选择【边框与底纹】命令。在打开的【边框和底纹】对话框中完成左侧栏底纹的设置，如图 1-13 所示。

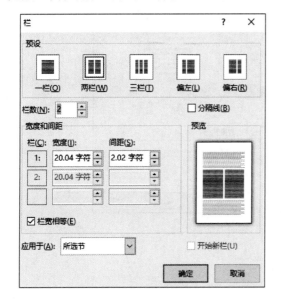

图 1-12　【栏】对话框

图 1-13　正文左侧底纹的设置

　　步骤 4　给右栏设置底纹（金色，个性色 6，淡色 60%，图案为 15%，紫色，应用到段落）。选定右栏内容，按照与步骤 3 相同的方法在【边框和底纹】对话框中完成如图 1-14 所示的设置。

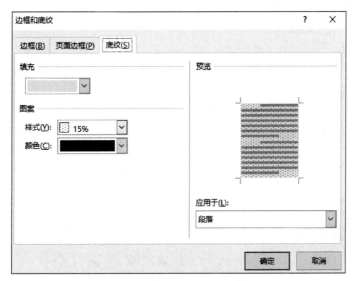

图 1-14　正文右侧底纹的设置

　　步骤 5　给正文左栏文本设置右边框（红色、双点画线，2.25 磅）。首先选定左栏内容，然后在【边框和底纹】对话框中完成如图 1-15 所示的设置。

图 1-15 正文左栏的右边框设置

任务 1.2.4 设置诗词注解部分格式

给诗词注解部分按如下要求设置格式：

① 注解小标题格式：黑体、小四；单倍行距、段前 0.5 行、段后 0.5 磅；添加项目符号（字体为 Wingdings，字符代码为 38）、红色。

② 注解正文部分格式：首行缩进 2 字符，行距 1.3 倍；添加编号。

说明：本任务中给注解小标题、注解正文设置字体和段落格式，仍是先选定文本，然后在【字体】对话框和【段落】对话框中完成，具体方法不再赘述，重点讲解项目符号和编号的设置。

操作步骤：

步骤 1 给注解小标题添加项目符号（字体为 Wingdings，字符代码为 38，红色）。选取注解部分的 3 个小标题（选取不连续多行的常用操作方法：将鼠标移到文本选定区，在按住 Ctrl 键的同时单击小标题所在行），如图 1-16 所示。

步骤 2 给选取的 3 个小标题添加项目符号：单击【开始】选项卡【段落】功能组中的【项目符号】下拉按钮 ≔ ▾，展开如图 1-17 所示的【项目符号库】下拉列表。

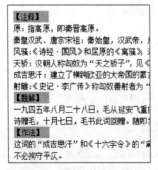

图 1-16 同时选定注解部分的 3 个小标题

图 1-17 【项目符号库】下拉列表

在下拉列表中选择【定义新项目符号】命令，打开如图 1-18 所示的【定义新项目符号】对话框，单击【符号】按钮，在打开的【符号】对话框中按要求设置项目符号（字体为 Wingdings，字符代码为 38），如图 1-19 所示，单击【确定】按钮。

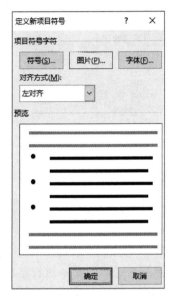 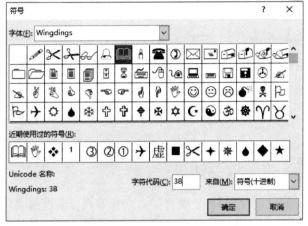

图 1-18　【定义新项目符号】对话框　　　图 1-19　注解小标题部分的项目符号设置

关闭【符号】对话框，返回到如图 1-18 所示的【定义新项目符号】对话框，单击【字体】按钮设置项目符号的颜色即可。

步骤 3　注解正文部分添加编号。选取需要添加编号的所有文本；单击【开始】选项卡【段落】功能组中【编号】下拉按钮 ，在弹出的【编号】下拉列表中匹配一个符合要求的编号即可，如果【编号】下拉列表中找不到合适的选项，则可以选择【定义新编号格式】命令来完成。

任务 1.2.5　查找与替换

将文档中所有"毛"字替换为"毛泽东"，字体改为华文楷体，突出显示。

操作步骤：

步骤 1　按组合键 Ctrl+H 打开【查找和替换】对话框。

步骤 2　将光标定位在【查找内容】栏内，输入文字"毛"；将光标定位在【替换为】栏内，输入文字"毛泽东"。单击【更多】按钮，扩展对话框。

步骤 3　确认光标在【替换为】栏（这非常重要，如不确认光标的位置，格式是默认附到【查找内容】栏中文本的），单击【格式】下拉按钮，在弹出的下拉列表中选择【字体】选项，在打开的对话框中设置字体为"华文楷体"。

步骤 4　再次单击【格式】下拉按钮，在弹出的下拉列表中选择【突出显示】选项，如图 1-20 所示。

步骤 5　单击【全部替换】按钮，报告完成 3 处替换，单击【确定】按钮，返回【查找和替换】对话框，单击【关闭】按钮即可。

微课
查找与替换

图 1-20　按内容替换文本和格式的设置

3. 相关知识

　　本项目是基于现有文本进行编辑，这里的编辑主要是对选定的文本进行格式设置。所以首先要掌握选定文本的几种方式，其次是 Word 中的各种格式，通过本项目需要掌握页面格式、字体格式、段落格式、项目符号/编号、边框、底纹、分栏以及查找和替换等知识点。

　　启动 Word 2016 后，其工作界面中的各组成部分如图 1-21 所示；关于界面设置最常用的操作有显示/隐藏功能区和显示【导航】面板。

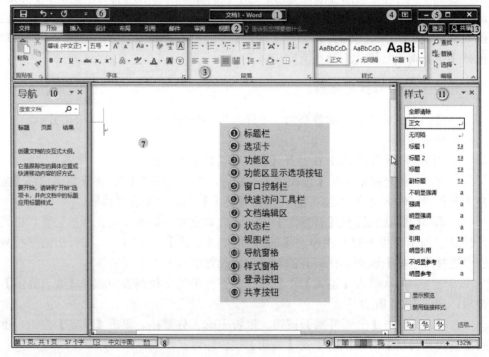

图 1-21　Word 2016 工作界面

（1）功能区的显示与隐藏

功能区显示时可以展开某个选项卡对应的更多命令，而其隐藏时可以显示更多的文本内容，实际中经常要按需显示或者隐藏功能区，其操作方式可以使用鼠标或者键盘。

功能区固定显示/隐藏切换：双击某个选项卡（鼠标方式）或者 Ctrl+F1（键盘方式）。

功能区的悬停：单击某个选项卡。

（2）显示【导航】面板

【导航】面板的功能是实现快速定位，十分方便长文档的查看。查看时可依据标题、页面和结果等指标。

鼠标方式：在【视图】-【显示】功能组中选中【导航窗格】复选框。

键盘方式：按组合键 Ctrl+F。

（3）选定文本的方法

本项目的主要工作是基于现有文本的排版（格式设置），进行任何格式设置之前必须选定文本。在 Word 中，选定文本的方式很灵活，以下是常用的几种：

① 拖曳鼠标选定文本。

② 利用文本选定区（文档左侧空白处）与鼠标的配合，当鼠标指针呈现 ◿ 形状时，单击可以选定当前一行，双击可以选定当前一段，三击可以选定整篇文档内容。

③ Ctrl 键配合上述两种方式，可继续选中多处不连续的内容。

④ Alt 键+鼠标拖曳可选择矩形区域。

⑤ 按住 Shift 键，可选定起始到终止处之间的连续文本。

⑥ Ctrl+Shift+End 快捷键：选取从当前光标位置开始到文档结束的所有内容；Ctrl+Shift+Home 快捷键则是选取从当前光标位置开始到文档开始处的所有内容。

⑦ 利用 Shift+左/右光标键进行精准选取，特别是当要选择或者取消选择段落标记时。

⑧ Ctrl+A 快捷键：选取整个文档内容。

对以上多种选择方式归纳一下其最基本的特征：鼠标单击用于定位、Ctrl 键具有不连续累加的特质，Shift 键或者鼠标拖曳具有连续的特质。

（4）格式的设置

Word 是进行文档排版的工具，提供非常丰富的格式设置，界面友好，所见即所得。通过本节的学习需要达到的目标就是针对特定的需求或效果能够比较熟悉地实现这个效果。

操作方式主要以鼠标为主，顺序是"选项卡→选项卡对应的功能组→功能组中的按钮或者对话框"。以如图 1-22 所示的【开始】选项卡的【字体】功能组为例，说明图标和对话框的关系。【字体】功能组中按钮是对应如图 1-23 所示的【字体】对话框中的一个设置，如果需要更加多样灵活的格式设置，则通过对话框来完成，按钮的好处是快捷直观。

图 1-22 【开始】选项卡　　　　　　　　　　图 1-23 【字体】对话框

（5）格式的复制与清除

Word 中任何文本都是有格式附着的。格式是文本的属性，该属性是可以被复制或者清除的。

复制格式的操作：

① 确定目标格式：选定需要被复制格式的文本。

② 单击或者双击 格式刷 按钮（位于【开始】选项卡【剪贴板】功能组），当鼠标指针变成格式刷时，在需要格式的文本上拖曳格式刷即可。如果是单击，则格式只可被复制 1 次，而双击则可被复制多次。

③ 取消复制格式的状态：单击【格式刷】按钮或按 Esc 键。

清除格式的操作：

① 选中文本。

② 单击【开始】选项卡【字体】功能组中的【清除所有格式】按钮，或单击【开始】选项卡【样式】库中的【其他】按钮，在弹出的下拉列表中选择【清除格式】命令。

（6）查找和替换

如图 1-24 所示的【查找和替换】对话框中【查找】和【定位】选项卡的功能也可利用【导航】面板（快捷键 Ctrl+F）来实现，所以重点是掌握【替换】选项卡的功能，利用该选项卡实现按文本内容、格式或者含格式文本内容的批量替换，是 Word 高效办公的重要工具，使用非常灵活。

图 1-24 【查找和替换】对话框

在【查找内容】框中输入要查找的内容，内容的表现形式如下：

① 简单文本：如"物联网"。

② 特殊符号：如"^p^p"表示两个段落标记，单击【特殊格式】按钮可插入其他特殊符号。

③ 使用通配符（*表示任意多个字符，?表示一个字符）：如"第*章"，表示"第1 章""第一章""第 12 章"都是符合查找条件的文本；而使用"第?章"来表示查找内容，则"第 12 章"就被排除了。需要注意的是，如果要使用通配符，就需要选中【使用通配符】复选框。

④ 正则表达式：如"[6-9ab]"表示"6，7，8，9，a，b"中的任一字符，这部分内容本项目不做详述，需要时请读者自行探究。

给查找内容附着格式：首先确认光标已定位于查找框中，然后单击【格式】按钮，进行格式的设置。

① 如果查找框中无任何内容而只有格式，则表示按指定格式来查找内容。

② 如果要取消查找框内容的格式，则单击【不限定格式】按钮即可。

【替换为】文本框中内容和格式的设置同查找框内容和格式的设置。

如图 1-24 所示的【查找和替换】对话框的设置：就是用替换的功能给文档中的"物联网"文本设置一个"字体加粗、深红，且为绿色"的格式。这里替换框中无任何内容表示不进行内容的替换。

【查找和替换】对话框中的【搜索】列表中用于确定查找的范围，如【向下】等，其参照点是当前光标的位置，而光标的重新定位是可以在不关闭当前【查找和替换】对话框的状态下进行的，这是【查找和替换】对话框不同于【字体】对话框、【段落】对话框的操作方式。像【字体】对话框具有"先关闭对话框才能回到文档界面"的特点，称为模态对话框，而【查找和替换】对话框则称为非模态对话框。

（7）其他常用命令

① 段落标记"↵"的显示与隐藏：单击【开始】选项卡【段落】功能组中的【显示/隐藏编辑标记】按钮 。

② 分栏：单击【布局】选项卡【页面设置】功能组中的【栏】按钮。

③ 首字下沉：单击【插入】选项卡【文本】功能组中的【首字下沉】按钮。

项目1.3　2021 全球 GDP 前 10 排名

PPT:
2021 全球 GDP 前 10 排名

PPT

1. 项目要求

基于素材文件"Word 表格素材.docx"，参照如图 1-25 所示的效果，掌握表格的制作、表格的数据处理与编辑等操作。

素材　Word 表格素材

2021 年全球 GDP TOP10（单位：万亿美元）
国家, GDP 总量
美国,23.03
日本,5.01
德国,4.20
中国,17.73
韩国,1.8
加拿大,2.02
意大利,2.12
法国,2.92
印度,3.075
英国,3.20

(a) 处理前的数据

2021 年全球 GDP TOP10（单位：万亿美元）		
排名	国家	GDP 总量
1	美国	23.03
2	中国	17.73
3	日本	5.01
4	德国	4.20
5	英国	3.20
6	印度	3.075
7	法国	2.92
8	意大利	2.12
9	加拿大	2.02
10	韩国	1.8
总计		65.045

(b) 处理后的参考效果

图 1-25　处理前后的数据

2. 项目实现

任务 1.3.1　表格制作

要求：参照效果将文本转换成表格。

操作步骤：

步骤 1　打开指定的素材文件"Word 表格素材.docx"（建议另存文件），拖曳鼠标选定文本。

步骤 2　单击【插入】选项卡【表格】功能组中的【表格】下拉按钮，在弹出的下拉列表中选择【文本转换成表格】命令，如图 1-26 所示。

微课
表格制作

步骤 **3**　在打开的【将文字转换成表格】对话框中输入特定的分隔符，本项目使用英文逗号，如图 1-27 所示。

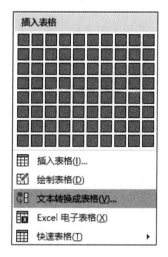

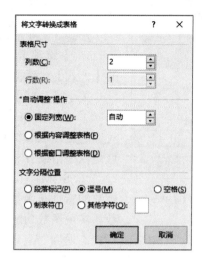

图 1-26　【文本转换成表格】命令　　　　图 1-27　按需选择或输入分隔符

任务 1.3.2　表格数据处理

要求：

① 表格数据按 GDP 总量排降序。

② 在表格的最下方添加一行 GDP 总计结果。

操作步骤：

步骤 **1**　选定整个表格或者以行为单位拖曳鼠标选定需要排序的数据区域，单击【表格工具-布局】选项卡【数据】功能组中的【排序】按钮，在打开的【排序】对话框中按如图 1-28 所示的要求进行设置。

微课
表格数据处理

图 1-28　表格数据按 GDP 排降序的设置

步骤 2　在表格的最下方添加一行：选定表格的最后一行然后右击，在弹出的快捷菜单中选择【插入】→【在下方插入行】命令；或者将光标定位到表格右下角的外侧，然后按 Enter 键。

图 1-29　计算总的 GDP

步骤 3　将光标定位到表格右下角的单元格，单击【表格工具-布局】选项卡【数据】功能组中的【*fx* 公式】按钮，在打开的【公式】对话框中按需设置，如图 1-29 所示。

关于【公式】对话框的说明：

① ABOVE：其中文含义是"在…上方"，这里作为参数，对应的是以放置结果的单元格为参照点，其上方的数据区域，区域是以空格或者非数据为界限。

② SUM：其中文含义是"求和"，这里是求和的函数名，函数的特征是函数名后面跟一对圆括弧()，用于隔开函数名和参数，实现函数功能所需的参数或者参数列表就位于圆括弧内。

③ =SUM(ABOVE)：返回"上方数据区域"的求和结果，这里的等于号"="不可缺失，否则就丧失了公式的意义。

④ 如果是其他的统计方式，则在如图 1-29 所示【公式】对话框的【粘贴函数】下拉列表中选择。

任务 1.3.3　表格编辑

微课
表格编辑

要求：

① 左侧添加一列用于排名。

② 整个表格居中、表格内容居中。

③ 设置表格标题行的字体为粗体，底纹为橙色。

④ 设置表格的外边框为 2.25 磅的实线；将数据行的第 5 行和第 10 行设置双实线，颜色分别为红色和紫色。

操作步骤：

步骤 1　选定表格的第 1 列后右击，在弹出的快捷菜单中选择【插入】选项卡【在左侧插入列】命令。输入对应的列标题。选定其他区域，单击【开始】选项卡【段落】功能组中的【编号】下拉按钮，在弹出的下拉列表中选择【定义新编号格式】命令，在打开的【定义新编号格式】对话框中按需设置编号格式，如图 1-30 所示。

步骤 2　整个表格居中。选取整个表格，单击【开始】选项卡【段落】功能组中的【居中】按钮即可。

步骤 3　表格内容居中。选取整个表格，单击【表格工具-布局】选项卡【对齐方式】功能组中的【水平居中】按钮即可。

步骤 4　设置表格标题行。选取标题行，设置字体为粗体，设置底纹为橙色。

步骤 5　设置表格的外边框为 2.25 磅的实线。选取整个表格，利用【边框和底纹】对话框按需设置外边框。

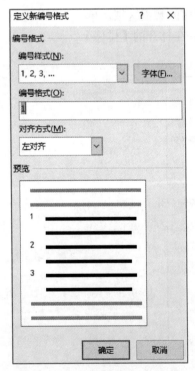

图 1-30　利用编号快速输入排名

　　步骤 6　将数据行的第 5 行和第 10 行设置为双实线，颜色分别为红色和紫色。选取数据行的第 5 行和第 10 行的数据区域，利用【边框和底纹】对话框按需设置即可，如图 1-31 所示。

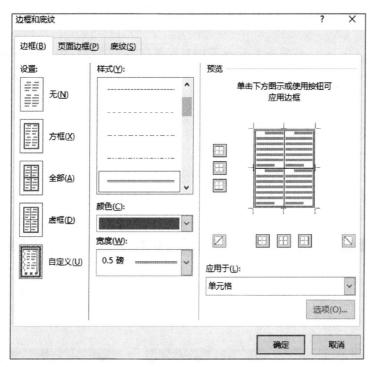

图 1-31　给选定区域设置不同的上下边框

　　说明：上、下、左、右、内、外边框都是相对于所选取的区域而言的。

3. 相关知识

　　对于结构化的数据可通过表格的形式来进行简明清晰地呈现，表格是文档的一个重要组成部分。Word 中表格的操作主要包括表格的创建、表格各成分的选取、表格的编辑、表格的对齐和表格数据的处理等。

　　（1）表格的创建

　　表格的创建方式主要有如下两种：

　　① 插入一个空白表格。使用这种方式创建的表格其结构性非常好，可基于该表格按需进行后期的合并/拆分、增加/删除行/列、绘制等操作。

　　② 将选定的文本转换成表格。需特别注意的是，文本与文本之间的分隔符只能是半角字符，否则就不会有多列的效果。

　　两种方式的操作：单击【插入】选项卡【表格】功能组中的【表格】下拉按钮。

　　（2）表格各成分的选取

　　基于"先选定，后操作"的原则，表格丰富的编辑内容也是基于选定的前提。表格的构成可理解为表格、行/列、单元格，其对应的选取方式也各有特点。

　　① 选定整个表格：单击表格左上角的 ⊞ 图标即可。

　　② 选定行：将鼠标移至表格的左外侧区域，当鼠标指针变为 ➚ 时单击即选定

所在行；如果拖曳鼠标，则可选定连续多行；如果按住 Ctrl+单击，则可选定不连续的多行。

③ 选定列：将鼠标移至表格的上方外侧区域，当鼠标指针变为↓时单击即选定所在列；如果拖曳鼠标，则可选定连续多列；如果按住 Ctrl+单击，则可选定不连续的多列。

④ 选定单元格：将鼠标移至单元格左下角区域，当鼠标指针变为↗时单击，则选定当前单元格；如果拖曳鼠标，则可选定多个连续的单元格；如果按住 Ctrl 键，则可选定多个不连续的单元格。或者将鼠标移到单元格，当鼠标指针变为I时，连续三击鼠标可选定当前单元格；如果拖曳鼠标，则可选定连续的多个单元格；利用 Ctrl 键，则可选定多个不连续的单元格。

（3）表格的编辑

当鼠标在表格区域时，界面的选项卡区域会自动呈现与表格的编辑和处理相关的【表格工具】，其包含【表设计】子选项卡和【布局】子选项卡，分别如图 1-32 和图 1-33 所示，可实现的操作一目了然。

图 1-32 【表格工具-表设计】选项卡

图 1-33 【表格工具-布局】选项卡

另外，与表格相关的编辑，在选定相关内容后，用鼠标右击，在弹出的快捷菜单中也包含相应的操作命令。

（4）表格的对齐

表格的对齐可分为整个表格相对于页面的对齐和单元格内容的对齐这两个层级。

整个表格相对于页面的对齐：在选取整个表格后，可直接单击【开始】选项卡【段落】功能组中的左/中/右对齐按钮，或者右击，在弹出的快捷菜单中选择【表格属性】命令来实现。

单元格内容的对齐：在选取单元格后，单击如图 1-33 所示的【表格工具-布局】选项卡【对齐方式】功能组中相应的对齐按钮来实现。

（5）表格数据的处理

Word 的强项是格式的设置和排版，但也能对表格数据进行一些最常见的诸如排序、统计处理。

排序：首先以行为单位选定需要排序的表数据（包含表标题行），然后单击【表格工具-布局】选项卡【数据】功能组中的【排序】按钮，在打开的对话框中按需选择排序的列标题和排序方式。

　　统计处理：常用的统计方式有求和、求平均值、求最大值和最小值等，不管是哪种统计，需要有两个概念：一是原始数据，即被统计的数据；二是统计的结果，该结果放在某个指定的单元格。

　　在 Word 中实现统计的操作方式：单击【表格工具-布局】选项卡【数据】功能组中的【f_x 公式】按钮。需要注意的是，在使用【f_x 公式】命令之前必须将光标定位于放置统计结果的单元格，具体详尽的操作在项目实现环节说明。

　　（6）其他操作

　　① 行/列的移动：选中行/列，拖曳鼠标到指定位置即可。

　　② 表格的拆分：选取分隔行，然后按 Ctrl+Shift+Enter 组合键。

　　③ 行/列的插入：选中多少行/列，即可插入多少行/列。

　　（7）表格显示

　　实践中经常遇到表格跨页显示以及需要表格标题行重复显示的情形，需要对表格进行相应的设置。方法是：选定整个表格，右击，在弹出的快捷菜单中选择【表格属性】命令，然后在打开的【表格属性】对话框【行】选项卡进行如图 1-34 所示的设置。

　　如果上述设置没出现需要的效果，则需要在选定整个表格后，单击【开始】选项卡【段落】功能组中的"对话框启动器"按钮 ，在打开的【段落】对话框【缩进和间隔】选项卡进行如图 1-35 所示的设置。

图 1-34　表格跨页显示的设置

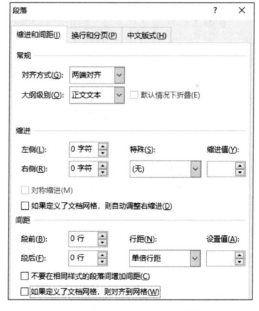

图 1-35　与表格跨页相关的设置

项目 1.4　招新海报设计

　　生活中随处可见各类宣传海报，如超市促销海报、房地产海报、招生简章、招聘海报等。Word 除了简单的文本编辑和排版外，还可通过插入和编辑图片、形状、

PPT：
招新海报设计

表格等对象创建出图文混排的文档效果，轻松设计、创作各类海报。

1. 项目要求

通过制作如图 1-36 所示的海报效果，掌握根据需要选择 Word 中图形对象的各种形式，如自选图形、艺术字、文本框和图片文件等，以及图形对象的相关编辑。

2. 项目实现

仔细查看"招新海报"的效果图，可以将海报的基本元素分为基本图形（三角形和菱形）、两组艺术字、一个文本框、一个卡通人物和云形状。其中三角形、菱形和云形状都是通过单击【插入】选项卡【插图】功能组中的 🗋 形状 ▾ 下拉按钮，在弹出的下拉列表中选择相应的选项来实现，相同的形状还可以通过复制来实现。

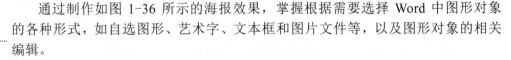

任务 1.4.1　创建并编辑左下角三角形

格式要求：

① 高度、宽度均为 11 厘米，无轮廓。

② 颜色：蓝色，个性色 1，深色 25%。

③ 阴影效果：外部，偏移：右上。

操作步骤：

步骤 1　单击【插入】选项卡【插图】功能组中的【形状】下拉按钮，在弹出的下拉列表中选择【基本形状】→【直角三角形】选项，如图 1-37 所示，拖曳鼠标在页面左下角绘制一个三角形。

图 1-36　招新海报参考效果

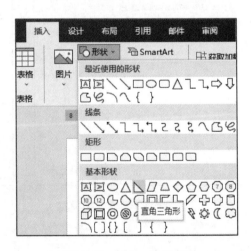

图 1-37　插入一个三角形

步骤 2　设置图片格式。选取三角形，在【绘图工具-形状格式】选项卡【形状样式】功能组中按要求设置图片的大小、颜色和阴影格式，其中图片颜色和图片的阴影格式设置操作分别如图 1-38 和图 1-39 所示。

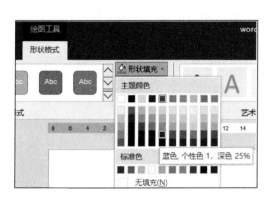

图 1-38　设置图形的颜色

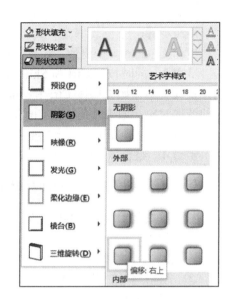

图 1-39　设置图形的阴影格式

任务 1.4.2　图形的复制与组合

（1）制作左上角的三角形

格式要求：

① 高度、宽度均为 7 厘米，无轮廓；

② 填充颜色：橙色，个性色 6，深色 25%。

（2）制作右上角的两个三角形

格式要求：

① 较大的高度和宽度均为 7 厘米，颜色为标准紫色。

② 较小的高度和宽度均为 5 厘米，颜色为标准橙色。

③ 组合两个三角形。

操作步骤：

步骤 1　按照任务 1.4.1 的步骤插入一个三角形。

步骤 2　将三角形向右旋转 90°。对应的操作命令
如图 1-40 所示。

微课
图形的复制与组合

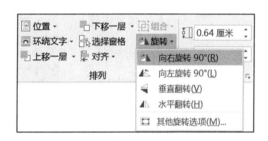

图 1-40　选取图形旋转的角度

步骤 3　设置图形的大小和颜色，同上。

步骤 4　选取三角形，按住 Ctrl 键，拖曳图形到合适的位置后释放鼠标按键复
制所选三角形，并设置图片格式。

步骤 5　将两个三角形组合成一个图形。按住 Ctrl 键不放，选中两个三角形，
然后右击，在弹出的快捷菜单中选择【组合】→【组合】命令，然后将图形移动到
合适的位置即可。

任务 1.4.3　3 个菱形的组合

格式要求：大、中、小菱形的高和宽分别为 1.3 厘米、1.2 厘米和 1 厘米，颜色
均为"橄榄色，个性色 3，深色 25%"；3 个菱形组合并设置发光效果是"发光：8
磅；颜色：橄榄色，主题色 3"。

微课
3 个菱形的组合

操作步骤：

步骤 1　插入一个菱形，设置其颜色和发光效果。

步骤 2　同时按住 Ctrl 和 Shift 键，拖曳菱形，在垂直方向上复制两个图形，分别设置其大小。如果按住 Ctrl 和 Shift 键，就只能在垂直或者水平方向上复制被选定的图形对象；如果只是按住 Ctrl 键，则可在任意方向复制被选定的对象。

步骤 3　移动图形。选定图形对象，利用光标移动其位置。

步骤 4　组合以上的 3 个菱形，并将其移动到合适的位置。

任务 1.4.4　艺术字的添加及编辑

（1）添加艺术字"新媒体招新"

格式要求：

① 艺术字样式是第 3 行第 1 列，黑色填充，白色边框。

② 字体：微软雅黑、90 磅、加粗。

（2）添加艺术字"寻找与众不同的你！"

格式要求：

① 艺术字样式是第 2 行第 4 列，白色填充，蓝色边框。

② 字体：微软雅黑、小初、加粗。

③ 文本效果：转换/弯曲/停止。

④ 艺术字边框高和宽分别是 2.5 厘米和 12 厘米。

操作步骤：

步骤 1　单击【插入】选项卡【文本】功能组中的【艺术字】按钮，在弹出的下拉列表中选择"第 3 行 1 列"选项，如 1-41 所示。

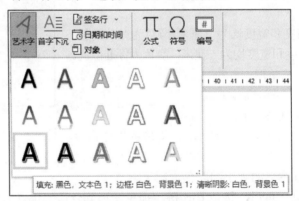

图 1-41　插入【艺术字】

在弹出的文本框中输入文字"新媒体招新"。

步骤 2　选取艺术字，利用【字体】对话框设置字体格式为微软雅黑、90 磅、加粗。

步骤 3　按照相同的方式插入第 2 行第 4 列样式的艺术字，并按要求设置字体格式和艺术字边框的大小。

步骤 4　设置文本效果。选取艺术字对象，并单击【绘图工具-形状格式】选项卡，如图 1-42 所示。对于"艺术字"对象，既有边框这个图形对象的设置，也有文字本身的格式设置，其相应的命令分别放置于如图 1-42 所示的【形状样式】和

【艺术字样式】功能组中。

图 1-42　选取艺术字对象对应的【绘图工具-形状格式】选项卡

　　本任务是设置艺术字的文本效果。选定艺术字，单击【艺术字样式】功能组中的【文本效果】下拉按钮，在弹出的下拉列表中选择相应的文本效果，参考如图 1-43 所示进行选取即可。

任务 1.4.5　文本框中文字的添加及编辑

　　文字内容为"职位：宣传/编辑/摄影/策划，时间：10 月 10 日 19:30～21:00，地点：教学楼 9 栋 307"。

　　格式要求：

　① 文本框的高度：5.5 厘米，宽度：12 厘米。

　② 字体：微软雅黑、20 磅、加粗；颜色：白色。

　③ 设置形状样式"第 3 行第 6 列" 效果。

　④ 形状效果：棱台—凸圆形。

　　操作步骤：

　　步骤 1　单击【插入】选项卡【文本】功能组中的【文本框】按钮，在弹出的下拉列表选择【绘制横排文本框】选项，如图 1-44 所示；然后拖曳鼠标在页面空白处绘制一个文本框；将光标定位至文本框中，输入文字"职位：宣传/编辑/摄影/策划，时间：10 月 10 日 19:30～21:00，地点：教学楼 9 栋 307"。

微课
文本框中文字

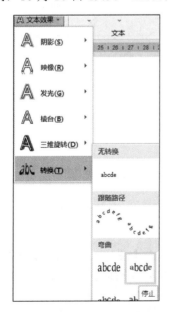

图 1-43　选择【转换】→【弯曲】→【停止】的文本效果

图 1-44　插入一个文本框

步骤 2 设置文本框的大小。选取文本框，在【绘图工具-形状格式】选项卡【大小】功能组中设置高度为 5.5 厘米，宽度为 12 厘米。

步骤 3 设置文本格式。选取文本框的所有文本，利用【字体】对话框设置字体格式为"微软雅黑、20 磅、加粗；颜色：白色"。

步骤 4 设置文本框的形状样式。选取文本框，单击【形状样式】功能组中的【主题样式】下拉按钮，在弹出的【主题样式】下拉列表中选择第 3 行第 6 列的样式，如图 1-45 所示。

步骤 5 设置文本框的形状效果。选定文本框，按如图 1-46 所示进行设置。

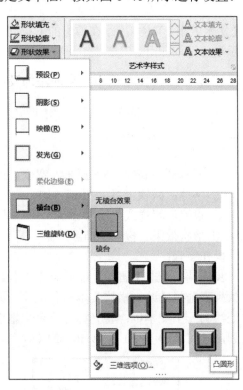

图 1-45 设置文本框的形状样式为第 3 行第 6 列　　图 1-46 设置文本框的形状效果：棱台—凸圆形

任务 1.4.6 卡通人物的添加及编辑

插入素材"卡通人物.png"和插入云形标注。

格式要求：

① 设置卡通人物图片的高度和宽度分别 9 厘米和 5 厘米。

② 云形标注为浅绿色，衬于文字下方。

操作步骤：

步骤 1 插入素材图片。

步骤 2 设置图片的大小。选取图片，单击【图片工具-格式】选项卡【大小】功能组右下角的【对话框启动器】按钮 ⬛，打开【布局】对话框，选择【大小】选项卡，按要求设置图片大小即可。

选取图片，右击，在弹出的快捷菜单中选取【大小和位置】命令，也可打开【布

微课
卡通人物

局】对话框。

　　步骤 3　将图片移到右下角合适的位置。选取图片，右击，在弹出的快捷菜单中选择【浮于文字上方】命令，然后拖动图片至右下角。

　　步骤 4　插入"云形标注"。单击【插入】选项卡【插图】功能组中的【形状】下拉按钮，在弹出的下拉列表选择【基本形状】→【云形标注】选项，拖曳鼠标绘制一朵云形。

　　步骤 5　设置形状填充。单击【绘图工具-形状格式】选项卡【形状样式】功能组中的【形状填充】下拉按钮，在弹出的下拉列表中设置【标准色】-【浅绿】；单击【形状轮廓】下拉按钮设置无轮廓。

　　步骤 6　移动"云形标注"置于文字下方。移动云形标注到合适的位置，右击，在弹出的快捷菜单中选择【衬于文字上方】命令，效果如图 1-47 所示，最后选取这两个对象组合成一个图形。

图 1-47　将"云形标注"对象
衬于文字上方

3. 相关知识

　　构成 Word 文档的基本成分有文本、表格和图。对于 Word 中图的学习，仍是围绕创建图和图的编辑这条主线，其中图的来源或者表现形式如下。

　　① 图片文件：来自文件的图片。

　　② 自选图形：绘制各种图形。

　　③ smartArt 图像：富有视觉效果的呈现文本之间层次或逻辑的关系。

　　④ 艺术字：艺术性的展现文字。

　　⑤ 文本框：利用文本框可在任意位置插入文本。

　　⑥ 公式：仅仅是外观的公式。

　　⑦ 图表：直观地呈现表格数据。

这些操作对应的命令都是被放置在【插入】选项卡的各功能组中，如图 1-48 所示。

图 1-48　【插入】选项卡

　　选取任何图形对象，界面就会智能浮现一个名为【绘图工具】选项卡，但是需要单击才能激活【形状格式】选项卡，如图 1-49 所示。

图 1-49　【绘图工具-形状格式】选项卡

选项卡中各个按钮都可用于编辑图对象，图的编辑可以从几个方面来理解：
① 图的单一对象编辑：如图片大小、图片边框、图片效果和图片版式等。
② 图与图之间关系的设置：如组合/取消组合、上/下位置、对齐等。
③ 图与文本的关系：图上添加文本、图与文本之间的环绕布局等。

当然，如图 1-49 所示的很多操作命令也可在选取图形对象后，右击，在弹出的快捷菜单中找到相应的命令。

PPT:
批量制作准考证

素材 考生信息

项目 1.5 批量制作准考证

在实际工作和生活中会遇到批量制作邀请函、录取通知书、工资条、工作卡、准考证等，这些工作的共同点是：文档的主体内容和格式不变，只是涉及诸如姓名、性别、工资金额和成绩等个体信息的数据发生改变。如遇到类似的情形，可使用 Word 提供的"邮件合并"功能可以快速完成。

1. 项目要求

基于提供的素材"考生信息.docx""准考证模板.docx"和 12 个图片文件（文件内容和存放的位置要求如图 1-50 所示），利用"邮件合并"功能批量制作如图 1-51 所示的准考证，理解和掌握邮件合并以及批量显示图片的要点。

2022 年 10 月保险资格代理人考试准考证

准考证号：

姓名：   性别：

考试地点：信息 305   座位号：

考试时间：7 月 2 日上午 9：00-11：00

(a)"准考证模板.docx"文件的内容

准考证号码	姓名	性别	座位号	文件名
230221	陈好	女	01	陈好.png
230222	伍锦辉	男	02	伍锦辉.png
230223	陆嘉瑜	女	03	陆嘉瑜.png
230224	陈诗玲	女	04	陈诗玲.png
230225	郑泽丰	男	05	郑泽丰.png
230226	陈家雄	男	06	陈家雄.png
230227	谢嘉彬	男	07	谢嘉彬.png
230228	李浩权	男	08	李浩权.png
230229	梁玉欣	女	09	梁玉欣.png
230230	曾盛轩	男	10	曾盛轩.png
230231	关锐汉	男	11	关锐汉.png
230232	颜依慧	女	12	颜依慧.png

(b)"考生信息.docx"文件的内容

考生信息.docx
准考证模板.docx
曾盛轩.png
陈好.png
陈家雄.png
陈诗玲.png
关锐汉.png
李浩权.png
梁玉欣.png
陆嘉瑜.png
伍锦辉.png
谢嘉彬.png
颜依慧.png
郑泽丰.png

(c) 项目所需文件的相对位置

图 1-50 文件内容和文件存放要求

2022 年 10 月保险资格代理人考试准考证		
准考证号： 230221		
姓名： 陈好	性别： 女	
考试地点： 信息 305	座位号： 01	
考试时间： 7 月 2 日上午 9：00-11：00		

2022 年 10 月保险资格代理人考试准考证		
准考证号： 230222		
姓名： 伍锦辉	性别： 男	
考试地点： 信息 305	座位号： 02	
考试时间： 7 月 2 日上午 9：00-11：00		

2022 年 10 月保险资格代理人考试准考证		
准考证号： 230223		
姓名： 陆嘉瑜	性别： 女	
考试地点： 信息 305	座位号： 03	
考试时间： 7 月 2 日上午 9：00-11：00		

图 1-51　准考证的效果

2. 项目实现

任务 1.5.1　利用提供的素材插入文本合并域

要求：① 参照效果图熟悉素材以及素材之间的关联。

② 在指定位置插入准考证号码、姓名、性别和座位号合并域。

操作步骤：

步骤 1　打开素材"准考证模板.docx"，单击【邮件】选项卡【开始邮件合并】功能组中的【开始邮件合并】下拉按钮，在弹出的下拉列表中选择【普通 Word 文档】选项，如图 1-52 所示。

步骤 2　单击【开始邮件合并】功能组中的【选择收件人】下拉按钮，在弹出的下拉列表选择【使用现有列表】选项，如图 1-53 所示。

步骤 3　在打开的【选取数据源】对话框中，选择数据源存放的位置，选择素材"考生信息.docx"文档，如图 1-54 所示。

微课
利用提供的素材插入文本合并域

图 1-52 开始邮件合并

图 1-53 选择【使用现有列表】命令

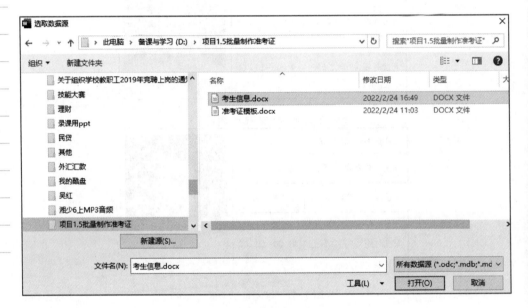

图 1-54 选择数据源文件

步骤 4 在指定位置插入合并域。先将光标定位,然后再插入合并域,如图 1-55 所示。

2022 年 10 月保险资格代理人考试准考证

准考证号: 《准考证号码》		
姓名: 《姓名》	性别: 《性别》	
考试地点: 信息 305	座位号: 《座位号》	
考试时间: 7 月 2 日上午 9: 00~11: 00		

图 1-55 插入合并域

任务 1.5.2　批量显示图片

操作步骤：

步骤 1　插入加载图片的域。将光标定位于需要插入照片的单元格，单击【插入】选项卡【文本】功能组中的【文档部件】下拉按钮，在弹出的下拉列表中选择【域】命令，如图 1-56 所示。

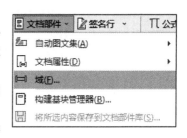

图 1-56　选择【域】命令

在打开的【域】对话框中，按如图 1-57 所示进行设置。特别需要注意的是：【文件名或 URL：】文本框中只需输入任何字符即可，本项目输入字符 1。关闭【域】对话框后，可能会弹出如图 1-58 所示的【Microsoft Word 安全声明】消息框，按图操作即可。

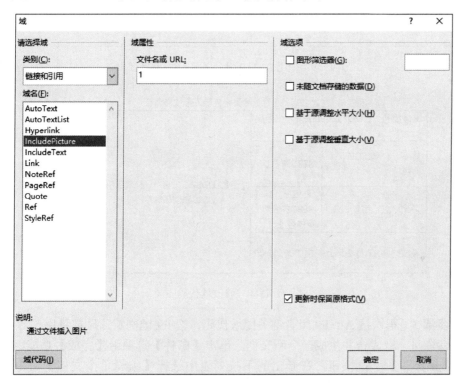

图 1-57　【域】对话框的设置

图 1-58　【Microsoft Word 安全声明】消息框

微课
批量显示图片

步骤 2　修改域代码。按 Alt+F9 组合键，显示如图 1-59 所示的域代码状态，单击【邮件】进入如图 1-55 所示的插入合并域状态，在域代码中选中在【域】对话框中输入的占位符（本项目是字符 1），然后选取【插入合并域】的【文件名】即可，如图 1-60 所示。

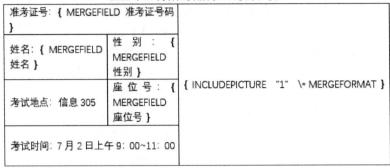

图 1-59 使用 Alt+F9 组合键显示/隐藏域代码

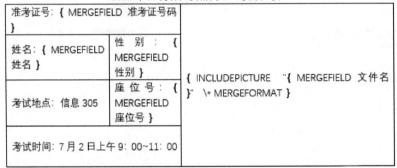

图 1-60 修改域代码

步骤 3 再次按 Alt+F9 组合键关闭域代码，按 F9 键刷新，显示照片。

步骤 4 完成合并生成一个新文档。单击【邮件】选项卡【完成】功能组中的【完成并合并】下拉按钮，在弹出的下拉列表中选择【编辑单个文档】命令，如图 1-61 所示。在打开的【合并到新文档】对话框中，按如图 1-62 所示操作。

图 1-61 选择【编辑单个文档】命令

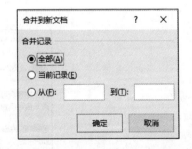

图 1-62 【合并到新文档】对话框

步骤 5 将合并生成的文档保存到与照片素材相同的位置，在新文档中所有显示的照片都相同，如图 1-63 所示，按 Ctrl+A 组合键全选，然后按 F9 键刷新即可显示需要的效果，如图 1-51 所示。

2022 年 10 月保险资格代理人考试准考证

准考证号: 230221		
姓名: 陈好	性别: 女	
考试地点: 信息 305	座位号: 01	
考试时间: 7 月 2 日上午 9: 00~11: 00		

2022 年 10 月保险资格代理人考试准考证

准考证号: 230222		
姓名: 伍锦辉	性别: 男	
考试地点: 信息 305	座位号: 02	
考试时间: 7 月 2 日上午 9: 00~11: 00		

2022 年 10 月保险资格代理人考试准考证

准考证号: 230223		
姓名: 陆嘉瑜	性别: 女	
考试地点: 信息 305	座位号: 03	
考试时间: 7 月 2 日上午 9: 00~11: 00		

图 1-63 刷新前的效果

需要说明的是: 如果数据源中图片文件名的位置以绝对路径表示, 注意是用 "\\\\" 隔开, 如图 1-64 所示, 那么合并后新文档的保存位置就不受约束了。

准考证号码	姓名	性别	座位号	文件名
230221	陈好	女	1	D:\\项目1.5批量制作准考证\\陈好.png
230222	伍锦辉	男	2	D:\\项目1.5批量制作准考证\\伍锦辉.png
230223	陆嘉瑜	女	3	D:\\项目1.5批量制作准考证\\陆嘉瑜.png
230224	陈诗玲	女	4	D:\\项目1.5批量制作准考证\\陈诗玲.png
230225	郑泽丰	男	5	D:\\项目1.5批量制作准考证\\郑泽丰.png
230226	陈家雄	男	6	D:\\项目1.5批量制作准考证\\陈家雄.png
230227	谢嘉彬	男	7	D:\\项目1.5批量制作准考证\\谢嘉彬.png
230228	李浩权	男	8	D:\\项目1.5批量制作准考证\\李浩权.png
230229	梁玉欣	女	9	D:\\项目1.5批量制作准考证\\梁玉欣.png
230230	曾盛轩	男	10	D:\\项目1.5批量制作准考证\\曾盛轩.png
230231	关锐汉	男	11	D:\\项目1.5批量制作准考证\\关锐汉.png
230232	颜依慧	女	12	D:\\项目1.5批量制作准考证\\颜依慧.png

图 1-64 图片文件以绝对路径表示

3. 相关知识

这里重点说明对“邮件合并”中“合并”的知识进行讲解：

① 合并需要两个文档。首先这两个文档分别称为主文档（用于存放固定的内容和格式）和数据源（包含标题行和数据行，每个数据行表示一个对象的信息）；其次是将数据源的信息合并到主文档中。

② 合并之后产生一个新的文档。该新文档可以理解为最终邀请函、成绩单、准考证等。

邮件合并的主要事项：

① 准备好主文档和数据源，可以临时制作，也可以利用现有的（如本项目所提供的素材）；数据源可以是 Word 文档、Excel 文档或者 XML 格式的文件，不管是哪种文件，都要求数据文件的结构是完好的，即不能出现单元格合并或者拆分的情形。

② 进行邮件合并时，数据源文件不能处于“被打开”的状态。

③ 在主文档中使用【邮件合并】工具。

项目 1.6 《人工智能及应用场景》长文档排版

PPT:
长文档排版

PPT

1. 项目要求

基于素材“人工智能及应用场景.docx”文件，创建如图 1-65 所示的目录，掌握多级列表、样式、插入目录等相关知识，以及利用分节符分段设置页眉、页脚的相关技巧。

素材 人工智能及应用场景

目 录

一、 人工智能概述 1
1．人工智能的定义 1
2．人工智能研究价值 2
二、 人工智能科学介绍 3
三、 人工智能发展简史 4
1．人工智能计算机时代 4
2．人工智能日常生活 6
3．人工智能强弱对比 6
(1) 强人工智能（BOTTOM-UP AI） 7
(2) 弱人工智能（TOP-DOWN AI） 7
(3) 对强人工智能的哲学争论 7
四、 人工智能市场应用场景 8
1．商用服务机器人 9
2．医疗机器人 9
3．中国天网监控系统 10
4．智能物流 13
5．智能工厂 15
6．自动驾驶 15

图 1-65 目录结构

2. 项目实现

任务 1.6.1 参照目录结构定义一个多级列表

要求：了解目录结构的特点，设置相应的多级列表，将级别 1～级别 3 可分别链接到样式标题 1～标题 3。

观察如图 1-66 所示的目录结构，需要定义一个三级列表。该三级列表具有以下特点：

① 每一级别只有当前级别的编号，即没有出现1.1 或者 1.1.1 的形式。

② 第 1 级的编号样式是"一，二，…"，编号的格式是后面添加顿号"、"。

③ 第 2 级的编号样式是"1，2，…"，编号的格式是后面添加实心圆点"."。

④ 第 3 级的编号样式是"1，2，…"，编号的格式是添加一对圆括弧"（）"。

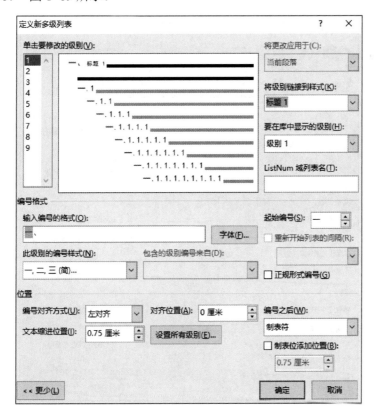

三、 人工智能发展简史.....................

1. 人工智能计算机时代.............

2. 人工智能日常生活.............

3. 人工智能强弱对比.............

(1) 强人工智能（BOTTOM-UP AI）........

(2) 弱人工智能（TOP-DOWN AI）........

(3) 对强人工智能的哲学争论.............

图 1-66 目录结构

操作步骤：单击【插入】选项卡【段落】功能组中的【多级列表】下拉按钮，在弹出的下拉列表中选择【定义新的多级列表】命令，在打开的【定义新多级列表】对话框中依次定义 1～3 级列表的格式，并分别链接到样式标题 1～标题 3，具体设置如图 1-67～图 1-69 所示。

微课
参照目录结构定义
一个多级列表

图 1-67 定义第 1 级别

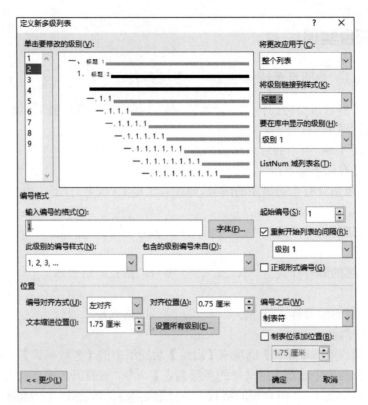

图 1-68　定义第 2 级别

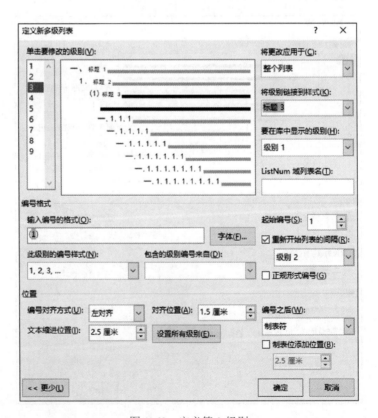

图 1-69　定义第 3 级别

任务 1.6.2 将标题 1～标题 3 的样式应用到对应的文本

要求：

① 利用 Ctrl+F 组合键显示【导航】面板。

② 利用文本选定区选择文本。

操作步骤：

步骤 1 为方便操作，显示【样式】任务窗格。单击【开始】选项卡【样式】功能组中的【对话框启动器】按钮 。

步骤 2 根据参考目录结构的具体文本，按 Ctrl+F 组合键显示【导航】面板，查找相应的文本行，然后选定文本行，分别应用标题 1～标题 3 的样式。当需要不连续多行选择时，可使用 Ctrl 键和利用文档左侧的文本选定区域。

任务 1.6.3 设置页眉和页脚

要求：从正文开始设置页眉、页脚（首页和"绪论"所在的页无页眉、页脚），要求奇偶页的页眉不同，奇数页的页眉是"人工智能"；偶数页的页眉是当前页正文所对应的一级标题的内容；页脚都是按"第 X 页共 Y 页"的格式设置，居中。

操作步骤：

步骤 1 利用分节符来隔开不同区域的页眉、页脚。要求正文开始有页眉、页脚。将鼠标定位到"绪论"所在页的最后；单击【布局】选项卡【页面设置】功能组中的【分隔符】下拉按钮，在弹出的下拉列表中选择【分节符】→【下一页】命令，如图 1-70 所示。

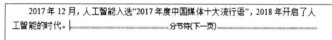

2017 年 12 月，人工智能入选"2017 年度中国媒体十大流行语"，2018 年开启了人工智能的时代。 分节符(下一页)

图 1-70 插入并显示分节符

通过单击【开始】选项卡【段落】功能组中的【显示/隐藏编辑标记】按钮 来显示/隐藏分节符、分页符、段落标记、空格等符号。

步骤 2 给正文设置页眉、页脚。将鼠标移到页面最上方，双击鼠标进入页面和页脚编辑状态，选中【页眉和页脚工具-设计】选项卡【选项】功能组中的【奇偶页不同】复选框，在输入页眉和页脚内容之前，要单击【链接到前一节】按钮，取消当前这一节与前一节的链接；其他具体操作参考本项目的"相关知识点（5）页眉/页脚"，这里不再赘述。

任务 1.6.4 创建目录

要求：目录的位置介于"绪论"和正文之间。

操作步骤：

步骤 1 在正确的位置插入一个分页符。将鼠标定位到"绪论"所在页分节符（下一页）前面的位置，然后按 Ctrl+Enter 组合键插入一个分页符。

步骤 2 将光标定位到空白页的开始处，输入"目录"。然后参考本项目的"相关知识点（6）创建目录"的操作指引，插入目录。

3. 相关知识

如果一篇文档的结构涉及 2 级（含 2 级）以上，为了使编辑更加有效，就要使用到 Word 的多级列表；如果涉及单独成册的文档，如毕业论文、报告和方案等需要按"封面→序（或摘要或前言）→目录→正文→附录→索引→参考文献等"的顺序装订，就要使用到 Word 中目录、分节符隔开设置不同分页眉页脚、图/表题注及图/表序码的生成等知识。

（1）多级列表

【插入】选项卡【段落】功能组中有 3 个可使文档表达条理更加清晰的命令按钮，分别是：

≔·：给选定的项目添加符号，不强调项目的前后顺序。

≔·：给选定的项目添加编号，和项目符号相比，对内容有前后的区分。

≔·：给选定的内容设置多级列表。相对于前两个命令多级列表可用来组织层次结构更复杂的文档。

项目符号和项目编号这两个命令在"项目 1.2 诗词排版"中已有体现。多级列表的设置主要集中在"输入编号的格式"和"将级别链接到样式"这两个方面，如图 1-71 所示。

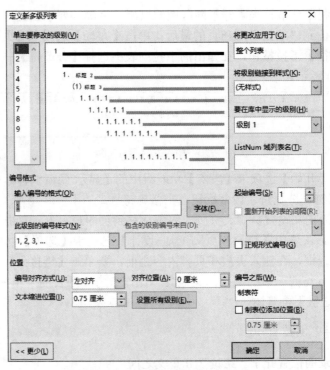

图 1-71　设置多级列表的重点

对选定的文本进行升级/降级的切换：可使用【段落】功能组中的这两个按钮 ⮥⮦，也可使用 Tab 键实现降级和 Shift+Tab 组合键升级。

（2）样式

样式可以理解为格式（包含字体、段落、边框、编号和文本效果等格式）的容器，每个样式必须有一个名称（或者标签），称为样式名称。熟练使用样式为统一文本格式提供了一种高效的手段。

样式本身的操作有新建样式、修改样式、删除样式、使用样式等。

Word 本身提供了多种样式，如标题 1～标题 9、正文及各种其他样式，这种系统自带的样式用户也是可以修改的。

本项目就是应用 Word 自身提供的样式，应用样式的方式如下：

① 将样式应用到指定的文本。

② 将样式链接到多级列表的级别，为创建目录做准备。

（3）分页符

分页符就是将文本强制另起一页的分隔符，如毕业论文或者图书中新的一章开始时需要与上一章的内容用分页符隔开。

分页符的插入有以下两种方法：

① 单击【布局】选项卡【页面设置】功能组中的【分隔符】下拉按钮，在弹出的下拉列表中选择【分页符】命令来完成。

② 按 Ctrl+Enter 组合键。

（4）分节符

分节符是用来将文档的页面设置（如纸张竖向和横向）、页面边框、页眉和页脚、水印等格式进行单独设置的分隔符，即如果文档中没有分节符，那么整篇文档就只能设置一种水印、一种页面设置等。

分节符的插入：单击【布局】选项卡【页面设置】功能组中的【分隔符】下拉按钮，在弹出的下拉列表中的【分节符】→【下一节】命令来完成。

（5）页眉和页脚

页眉和页脚，顾名思义，就是在文档页面的最上方或者最下方区域，常常在页眉和页脚的位置添加一些辅助信息，如"共 X 页第 XX 页"这样的信息使得文档的整体感更加清晰，还可以将文档的一级标题作为页眉的内容等。

1）进入页眉和页脚编辑状态的方式

① 将鼠标移到文档页面的最上方或者最下方区域，然后双击。

② 单击【插入】选项卡【页眉和页脚】功能组中的【页眉】下拉按钮或者【页脚】下拉按钮。

不管是上述哪种方式进入页眉或页脚的编辑状态，都会自动显示如图 1-72 所示的【页眉和页脚】选项卡，通过该选项卡中【转至页脚】或者【转至页眉】命令可方便在页眉与页脚间切换。

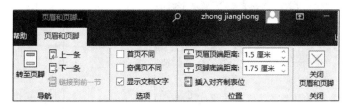

图 1-72　【页眉和页脚】选项卡

2）关闭页眉和页脚编辑状态方式

① 将鼠标移到文档正文的任意区域，然后双击。

② 单击如图 1-72 所示的【关闭页眉和页脚】按钮。

根据页眉和页脚的内容或者格式是否变化，可分为如下几种情形：

① 整篇文档是统一的页眉、页脚（内容和格式都相同）。这种方式最简单，进入页眉和页脚编辑状态，利用【转至页脚】或者【转至页眉】命令在页眉与页脚间切换。

② 奇偶页的页眉和页脚不同（留意对齐的位置，一般奇数页右对齐，偶数页左对齐）。这种方式也简单，直接勾选如图 1-72 所示【页眉和页脚】选项卡【选项】功能组中的【奇偶页不同】复选框，单击【上一条】或者【下一条】按钮在奇数页与偶数页之间进行切换，单击【转至页脚】或者【转至页眉】按钮在页眉与页脚间切换。

③ 不同的区域使用不同的页眉和页脚，这就需要插入分节符。按照如下步骤来完成：

- 在不同页眉和页脚断开处的最后文字后插入一个【分节符】（下一页）。
- 进入页眉和页脚编辑状态，在具体设置页眉和页脚的内容与格式之前（这点很重要），单击如图 1-73（a）中所示的【链接到前一节】按钮，取消当前这一节与前一节的链接，如图 1-73（b）所示。

3）设置页眉和页脚的内容与格式

如果要分区域设置不同的页眉/页脚，上述 3 个步骤的顺序很重要。实际中很多时候页眉不同页脚相同，或者反过来。基本原则是相同的部分无须重复设置，不同的部分才需"先取消链接，再设置"。

页眉/页脚的内容，根据其是否随标题或者页数的变化而变化，可分为静态文本和动态文本。静态文本就是直接输入的内容，而动态文本就是通过命令实现的，如页码、域等，本项目涉及页码和一级标题。

① 设置页码。先设置页码格式，然后再确定页码的位置，如图 1-74 所示。

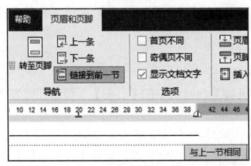

(a) 单击【链接到前一节】按钮前，有【与上一节相同】的提示

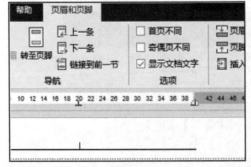

(b) 单击【链接到前一节】按钮后，【与上一节相同】的提示消失

图 1-73　取消与前一节的链接操作

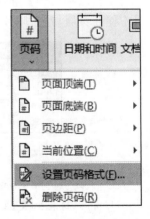

图 1-74　插入页码

② 将一级标题设置为页眉的内容。单击【插入】选项【文本】功能中的【文档部件】下拉按钮，在弹出的下拉列表中选择【域】命令，在打开的如图 1-75 所示的【域】对话框中进行设置即可。

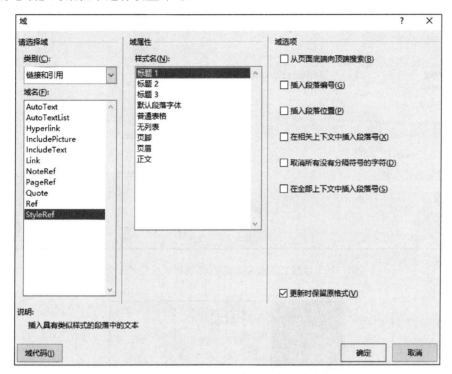

图 1-75　插入一级标题的内容

（6）创建目录

利用 Word 进行长文档编辑时，需要利用工具创建文档的目录，对应的操作是单击【引用】选项卡【目录】功能组中的【目录】下拉按钮，在弹出的下拉列表中选择【自定义目录】命令，在打开的对话框中设置目录的级别、与级别匹配的样式，如需修改默认的匹配样式可单击【选项】按钮，打开【目录选项】对话框，如图 1-76 所示。

从图 1-76 中可以发现，在使用插入目录命令之前必须做相应的准备工作，否则就无法实现预期的插入目录效果，这些准备工作主要包括：

① 定义多级列表，需要将级别链接到指定的样式。

② 将指定的样式应用到对应的文本，会自动产生各级编号。

③ 在前两步的基础上，才可使用插入目录的命令，参考图 1-76 所示的设置生成目录。

更新目录的操作：将鼠标移到目录区域，右击，在弹出的快捷菜单中选择【更新域】命令即可。

（7）打印及打印预览

打印文档需要连接可正常使用的打印机，然后按 Ctrl+P 组合键进入与打印相关的设置，如图 1-77 所示。常用的设置有选择打印机、打印份数、打印范围和是否单/双面打印等，设置完成后，最后单击【打印】按钮。

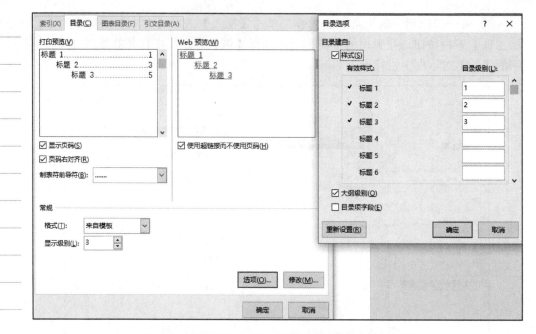

图 1-76 设置目录级别、匹配级别样式操作的示意图

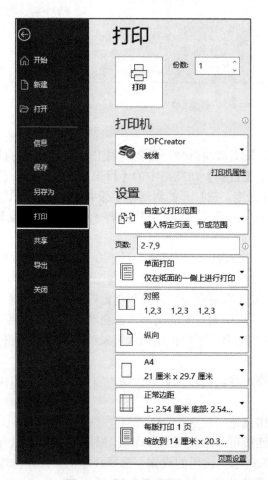

图 1-77 【打印】设置界面

（8）其他

①【设计】选项卡中主要放置【主题】【文档格式】和【页面背景】等相关的命令。

②【审阅】选项卡中主要放置【批注】【修订】等命令。

③【插入】选项卡中有【书签】和【超链接】等命令，超链接的目标可以是外部网页、一个新的文档，也可以是当前文档的某个位置等。如果是当前文档的某个位置，那么就需要在指定的位置创建一个书签，然后才能设置超链接。

项目 1.7　多人在线协同制作文档

PPT:
多人在线协同制作文档

PPT

1. 项目要求

利用腾讯文档创建一个如图 1-78 所示的问卷，掌握利用腾讯文档进行在线协同办公的相关操作。

2. 项目实现

项目要求：

① 利用腾讯文档创建问卷。

② 将收集问卷生成一个二维码。

③ 将收集信息的腾讯文档下载到本地。

步骤 1　打开"腾讯文档"，单击【我的文档】按钮，用微信账号登录后单击【+新建】按钮 ，选择【在线收集表】，如图 1-79 所示。

微课
多人在线协同文档
的制作

图 1-78　问卷收集内容　　　　图 1-79　选择【新建】选项卡【在线收集表】

步骤 2　选择【空白收集表】，根据如图 1-78 所示的内容，在如图 1-80 所示的界面中添加相关项目。收集表信息设计完成后，单击【预览】按钮可查看效果，单击【发布】按钮可进行问卷的发布。

图 1-80　编辑收集表的内容

在如图 1-81 所示的【分享】界面中，进行如下选取：

【谁可以填写文档】栏：【所有人可填写】。

【分享至】栏：单击界面的【生成二维码】按钮，即生成如图 1-82 所示的二维码。

图 1-81　【分享】界面　　　　　　　　　　图 1-82　生成收集信息表的二维码

步骤 3　单击如图 1-83 所示的【统计】选项卡中【关联结果到表格】按钮，就进入腾讯文档模式。

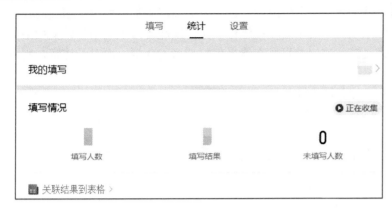

图 1-83　收集在线表和腾讯文档的无缝对接操作界面

步骤 4　在如图 1-84 所示的【腾讯文档】界面中，单击工具栏的【文档操作】按钮 ≡，在弹出的如图 1-85 所示的下拉列表中选择【导出为】命令，即可将收集的表数据保存到本地。

图 1-84　【腾讯文档】界面　　　　　　　图 1-85　将腾讯文档下载到本地的操作

如图 1-84 所示的【腾讯文档】界面中，常用的其他相关操作如下：

【关联收集表】按钮 ：用于显示/隐藏与当前腾讯文档关联的收集表。

【邀请他人一起协同】 和【分享】对应的操作所见即所得，不再赘述。

3. 相关知识

腾讯文档是一款可在全平台、多终端使用的多人在线协作的文档工具，支持 Word、Excel、PPT、PDF、收集表、思维导图和流程图等类型；无论是发起者还是参与者，通过计算机或手机都可以非常方便地发起（或参与）协作，大大提升了日常工作的效率；数据实时自动保存和多设备同步，支持多人在线查看和编辑，权限安全可控；其中的【在线收集表】（类似调查问卷）与腾讯文档无缝对接实现了协同工具数据之间的互通互联，让移动协同更加高效。

　　【在线收集表】以问卷的方式收集信息不仅在日常办公场景非常实用，也可对公司来访、员工复工、学生返校、进入公共部门等都需要进行相关的登记，登记表需要访客协作填写。为了避免接触性聚集，发起者可以利用腾讯文档中的【在线收集表】创建问卷。该问卷可发布给微信群或者 QQ 群，而对于访客，则可生成二维码，扫码登记。

　　腾讯文档的获取途径：

① 网页版：腾讯文档官方网站。

② 关注微信公众号：腾讯文档。

③ PC 终端：下载"腾讯文档"。

课后练习

课后练习

一、选择题

1. 在 Word 中，【格式刷】按钮的作用是（　　）。

　　A．复制文本和格式　　　　　　　　B．复制文本

　　C．复制图形　　　　　　　　　　　D．复制格式

2. 在 Word 中，对已经输入的文档设置首字下沉，需要使用的选项卡是（　　）。

　　A．插入　　　　B．页面布局　　　　C．引用　　　　D．开始

3. 在 Word 中，对形状填充的方式有（　　）多种。

　　A．纯色填充

　　B．纯色填充、渐变填充、图片或纹理填充、图案填充

　　C．图案填充、纯色填充

　　D．渐变填充、图片或纹理填充

4. 在 Word 中，新建一个简历表格，最简单的方法是（　　）。

　　A．在【插入】选项卡下绘制表格　　　B．在【新建】窗口中选择简历模板

　　C．用绘图工具绘制　　　　　　　　　D．用快速插入表格的方法

5. 在 Word 中，输入复杂的数学公式，可执行（　　）命令。

　　A．【插入】选项卡【符号】　　　　　B．【插入】选项卡【公式】

　　C．【插入】选项卡【表格】　　　　　D．【插入】选项卡【对象】

6. 在 Word 中，SmartArt 图形不包含（　　）。

　　A．图表　　　　B．层次结构图　　　　C．流程图　　　　D．循环图

7. 在 Word 中，样式的主要功能是（　　）。

　　A．保存字体格式　　　　　　　　　　B．保存段落格式

　　C．保存字体和段落格式　　　　　　　D．保存图形格式

8. 在 Word 中，要统计文档的字数，需要使用的选项卡是（　　）。

　　A．插入　　　　B．审阅　　　　C．引用　　　　D．视图

9. Word 2016 默认的正文格式是（　　）。

　　A．宋体、五号，单倍行距、两端对齐、无缩进

　　B．宋体、五号，单倍行距、两端对齐、首行缩进 2 字符

　　C．等线体、五号，单倍行距、两端对齐、无缩进

D．等线体、五号，单倍行距、两端对齐、首行缩进 2 字符

10．Word 字号包含中文字号和磅值两类，以下字号中，无效的字号是（　　）。

    A．小四　　　　　　　　B．1.2 磅　　　　　　　C．1.5 磅　　　　　　　D．13 磅

11．在 Word 中，文本行距设为"最小值：12 磅"时，以下说法正确的是（　　）。

    A．只能正常显示 12 磅字符　　　　　　　B．只能正常显示小于 12 磅的字符

    C．不能正常显示大于 12 磅的字符　　　　D．能正常显示任意大小的字符

12．在 Word 的"查找和替换"操作中，不能实现的操作是（　　）。

    A．查找英文标点符号替换成中文标点符号

    B．查找指定汉字替换成其他格式汉字

    C．查找无格式段落字符替换成标题样式

    D．查找手工编号替换成自动编号

13．下列有关 Word 表格的特性描述，错误的描述是（　　）。

    A．Word 表格是由若干单元格组成的网格对象，表格及内容可作为一个对象处理

    B．Word 表格处于文档字符层，表格不能像图片、艺术字对象等可随意改变层次

    C．Word 表格外的文字只能在表格上方或下方，所以 Word 表格无文字环绕格式

    D．Word 表格的单元格是内容编辑区，可编辑字符、数据、编号和公式、图表对象等

14．下列有关 Word 表格的描述，正确的描述是（　　）。

    A．插入表格与插入点的位置和格式无关，不会影响单元格的格式

    B．插入表格与插入点的位置和格式相关，会影响单元格的格式

    C．将任意"1 列 3 行"的单元格拆分为"1 列 5 行"的单元格，可得到横线错位的表格

    D．调整表格列宽，合并"1 行 5 列"的单元格后又拆分成"1 行 5 列"，表格不变

15．下列有关 Word 表格的操作描述，操作不会出错（错乱）的是（　　）。

    A．在 Word 表格中插入单元格会破坏表格结构，删除单元格则不会破坏表格结构

    B．插入表格，设置好不同线型内外线和竖横内分隔线，输入数据，计算和排序

    C．插入表格，合并表头多列单元格，调整列宽，再在合并的多列单元格中插入 1 列

    D．文本转换成表格，在表格上下左右插入 1 行 1 列，调整列宽，合并表头列单元格

16．下列有关 Word 表格单元格地址名称的描述，错误的描述是（　　）。

    A．Word 表格单元格地址命名与 Excel 相同，地址名称由列标字母+行标数字组成

    B．没有合并单元格的 Word 表格，地址为完全地址 A1，B1，…；A2，B2，…

    C．有行、列单元格合并的 Word 表格，被合并的列单元格依次往右重新命名

    D．有行、列单元格合并的 Word 表格，被合并的行单元格不再存在，无地址名称

17．下列有关 Word 文档分页、分节的描述，正确的描述是（　　）。

    A．在 Word 文档中插入"分页符"，既能把文本内容分开在不同页，也能分隔页码

    B．在 Word 文档中插入"分页符"，只能把文本内容分开在不同页，不能分隔对象

    C．在 Word 文档中插入"分节符"，可分隔文本、图片对象和页面设置、页眉页脚

    D．在 Word 文档中插入"分节符"，可分隔文本和对象，不能分隔水印、页面边框

18．下列有关 Word 标题样式与大纲的描述，错误的描述是（　　）。

    A．标题样式，可由用户创建大纲级别或正文级别的样式

    B．系统提供的标题样式和用户创建的样式，都会在【样式】任务窗格中显示

    C．有大纲级别的文档标题，可在打开的【导航】窗格的【标题】中显示标题结构

    D．正文级别的文档大标题，同样可在打开的【导航】窗格的【标题】中显示

19．下列有关 Word 编号、多级列表的描述，错误的描述是（　　）。

A．Word 的“编号”只能设计单字符、单级的自动编号

B．Word 的“编号”能设计单字符、多级的自动编号，能与“标题样式”链接

C．Word 的“编号”不能设计多字符组合的自动编号，不能与“标题样式”链接

D．Word 的“多级列表”能设计多字符组合的多级自动编号，能与“标题样式”链接

20．下列有关 Word 目录提取的描述，正确的描述是（　　）。

A．只有大纲级别的文档标题才能提取标题目录

B．所有字号较大的标题都可以提取标题目录

C．应用了自定义无大纲样式的标题也可提取标题目录

D．使用“题注”统一编号的“图”“表格”“公式”，可以一次性提取“图表目录”

二、操作题

1．文档格式设置。

利用素材“练习 1-1　物联网.docx”，参照图 1-86 的效果进行格式设置。

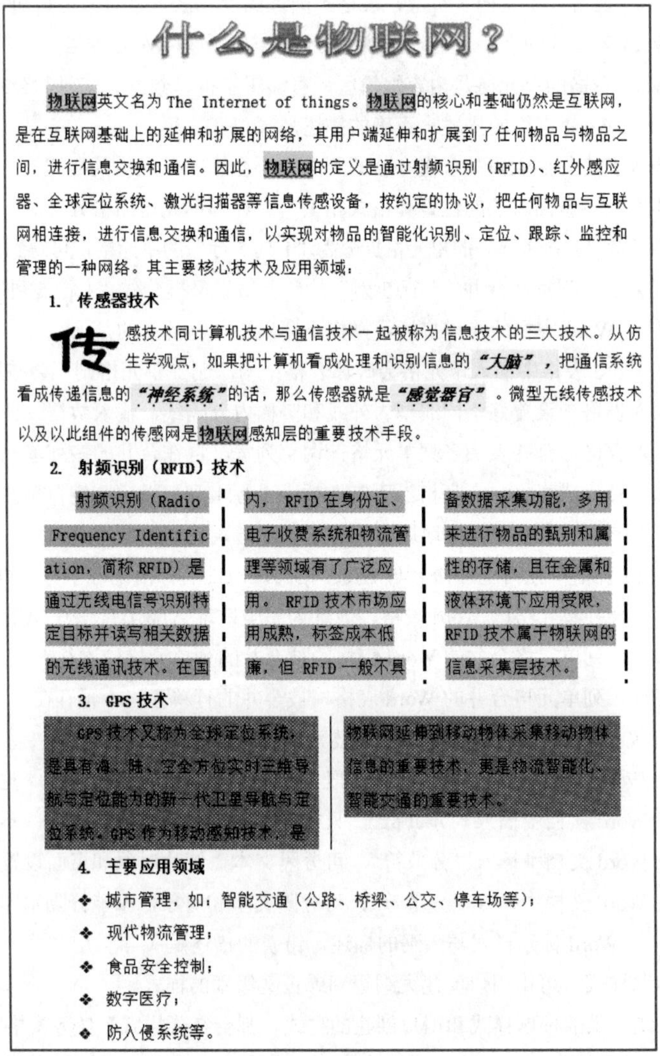

什么是物联网？

物联网英文名为 The Internet of things。物联网的核心和基础仍然是互联网，是在互联网基础上的延伸和扩展的网络，其用户端延伸和扩展到了任何物品与物品之间，进行信息交换和通信。因此，物联网的定义是通过射频识别（RFID）、红外感应器、全球定位系统、激光扫描器等信息传感设备，按约定的协议，把任何物品与互联网相连接，进行信息交换和通信，以实现对物品的智能化识别、定位、跟踪、监控和管理的一种网络。其主要核心技术及应用领域：

1. 传感器技术

传感技术同计算机技术与通信技术一起被称为信息技术的三大技术。从仿生学观点，如果把计算机看成处理和识别信息的“大脑”，把通信系统看成传递信息的“神经系统”的话，那么传感器就是“感觉器官”。微型无线传感技术以及以此组件的传感网是物联网感知层的重要技术手段。

2. 射频识别（RFID）技术

射频识别（Radio Frequency Identification，简称 RFID）是通过无线电信号识别特定目标并读写相关数据的无线通讯技术。在国内，RFID 在身份证、电子收费系统和物流管理等领域有了广泛应用。RFID 技术市场应用成熟，标签成本低廉，但 RFID 一般不具备数据采集功能，多用来进行物品的甄别和属性的存储，且在金属和液体环境下应用受限，RFID 技术属于物联网的信息采集层技术。

3. GPS 技术

GPS 技术又称为全球定位系统，是具有海、陆、空全方位实时三维导航与定位能力的新一代卫星导航与定位系统。GPS 作为移动感知技术，是物联网延伸到移动物体采集移动物体信息的重要技术，更是物流智能化、智能交通的重要技术。

4. 主要应用领域

- 城市管理，如：智能交通（公路、桥梁、公交、停车场等）；
- 现代物流管理；
- 食品安全控制；
- 数字医疗；
- 防入侵系统等。

图 1-86　格式设置效果图

具体要求：

（1）设置页面格式

① 纸张大小：A4。

② 上/下边距：2 厘米；左/右边距：2.5 厘米；纸张方向：纵向。

（2）设置标题格式

① 字体格式：宋体、一号；文本效果和版式：填充和边框均为红色，主题色 2；字符间距缩放 150%。

② 段落格式：文字居中；行间：1.5 倍行距。

（3）设置正文格式

① 字体格式：宋体、小四。

② 行距与缩进：正文 1.5 倍行距，首行缩进 2 字符。

③ 设置正文中"大脑"的字体格式为加粗、倾斜、加着重号、黄色突出显示。

④ 利用格式刷复制。将"大脑"字体格式复制到文本"神经系统"和"感觉器官"。

⑤ 分栏：将文中第 3 段设置三栏效果；第 5 段设置两栏效果，并添加分隔线。

⑥ 边框和底纹：给正文的第 3 段添加长画线-点，2.25 磅的右框线；给文字添加底纹"橄榄色，强调文字颜色 3，淡色 40%"。

⑦ 边框和底纹：给正文的第 5 段添加底纹"橙色，强调文字颜色 6，深色 25%"，图案样式"5%，黄色"效果。

⑧ 编号设置：给传感器技术、射频识别（RFID）技术、GPS 技术、主要应用领域 4 个段落标题设置"1."格式的段落编号。

⑨ 项目符号设置：给"主要应用领域"标题下的文本添加项目符号，项目符号代码为 118，字体为 Wingdings，符号字体为红色、加粗、三号。

⑩ 首字下沉：设置第 3 段的首字"传"的首字下沉格式为下沉行数 2 行，字体为隶书，距正文 0.1 厘米。

（4）查找与替换（组合键 Ctrl+H）

使用查找和替换的方法将文字标题以外的"物联网"文本格式设置为加粗、深红字体；下画线：双波浪线、绿色。

2．表格制作及编辑。

利用素材"练习 1-2　2021 年中国各省 GDP 前 10 .docx"，实现如图 1-87 所示的效果。

序号	省份	GDP数据（亿元）	同比增速
\multicolumn{4}{c}{2021年中国各省GDP前10}			
1	广东	124369.67	8.00%
2	江苏	116364.2	8.60%
3	山东	83095.9	8.30%
4	浙江	73516	8.50%
5	河南	58887.41	6.30%
6	四川	53850.79	8.20%
7	湖北	50012.94	12.90%
8	福建	48810.36	8.00%
9	湖南	46063.09	7.70%
10	上海	43214.85	8.10%
总　计		698185.21	平均增速 8.46%

图 1-87　2021 年中国各省 GDP 前 10

具体要求：

① 将文本转换成表格。

② 表格数据按 GDP 数据排降序。

③ 在表格的最下方添加一行计算总的 GDP 和平均增速。

④ 左侧添加一列用于排序。

⑤ 整个表格居中、表格内容居中。

⑥ 设置表格标题行的字体为粗体；底纹为浅绿色。

⑦ 表格的内外框线设置如图 1-87 所示。

3．图文混排。

利用素材"练习 1-3　汽车销售.docx"，实现如图 1-88 所示的效果。

图 1-88　图文混排

具体要求：

① 将主标题文字"关爱生命，现代同行"设置为艺术字：橙色、小初及"蓝色发光"效果；将副标题设置艺术字格式"橙色效果"。

② 在文档中插入素材"朗动.jpg"图片文件，设置图片边框为橙色、4.5 磅线条；图片颜色为色温 4700 K。

③ 图片高度和宽度绝对值分别设置为 4 厘米和 6 厘米，取消锁定纵横比；文字环绕方式为四周型；图片位置水平方向：绝对位置，页边距右侧 5.5 厘米；垂直方向：绝对位置，页边距下侧 7 厘米处。

④ 插入横卷形形状，设置其形状样式：细微效果，水绿色；边框：蓝色线条 4.5 磅；设置形状效果为上透视、蓝发光效果；参照图在横卷形状上输入文字并设置文本效果。

4．邮件合并制作成绩单。

利用素材"练习 1-4　成绩主文档.docx"和"练习 1-4　成绩数据源.docx"，实现如图 1-89 所示的效果。

5．长文档排版。

利用素材“练习 1-5　毕业设计.docx”，完成如下操作：

① 参照图 1-90 所示的目录结构定义一个多级列表，将级别 1～级别 3 分别链接到样式标题 1～标题 3。

② 从“绪论”所在的页开始设置页眉页脚：奇偶页设置不同的页眉，奇数页的页眉是“毕业设计”；偶数页的页眉是“BBS 论坛”；页脚都是按“第 X 页”的格式设置，居中。

③ 参照目录结构将样式应用到文本：自动产生各级编号。

④ 创建目录，目录的位置是“绪论”的前一页。

2021—2022 第一学期期末考试成绩

姓名：陈　一　　学号：21012001　　院系：电信学院

课程名称	计算机基础	大学英语	大学数学	计算机网络	C 语言
分　数	93	59	70	70	60

2021—2022 第一学期期末考试成绩

姓名：柳培军　　学号：21012002　　院系：电信学院

课程名称	计算机基础	大学英语	大学数学	计算机网络	C 语言
分　数	77	62	67	49	86

2021—2022 第一学期期末考试成绩

姓名：艾 添　　学号：21012003　　院系：电信学院

课程名称	计算机基础	大学英语	大学数学	计算机网络	C 语言
分　数	93	85	84	84	80

图 1-89　成绩单

目 录

绪论 1
第 1 章 ASP 技术，VBSCRIPT 脚本语言，SQL SERVER 1
1.1　ASP.NET 技术介绍 1
1.2　VBSCRIPT 简介 3
1.3　SQL SERVER 2000 简介 3
第 2 章系统定义 4
2.1　系统分析 4
2.1.1　Internet 以及 Web 技术的发展 4
2.1.2　毕业生就业网络论坛技术可行性分析 5
2.2　系统的综合要求 6
第 3 章系统设计 7
3.1　数据结构的设计 7
3.2　系统结构的设计 8
3.3　系统详细分析 10
第 4 章毕业生就业网络论坛的功能实现 11
4.1　首页的设计实现 11
4.2　用户注册与登录的实现 12
4.3　发帖与回帖的实现 14
4.4　后台功能的实现 18
第 5 章结论 23
参考文献： 23

图 1-90　目录结构

单元 2 Excel 2016 电子表格处理

【单元导读】

Excel 2016（以下简称 Excel）是 Microsoft Office 2016 中的电子表格软件，它具有强大的数据处理功能。通过使用 Excel，用户可以对各种数据进行组织、计算、统计和分析，并将其以形象直观的形式展示出来。

本单元通过以下几个项目，介绍了 Excel 的主要功能与基本操作方法，主要内容包括工作簿、工作表和单元格的操作，公式与函数的运用，数据表管理和图表制作等。

素养提升 单元 2
Excel 2016 电子
表格处理

项目 2.1 图书清单制作

Word 和 Excel 都可以制作表格，Word 表格主要侧重于格式编排，如个人简历表；Excel 表格主要侧重于数据的计算和统计分析，如成绩表、工资表等。Excel 也具有强大的格式编排功能。

PPT:
图书清单制作

PPT

1. 项目要求

通过制作图书清单，了解 Excel 数据类型，掌握工作簿、工作表和单元格的各种操作方法，效果如图 2-1 所示。

素材 图书清单

	编号	书名	出版社	单位	定价	现价	出版时间
			图书清单				
	A001	教师职业道德修养	青年	本	¥69.00	¥48.86	2009/3/1
	A002	教师的格言	吉林人民	本	¥52.60	¥36.82	2010/4/29
	A003	让学生感受亲情-你我一生是朋友	吉林人民	本	¥32.60	¥22.82	2010/6/5
	A004	教你成为专家型教师	光明日报	本	¥36.80	¥25.76	2010/6/4
	A005	班主任实用"百宝箱"	北师大	本	¥56.00	¥39.20	2010/6/1
	A006	让学生迷上学习的66个故事	辽海图书	本	¥31.00	¥21.70	2010/6/2
	A007	教师工作方法创新案例集	北师大	本	¥28.00	¥19.60	2010/6/4
	A008	优秀校长必须做好的100件事	北师大	本	¥35.30	¥24.71	2010/9/1
	A009	打造精彩课堂有妙招	东北师范	本	¥42.00	¥29.40	2010/9/2
	A010	中学生心理健康教育	江西高校	本	¥19.00	¥13.30	2010/6/4
	A011	班主任如何批评学生	北师大	本	¥28.50	¥19.95	2010/8/24
	A012	教师如何激励学生	北师大	本	¥33.00	¥23.10	2010/6/4
	A013	教师必须掌握的教育学关键词	北师大	本	¥45.80	¥32.06	2010/9/1
	A014	教你五步做成功教师	北师大	本	¥29.00	¥20.30	2010/6/3
	A015	有效听课、观课和评课的智慧与技巧	北师大	本	¥38.00	¥26.60	2010/1/1

图 2-1 项目 2.1 制作效果

2. 项目实现

任务 2.1.1 新建并保存工作簿

步骤 1 启动 Excel，常用的方法有以下 3 种：

微课
新建并保存工作簿
及工作表管理

① 通过快捷方式启动。在 Windows 桌面中选择【开始】→【所有程序】→【Microsoft Office】→【Excel 2016】命令，或者双击桌面上的快捷图标。

② 通过已有 Excel 文件启动。

③ 直接双击运行 Excel 应用程序。

步骤 2　新建工作簿，启动 Excel 时，会自动新建一个文件名为"工作簿 1.xlsx"的空白工作簿，默认有 1 个工作表，其名称为 Sheet1。

步骤 3　保存工作簿，选择【文件】→【保存】命令或单击快速访问工具栏中的【保存】按钮，打开【另存为】对话框。选择保存工作簿的位置，在【文件名】组合框中输入"项目 2.1"，然后单击【保存】按钮。

任务 2.1.2　工作表管理

步骤 1　插入工作表。单击【新工作表】按钮，依次插入 3 个新工作表 Sheet2、Sheet3、Sheet4。

步骤 2　重命名工作表。

要求：将 Sheet1～Sheet4 工作表的名称分别重命名为"教师用书""教材""外语"和"考试"。

操作方法：双击 Sheet1 工作表标签，输入新的工作表名称为"教师用书"，按 Enter 键，以此类推，修改其他几个工作表的名称。

步骤 3　更改工作表标签颜色。

要求：将"教师用书"工作表的标签颜色设置为蓝色。

操作方法：

右击"教师用书"工作表的标签，在快捷菜单中选择【工作表标签颜色】命令，在弹出的级联菜单中选择"标准色"选项组的"蓝色"。

任务 2.1.3　数据输入

（1）数据的基本输入

要求：在"教师用书"工作表中输入如图 2-2 所示的数据。

微课
数据输入及编辑

	A	B	C	D	E	F	G
1	图书清单						
2	编号	书名	出版社	单位	定价	现价	出版时间
3		教师职业道德修养	青年		69.8	48.86	2009/3/1
4		教师的格言	吉林人民		52.6	36.82	2010/4/29
5		教你成为专家型教师	光明日报		36.8	25.76	2010/6/4
6		让学生感受亲情-你我一生是朋友	吉林人民		32.6	22.82	2010/6/5
7		班主任实用"百宝箱"	北师大		56	39.2	2010/6/1
8		教师工作方法创新案例集	北师大		28	19.6	2010/6/4
9		优秀校长必须做好的100件事	北师大		35.3	24.71	2010/9/1
10		打造精彩课堂有妙招	东北师范		42	29.4	2010/9/2
11		中学生心理健康教育	江西高校		19	13.3	2010/6/4
12		班主任如何批评学生	北师大		28.5	19.95	2010/8/24
13		教师如何激励学生	北师大		33	23.1	2010/6/4
14		教师必须掌握的教育学关键词	北师大		45.8	32.06	2010/9/1
15		教你五步做成功教师	北师大		29	20.3	2010/6/3
16		有效听课、观课和评课和智慧与技巧	北师大		38	26.6	2010/1/1

图 2-2　"教师用书"工作表

操作步骤如下：

步骤 1 选中"教师用书"工作表。

步骤 2 选中 A1 单元格，输入"图书清单"，按 Enter 键。

步骤 3 选中 A2 单元格，输入"编号"，按 Enter 键。

以此类推，参照图 2-2 输入所有单元格中的数据。

（2）**数据的快速输入**

要求：输入图书清单中的单位及编号序列数据。

操作步骤如下：

步骤 1 选中 D3:D16 单元格区域，输入文字"本"，按 Ctrl+Enter 组合键。

步骤 2 选中 A3 单元格，输入文字"A001"。然后将鼠标指向该单元格右下角的填充柄（小黑块），当鼠标指针变为实心的十字时，向下拖动填充柄到 A16 单元格，则编号序列自动填充完成。

任务 2.1.4 数据编辑

要求：将表中第 5 行（"教你成为专家型教师"行）和第 6 行（"让学生感受亲情-你我一生是朋友"行）对调；在第 8 行前插入一空行，输入新数据"让学生迷上学习的 66 个故事、辽海图书、本、31、21.7、2010-6-2"。

操作步骤如下：

步骤 1 右击行号 5，选中要移动的行的同时，在弹出的快捷菜单中选择【剪切】命令。

步骤 2 右击行号 7，在弹出的快捷菜单中选择【插入剪切的单元格】命令。

步骤 3 右击行号 8，在弹出的快捷菜单中选择【插入】命令。

步骤 4 在 B8:G8 单元格区域中输入新数据。

步骤 5 使用自动填充数据的方法重新调整编号。

任务 2.1.5 数据格式化

（1）**字体格式设置**

要求：将图书清单的标题合并居中，字体设置为华文行楷、20 磅、加粗，字体颜色为"蓝色，个性颜色 1"；字段名称行（第 2 行）设置为隶书、14 磅、蓝色；"定价"列数据增加红色删除线。

操作步骤如下：

步骤 1 选中 A1:G1 单元格区域。

步骤 2 选择【开始】选项卡，单击【对齐方式】功能组中的【合并后居中】按钮，将标题合并居中。

步骤 3 选择【开始】选项卡，单击【字体】功能组中的【字体】下拉按钮，在弹出的【字体】列表中选择【华文行楷】选项。

步骤 4 单击【字号】下拉按钮，在弹出的【字号】下拉列表中选择【20】选项。

步骤 5 单击【加粗】按钮 **B**，将标题字体加粗。

步骤 6 单击【字体颜色】下拉按钮 ▲，在弹出的下拉列表中选择【主题颜色】选项组的【蓝色，个性颜色 1】选项。

步骤 7 以同样的方式对字段名称行 A2:G2 进行设置。

微课
数据格式化

步骤 8 选中 E3:E17 单元格区域，选择【开始】选项卡，单击【字体】功能组右下角【对话框启动器】按钮，打开【设置单元格格式】对话框，在【字体】选项卡的【颜色】下拉列表中选择【标准色】选项组的【红色】选项，在【特殊效果】选项组中选中【删除线】复选项，如图 2-3 所示，单击【确定】按钮。

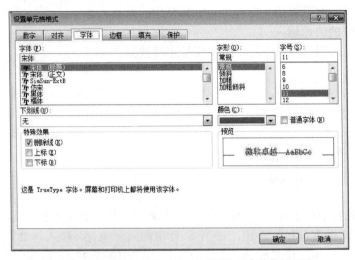

图 2-3 【设置单元格格式】对话框的【字体】选项卡

（2）数字、日期和时间的格式设置

要求：将图书清单中的日期型数据设置为类似"2001 年 3 月 14 日"的格式，将数值型数据设置为货币格式。

操作步骤如下：

步骤 1 选中 G3:G17 单元格区域。

步骤 2 选择【开始】选项卡，单击【字体】功能组右下角的【对话框启动器】按钮，打开【设置单元格格式】对话框。

步骤 3 在【数字】选项卡的【分类】列表框中选择【日期】选项，在【类型】列表框中选择【2001 年 3 月 14 日】，如图 2-4 所示，单击【确定】按钮。

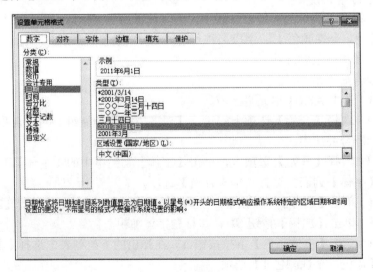

图 2-4 日期格式设置

步骤 4　选中 E3:F17 单元格区域。

步骤 5　选择【开始】选项卡，单击【字体】功能组右下角的【对话框启动器】
按钮，打开【设置单元格格式】对话框。

步骤 6　在【数字】选项卡的【分类】列表框中选择【货币】选项，如图 2-5
所示，单击【确定】按钮。

图 2-5　货币格式选择

（3）行高和列宽调整

要求：将图书清单中的行高、列宽自动调整为最适合。

操作步骤如下：

步骤 1　选中 A1:G17 单元格区域。

步骤 2　选择【开始】选项卡，单击【单元格】功能组中的【格式】下拉按钮，
在弹出的下拉列表中选择【自动调整行高】命令，调整行高为最适合。

步骤 3　选择【开始】选项卡，单击【单元格】功能组中的【格式】下拉按钮，
在弹出的下拉列表中选择【自动调整列宽】命令，调整列宽为最适合。

（4）背景图案设置

要求：将图书清单中的字段名称行填充为【图案颜色】中的【蓝色、个性色 1、
淡色 80%】，【图案样式】中的【50%灰色】。

操作步骤如下：

步骤 1　选中 A2:G2 单元格区域。

步骤 2　选择【开始】选项卡，单击【单元格】功能组中的【格式】下拉按钮，
在弹出的下拉列表中选择【设置单元格格式】命令，打开【设置单元格格式】对
话框。

步骤 3　选择【填充】选项卡，在【图案颜色】下拉列表中选择【主题颜色】
选项组的【蓝色，个性色 1，淡色 80%】，在【图案样式】下拉列表中选择【50%灰
色】，如图 2-6 所示，单击【确定】按钮。

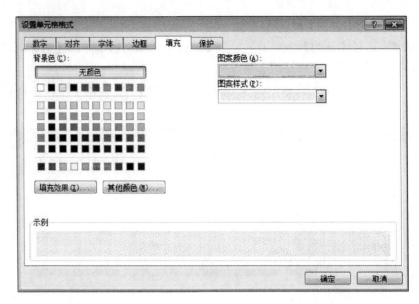

图 2-6 【设置单元格格式】对话框的【填充】选项卡

（5）对齐方式设置

要求：将图书清单中"定价"和"现价"两列数值的对齐方式设置为水平右对齐、垂直居中；其余设为水平垂直居中。

操作步骤如下：

步骤1 选中 A1:G17 单元格区域。

步骤2 选择【开始】选项卡，单击【对齐方式】功能组中的【居中】按钮 ≡ 和【垂直居中】按钮 ≡ 。

步骤3 选中 E3:F17 单元格区域。

步骤4 选择【开始】选项卡，单击【对齐方式】功能组中的【文本右对齐】按钮 ≡ 。

（6）边框的设置

要求：为图书清单添加边框，其中外框为双线、内框为细实线。

操作步骤如下：

步骤1 选中 A2:G17 单元格区域。

步骤2 选择【开始】选项卡，单击【单元格】功能组中的【格式】下拉按钮，在弹出的下拉列表中选择【设置单元格格式】命令，打开【设置单元格格式】对话框。

步骤3 选择【边框】选项卡，首先在【线条】选项组的【样式】列表框中选择【双线】，在【预置】选项组中单击【外边框】按钮□；然后在【线条】选项组的【样式】列表框中选择【细实线】，在【预置】选项组中单击【内部】按钮 田，如图 2-7 所示，单击"确定"按钮。

（7）条件格式设置

要求：为现价大于 30 的单元格设置一种填充效果。

操作步骤如下：

步骤1 选中 F3:F17 单元格区域。

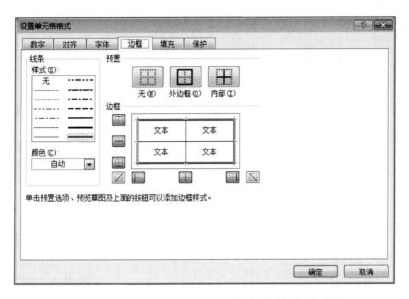

图 2-7　【设置单元格格式】对话框的【边框】选项卡

步骤 2　选择【开始】选项卡，单击【样式】功能组中的【条件格式】下拉按钮，在弹出的下拉列表中选择【新建规则】命令，打开【新建格式规则】对话框。

步骤 3　在【选择规则类型】中选择【只为包含以下内容的单元格设置格式】选项。

步骤 4　将【编辑规则说明】中的【只为满足以下条件的单元格设置格式】分别设置为"单元格值、大于或等于、30"。

步骤 5　单击【格式】按钮，在弹出的下拉列表中选择【设置单元格格式】命令，打开【设置单元格格式】对话框。选择【填充】选项卡，单击【填充效果】按钮，在打开的【填充效果】对话框中任意设置一种填充效果，单击【确定】按钮，返回【设置单元格格式】对话框。单击【确定】按钮，返回【新建格式规则】对话框，如图 2-8 所示，再单击【确定】按钮完成设置。

图 2-8　【新建格式规则】对话框

至此，图书清单制作完成，效果如图 2-1 所示。

任务 2.1.6　工作表打印

微课
工作表打印及保存
退出

（1）页面设置

步骤 1　选择【页面布局】选项卡，单击【页面设置】功能组中的【对话框启动器】按钮，打开【页面设置】对话框。

步骤 2　选择【页边距】选项卡，在【居中方式】选项中选中【水平】复选框，如图 2-9 所示。

图 2-9　【页面设置】对话框的【页边距】选项卡

步骤 3　选择【页眉/页脚】选项卡，如图 2-10 所示。

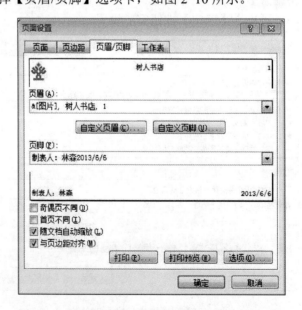

图 2-10　【页面设置】对话框的【页眉/页脚】选项卡

步骤 4 单击【自定义页眉】按钮，打开【页眉】对话框。

步骤 5 在【左】文本框中单击【插入图片】按钮 📷 插入公司 Logo 图片，然后单击【设置图片格式】按钮 ✏️ 设置合适的大小；在【中】文本框中输入"树人书店"；在【右】文本框中单击【插入页码】按钮 📄 插入页码。单击【确定】按钮。

步骤 6 单击【自定义页脚】按钮，打开【页脚】对话框。

步骤 7 在【左】文本框中输入"制表人：林森"；在【右】文本框中单击【插入日期】按钮 📄 插入日期，单击【确定】按钮。

步骤 8 单击【确定】按钮，完成该工作表的页面设置。

（2）打印预览和打印

单击快速访问工具栏中的【打印预览和打印】按钮，适当调整表格宽度以满足排版需求，预览效果如图 2-11 所示。

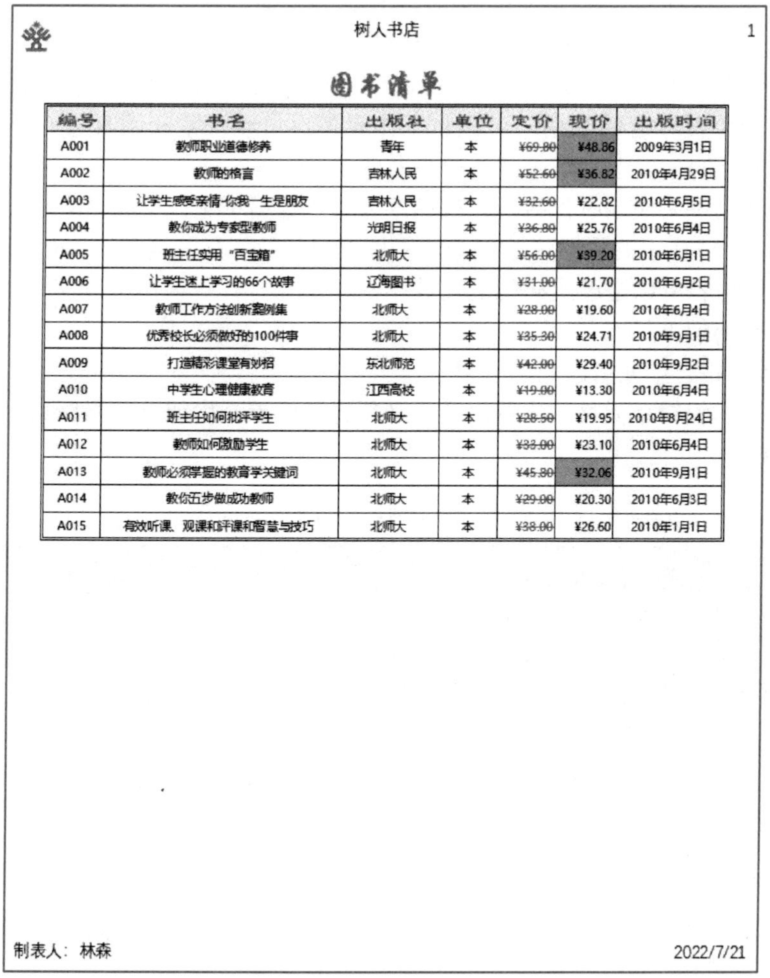

树人书店   1

图书清单

编号	书名	出版社	单位	定价	现价	出版时间
A001	教师职业道德修养	青年	本	¥69.80	¥48.86	2009年3月1日
A002	教师的格言	吉林人民	本	¥52.60	¥36.82	2010年4月29日
A003	让学生感受亲情-你我一生是朋友	吉林人民	本	¥32.60	¥22.82	2010年6月5日
A004	教你成为专家型教师	光明日报	本	¥36.80	¥25.76	2010年6月4日
A005	班主任实用"百宝箱"	北师大	本	¥56.00	¥39.20	2010年6月1日
A006	让学生迷上学习的66个故事	辽海图书	本	¥31.00	¥21.70	2010年6月2日
A007	教师工作方法创新案例集	北师大	本	¥28.00	¥19.60	2010年6月4日
A008	优秀校长必须做的100件事	北师大	本	¥35.30	¥24.71	2010年9月1日
A009	打造精彩课堂有妙招	东北师范	本	¥42.00	¥29.40	2010年9月2日
A010	中学生心理健康教育	江西高校	本	¥19.00	¥13.30	2010年6月4日
A011	班主任如何批评学生	北师大	本	¥28.50	¥19.95	2010年8月24日
A012	教师如何激励学生	北师大	本	¥33.00	¥23.10	2010年6月4日
A013	教师必须掌握的教育学关键词	北师大	本	¥45.80	¥32.06	2010年9月1日
A014	教你五步做成功教师	北师大	本	¥29.00	¥20.30	2010年6月3日
A015	有效听课、观课和评课智慧与技巧	北师大	本	¥38.00	¥26.60	2010年1月1日

制表人：林森   2022/7/21

图 2-11 打印预览

任务 2.1.7 保存工作簿并退出 Excel

单击快速访问工具栏中的【保存】按钮 💾 可随时保存文件，单击 Excel 应用程序窗口右上角的【关闭】按钮可退出 Excel。

3. 相关知识

（1）工作表管理

1）工作表的选中

对工作表进行操作之前必须选中对象工作表，其可以通过单击工作表标签栏上相应的工作表来完成。

多个被选中的工作表组成一个工作组，在标题栏中出现"【工作组】"字样。在其中一个工作表中进行的输入数据或格式设置操作也会对同一工作组的其他工作表起作用。

取消工作表的选择可以通过单击已选工作表之外任意一个工作表标签来实现。

2）工作表的插入、删除、重命名、移动和复制

右击工作表标签，在弹出的快捷菜单中选择相应的命令。

3）工作表窗口的拆分和冻结

当工作表很大时，在屏幕上往往只能看到工作表的部分数据。如果需要比较对照工作表中位置较远的数据，可以将工作表窗口按照水平和垂直方向分割成几部分，在拆分后的窗口中可以通过滚动条来显示工作表的每一部分。

为了在工作表滚动时保持行、列标题或其他数据可见，可以"冻结"窗口顶部和左侧区域。被冻结的数据区域不会随工作表的其他部分一同移动，始终保持可见，其他部分的内容可以通过滚动条来查看。

（2）数据输入

1）单元格、单元格区域的选中

在输入和编辑单元格的内容之前，必须先选中单元格或单元格区域，其操作方法见表 2-1。

表 2-1 选中单元格或单元格区域的操作

选中内容	操　　作
单个单元格	单击相应的单元格，或用方向键移动到相应的单元格
连续单元格区域	单击该区域的第 1 个单元格，然后拖动鼠标至最后一个单元格。或者先选中该区域的第 1 个单元格，然后按住 Shift 键再选中最后一个单元格
工作表中的所有单元格	单击【全选】按钮
不相邻的单元格或单元格区域	选中第 1 个单元格或单元格区域，然后按住 Ctrl 键再依次选中其他的单元格或单元格区域
整行	单击行号
整列	单击列标
相邻的行或列	沿行号或列标拖动鼠标。或者先选中第 1 行或第 1 列，然后按住 Shift 键再选中最后一行或列
不相邻的行或列	先选中第 1 行或第 1 列，然后按住 Ctrl 键再选中其他的行或列
增加或减少活动区域中的单元格	按住 Shift 键并单击新选中区域中最后一个单元格，在活动单元格和所单击的单元格之间的矩形区域将成为新的选中单元格区域
取消单元格选中区域	单击选中区域以外的任意一个单元格

2）Excel 数据类型

Excel 数据类型有多种，最常用的为文本型和数值型，文本也就是字符串，是一种说明性、解释性的数据描述；对于数值型数据，可以理解为凡是可以进行数值及逻辑运算的数据都为数值型数据。每种类型的数据输入都有不同的特点。

3）数据输入

① 文本输入（自动左对齐）。

Excel 中的文本包括汉字、英文字母、数字、空格及其他键盘能键入的符号。文本在单元格中会左对齐。

若文本完全由数字组成，如电话号码、邮政编码等，输入时，可以采用下列方法：在数字前加一个单引号，Excel 就自动将其当作文本处理；或者选中要输入文本的单元格区域，在【开始】选项卡【数字】功能组中单击【对话框启动器】按钮 ，打开【设置单元格格式】对话框，在【数字】选项卡【分类】列表框中选择【文本】选项。

当输入的文本长度超出单元格宽度时，如右边单元格无内容，会溢出到右边单元格显示，否则将只显示单元格宽度的部分。

② 数值输入（自动右对齐）。

Excel 中的数值由 0～9 的数字以及+、−、E、e、$、/、%、.（小数点）、,（千分位符号）等特殊符号构成，数值型数据在单元格中自动靠右对齐。

当要输入并显示的数值多于 11 位时，Excel 自动以科学记数法表示，而在编辑栏中仍将显示输入内容。

Excel 的数字精度为 15 位，当数字长度超过 15 位时，Excel 会将多余的数字转换为 0。

带分数输入时，在整数和分数之间应该有一个空格，如 5 3/4 相当于 $5\frac{3}{4}$，$\frac{3}{4}$ 输入时要写成 0 3/4。

③ 日期和时间输入（自动右对齐）。

日期输入形式：2021/10/1、2021-10-1、01-OCT-21、1/OCT/21……

时间输入形式：19:15:30、7:15PM、19 时 15 分、下午 7 时 15 分……

日期和时间组合输入形式：2021-10-1 19:15……

Excel 中日期和时间作为特殊数值处理。系统将日期存储为一系列连续的序列数（1900-1-1 序列数为 1、1900-1-2 序列数为 2……）；将时间存储为小数，因为时间被看作一天的一部分（如 12:00 为 0.5）。

当年份输入两位数字时，如果年份为 00～29，Excel 将其作为 2000—2029 年处理；如果年份为 30～99，Excel 将其作为 1930—1999 年处理。

④ 逻辑型输入（自动居中）。

逻辑型数据包括 TRUE（真）和 FALSE（假），不区分大小写。

4）自动填充数据

当工作表中的一些行、列或单元格中的内容是有规律的数据时，可以使用 Excel 提供的自动填充数据功能快速输入。

① 填充相同数据。

在单元格或单元格区域中输入要填充的数据，选中这些数据，拖动填充柄即可填充。

② Excel 自动预测变化趋势的填充。

当单元格的内容为纯文本、纯数字或是公式时，填充相当于数据复制。

当单元格的内容为文字与数字的混合体时，填充时文字不变，数字递增。

当连续的单元格存在等差关系（如 1、3、5 或 A2、A4、A6）时，选中连续的单元格区域，沿同样的方向拖动填充柄，会自动填充其余的等差值。

③ 按序列填充数据。

当单元格内容为 Excel 预设的自动填充序列之一时，则按预设序列填充，如初始单元格的值为"一月"，则自动填充为"二月""三月"……

在填充时还可以精确地指定填充的序列类型，方法是：先选中序列的初始值，然后右键拖动填充柄到填充的最后一个单元格时松开鼠标，会弹出如图 2-12 所示的自动填充快捷菜单，在快捷菜单中选择所需要的自动填充序列即可自动填充数据。

④ 自定义序列。

除了 Excel 内置的一些填充序列外，用户还可以创建自定义序列，其操作步骤如下：选择【文件】→【选项】命令，打开【Excel选项】对话框；在【高级】选项卡【常规】选项组中单击【编辑自定义列表】按钮，打开【自定义序列】对话框，如图 2-13 所示，即可添加自定义序列。

图 2-12　自动填充快捷菜单

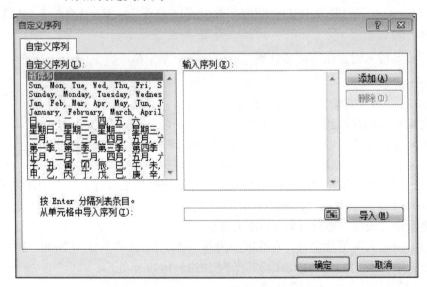

图 2-13　【自定义序列】对话框

5）数据验证

数据验证可以指定单元格中允许输入的数据类型，以及有效数据的范围（可以是序列）。

① 数据验证的设置。

选中要设置验证的单元格，选择【数据】选项卡，单击【数据工具】功能组中的【数据验证】按钮，打开如图 2-14 所示的【数据有效性】对话框。在【设置】选项卡中指定数据有效性条件，可以定义序列。在【输入信息】选项卡中设置数据的输入提示信息，在【出错警告】选项卡中设置数据的出错提示信息。

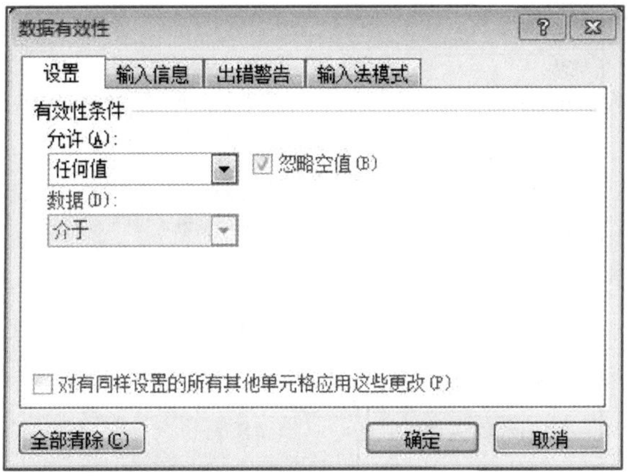

图 2-14 【数据有效性】对话框

输入信息在单击已经过验证的单元格时显示。错误信息在输入无效数据并按下 Enter 键时，才会显示，错误信息有停止、警告和信息 3 类。

② 查找已设置数据验证的单元格。

选择【开始】选项卡，单击【编辑】功能组中的【查找和选择】按钮，在弹出的下拉列表中选择【定位条件】命令，打开【定位条件】对话框，在其中选中【数据验证】单选按钮，单击【确定】按钮即可定位已设置数据验证的单元格。

（3）数据编辑

1）数据的修改

修改单元格数据的方法有两种：第 1 种是选中该单元格，在编辑栏中进行相应的修改；第 2 种是双击要修改的单元格，在其中对数据进行编辑。

2）数据的删除

Excel 中数据的删除有两个概念，分别是数据清除和数据删除。

数据清除：针对的对象是数据，包含"内容""格式""批注"和"全部"4 种方式。

数据删除：把单元格连同内容一起删除。

3）数据的移动和复制

数据的移动和复制可以通过【开始】→【剪贴板】中的相应按钮完成，也可以利用鼠标实现。

4）选择性粘贴

单元格中的数据包含多种特性，如内容、格式、批注和有效性规则等。有时只需要复制单元格数据的部分特性，有时在复制数据的同时还需要进行运算、行列转置等，这些操作都可以通过选择性粘贴来实现。

操作步骤如下：

① 单击粘贴区域的左上角单元格。

② 选择【开始】选项卡，单击【剪贴板】功能组中的【粘贴】按钮，在弹出的下拉列表中选择【选择性粘贴】命令，打开【选择性粘贴】对话框，如图 2-15 所示。

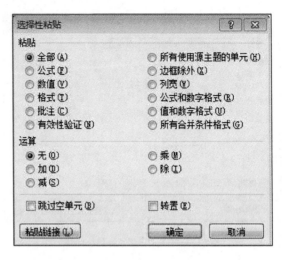

图 2-15 【选择性粘贴】对话框

③ 在选项区中选择所需选项，然后单击【确定】按钮。

【选择性粘贴】对话框中包含有多种选项，【粘贴】选项组中主要选项的含义如下：

全部：默认设置，将源单元格的所有属性都粘贴到目标区域中。

公式：只粘贴单元格中的公式。

数值：只粘贴单元格中显示的内容。

格式：只粘贴单元格中的格式，不粘贴单元格的实际内容。

批注：只粘贴单元格中的批注。

有效性验证：只粘贴源区域中的有效数据规则。

边框除外：只粘贴单元格的值和格式等，但不粘贴边框。

列宽：将某一列的宽度粘贴到另一列中。

【运算】选项组中选项的含义如下：

无：默认设置，不进行运算，用源单元格数据完全取代目标区域中的数据。

加：源单元格数据加上目标单元格数据再存入目标单元格。

减：源单元格数据减去目标单元格数据再存入目标单元格。

乘：源单元格数据乘以目标单元格数据再存入目标单元格。

除：源单元格数据除以目标单元格数据再存入目标单元格。

复选框的含义如下：

跳过空单元：避免源区域的空白单元格取代目标区域的数值。

转置：将源区域的数据行列交换后粘贴到目标区域。

5）插入单元格、行或列

数据输入时难免会有遗漏，可以根据需要插入空单元格、行和列。

插入单元格的操作步骤如下：

① 在需要插入空单元格处选中相应的单元格区域，数量应与待插入的空单元格数量相等。

② 选择【开始】选项卡，在【单元格】功能组中单击【插入】按钮，在弹出的下拉列表中选择【插入单元格】命令，打开【插入】对话框，在对话框中选择相应的插入方式选项。

插入行或列的操作步骤如下：

① 要插入一行（列），在需要插入新行（列）的下一行（右一列）中任选一个单元格；如果要插入多行（列），则在需要插入的新行之下（新列之右）选中相邻的若干行（列），选中的行（列）数应与待插入空行（列）数相等。

② 选择【开始】选项卡，在【单元格】功能组中单击【插入】按钮，在弹出的下拉列表中选择【插入工作表行（列）】命令。

6）区域命名

工作表中诸多的数据或数据区通常都是以单元格地址的方式表示，这种方法虽然简单，却不易读懂。为了便于使用，可以给单元格、单元格区域定义一个描述性的、便于记忆的名称，使其更直观地反映单元格或单元格区域中数据所代表的含义。

为单元格区域命名的操作步骤如下：

① 选中需要命名的单元格或单元格区域。

② 单击编辑栏左侧的名称框。

③ 键入区域的名称，按 Enter 键。

对于已经设置的名称，可以进行修改或删除，操作步骤如下：

选择【公式】选项卡，单击【定义的名称】功能组中的【名称管理器】按钮，打开【名称管理器】对话框，在此可以修改名称和对应区域。

（4）数据格式化

1）单元格格式设置

可通过【设置单元格格式】对话框进行设置。

2）套用表格格式

通过选择一种预先定义的表样式，可以快速设置一组单元格的格式，而不必分别设置字体、字号、颜色和边框等。

3）样式

对于经常使用的格式，可将其设定为样式。样式是保存多种已定义格式的集合，Excel 自身带有许多已定义的样式，用户也可以自定义样式。

4）条件格式

Excel 具有条件格式设置功能，可以根据所选区域各单元格中的数据是否满足一定条件自动设置格式。

4. 拓展学习

Excel 能有效地对工作簿中的数据进行保护。例如，设置密码，不允许无关人员访问；也可以保护某些工作表或工作表中单元格的数据，防止非法修改；还可以把工作表、工作表中某行（列）以及单元格中的重要公式隐藏起来，不让别人看到这些数据及其计算公式等。

（1）保护工作簿

① 为工作簿设置密码，操作步骤如下：

步骤 1 打开工作簿。

步骤 2 选择【文件】→【另存为】命令，打开【另存为】对话框。

步骤 3 单击【工具】下拉按钮，在弹出的下拉列表中选择【常规选项】命令，打开如图 2-16 所示的【常规选项】对话框。在【常规选项】对话框中设置密码。

② 对工作簿的工作表和窗口的保护操作步骤如下：

步骤 1 在【审阅】选项卡【更改】功能组中单击【保护工作簿】按钮，打开【保护结构和窗口】对话框，如图 2-17 所示。

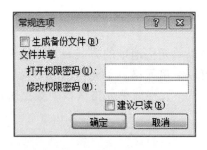

图 2-16 【常规选项】对话框　　图 2-17 【保护结构和窗口】对话框

步骤 2 设置选项。如果选中【结构】复选框，表示保护工作簿的结构，工作簿中的工作表将不能移动、插入和删除等；如果选中【窗口】复选框，则每次打开工作簿时保持窗口的位置和大小不变，工作簿的窗口不能移动、缩放、隐藏、取消隐藏或关闭。

图 2-18 【保护工作表】对话框

（2）保护工作表

操作方法如下：

步骤 1 选中要保护的工作表。

步骤 2 在【审阅】选项卡【更改】功能组中单击【保护工作表】按钮，打开【保护工作表】对话框，如图 2-18 所示。

步骤 3 设置保护选项。

（3）保护单元格

保护工作表意味着保护它的全体单元格。默认状态下，工作表中的所有单元格都被锁定，在对工作表进行保护后，所有"锁定"的单元格都处于保护状态。如果只保护部分单元格，可进行如下操作。

步骤 1 选择不需要保护的单元格。

步骤 2 单击【开始】选项卡【单元格】功能组中的【格式】下拉按钮，在弹出的下拉列表中选择【设置单元格格式】命令，打开【设置单元格格式】对话框。

步骤 3 选择【保护】选项卡，如图 2-19 所示。取消选中【锁定】复选框，单击【确定】按钮。

步骤 4 对工作表进行保护，从而达到对已锁定单元格实施保护的目的。

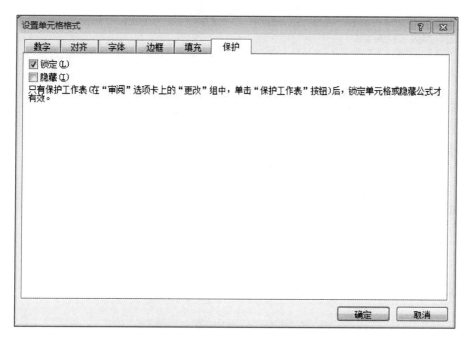

图 2-19 【设置单元格格式】对话框的【保护】选项卡

项目 2.2 学生成绩表计算

在 Excel 中广泛使用公式和函数来进行数据的计算和分析。正因为具有公式和函数的相关功能，才使 Excel 成为一种"智能化"的电子表格，给用户在数据运算和分析方面带来了极大的便利。

1. 项目要求

通过对成绩进行计算，掌握公式与函数的使用方法，效果如图 2-20 所示。

PPT:
学生成绩表计算

素材 项目 2.2

班级	姓名	语文	数学	英语	总分	平均分	是否及格	等级	名次
					2017-2018年度第一学期(高一年级)期末考试成绩表				
1班	冯雨	80	90	80	250	83.3	√	良	4
1班	夏雪	59	65	55	179	59.7	×	不及格	13
2班	成城	61	80	60	201	67	√	及格	12
1班	刘清美	68	86	90	244	81.3	√	良	5
1班	林为明	89	69	66	224	74.7	√	中	9
1班	吴正宏	90	100	100	290	96.7	√	优	1
1班	任征	45	60	60	165	55	×	不及格	14
2班	宋明珠	78	98	50	226	75.3	√	中	8
1班	马甫仁	68	60	80	208	69.3	√	及格	11
1班	钟尔慧	90	95	88	273	91	√	优	3
1班	李好	84	68	87	239	79.7	√	中	7
2班	王萌萌	93	89	95	277	92.3	√	优	2
1班	赵卓尔	72	65	77	214	71.3	√	中	10
2班	古丽	69	90	82	241	80.3	√	良	6
最高分		93	100	100	1班语文平均分	72.9	2班语文平均分	78.0	
最低分		45	60	50					
考试总人数		14	14	14	1班数学平均分	76.6	2班数学平均分	85.2	
及格人数		12	14	12					
及格率		86%	100%	86%	1班英语平均分	79.7	2班数学平均分	70.6	

图 2-20 项目 2.2 制作效果

2. 项目实现

任务 2.2.1　计算总分

使用求和函数 SUM。

在 F3 单元格中输入公式 "=SUM(C3:E3)"。

操作步骤如下：

步骤 1　选中要存放计算结果的单元格 F3。

步骤 2　单击编辑栏中的【插入函数】按钮 *fx*，打开如图 2-21 所示的【插入函数】对话框。

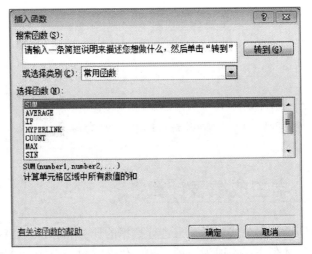

图 2-21　【插入函数】对话框

步骤 3　在【或选择类别】下拉列表中选择【常用函数】选项，在【选择函数】列表框中选择【SUM】选项。单击【确定】按钮，打开【函数参数】对话框。

步骤 4　在【Number1】文本框中，用鼠标选择 C3:E3 单元格区域，如图 2-22 所示，单击【确定】按钮。

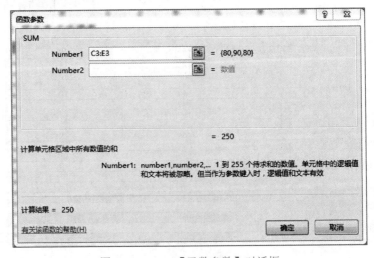

图 2-22　SUM【函数参数】对话框

　　在文本框中输入参数时，也可先单击文本框右侧的【折叠对话框】按钮，显示工作表，用鼠标选择单元格区域；然后再单击折叠输入框右侧的【还原】按钮，恢复【函数参数】对话框来完成输入。

　　步骤 5　将 F3 单元格中的公式复制到 F3:F16 单元格区域中。

任务 2.2.2　计算平均分

　　使用 AVERAGE 函数和 ROUND 函数。

　　说明：平均分要求四舍五入到 1 位小数。

　　在 F2 单元格中输入公式 "=ROUND(AVERAGE(C3:E3),1)"。

　　操作步骤如下：

　　步骤 1　选中 G3 单元格。

　　步骤 2　单击【插入函数】按钮，打开【插入函数】对话框。

　　步骤 3　在【选择类别】下拉列表中选择【数学与三角函数】选项，在【选择函数】列表框中选择【ROUND】选项。单击【确定】按钮，打开【函数参数】对话框（此时，名称框变为函数按钮 ROUND ）。

　　步骤 4　在【Number】文本框中，单击函数按钮 ROUND 的下拉三角按钮，在弹出的下拉列表中选择【其他函数】→【统计】→【AVERAGE】选项。单击【确定】按钮，打开 AVERAGE【函数参数】对话框。

　　步骤 5　在【Number1】文本框中，用鼠标选择 C3:E3 单元格区域，AVERAGE 函数参数输入完成。

　　步骤 6　单击编辑栏中的函数名 ROUND，打开 ROUND【函数参数】对话框。

　　步骤 7　在【Num_digits】文本框中输入 1。至此，ROUND 参数输入完成（AVERAGE 函数作为 ROUND 函数的一个参数），如图 2-23 所示。单击【确定】按钮，G3 单元格计算完成。

图 2-23　ROUND【函数参数】对话框

　　步骤 8　将 G3 单元格中的公式复制到 G3:G16 单元格区域中。

　　以下部分计算过程只列出相关公式，具体操作步骤略。

任务 2.2.3　计算最高分和最低分

使用 MAX 函数和 MIN 函数。

在 C17（最高分）单元格中输入公式 "= MAX(C3:C16)"。

在 C18（最低分）单元格中输入公式 "= MIN(C3:C16)"。

将 C17 单元格中的公式复制到 D17:E17 单元格区域中，C18 单元格中的公式复制到 D18:E18 单元格区域中。

任务 2.2.4　统计总人数

微课
统计总人数、及格
人数，计算及格率

使用 COUNT 函数。

在 C19 单元格中输入公式 "=COUNT(C3:C16)" 或 "=COUNTA(C3:C16)"。

将 C19 单元格中的公式复制到 D19:E19 单元格区域中。

任务 2.2.5　统计及格人数

使用 COUNTIF 函数。

在 C20 单元格中输入公式 "= COUNTIF(C3:C16,">=60")"。

将 C20 单元格中的公式复制到 D20:E20 单元格区域中。

任务 2.2.6　计算及格率

（1）使用公式中的除法运算符号

方法 1：在 C21 单元格中输入公式 "= C20/$C$19"。

操作步骤如下：

步骤 1　选中 C21 单元格，输入 "="。

步骤 2　选择 C20 单元格。

步骤 3　输入 "/"。

步骤 4　选择 C19 单元格，按 F4 键（在 4 种引用方式之间切换）。

步骤 5　按 Enter 键，公式输入完成。

步骤 6　将 C21 单元格中的公式复制到 D21:E21 单元格区域中。

方法 2：及格率也可通过函数运算直接计算。

在 C21 单元格中输入公式 "=COUNTIF(C3:C16,">=60")/COUNTA($B$3:$B$16)"。

操作步骤如下：

步骤 1　选中 C21 单元格。

步骤 2　单击【插入函数】按钮，输入公式 "=COUNTIF(C3:C16,">=60")"。

步骤 3　单击编辑栏，在以上公式后输入 "/"。

步骤 4　通过【插入函数】按钮输入 COUNTA($B$3:$B$16)。

步骤 5　按 Enter 键，整个公式输入完成。

（2）设置 "及格率" 为百分比格式

选中 C21:E21 单元格区域，单击【开始】选项卡【单元格】功能组中的【格式】下拉按钮，在弹出的下拉列表中选择【设置单元格格式】命令，在打开的【设置单元格格式】对话框的【数字】选项卡中选择百分比并保留整数，如图 2-24 所示。

图 2-24　设置百分比格式

任务 2.2.7　判断是否及格和等级

（1）IF 函数的简单使用

在 H3 单元格中输入公式（是否及格）"=IF(G3>=60," √","×")"。

（2）IF 函数的嵌套使用

在 I3 单元格中输入公式（等级）"=IF(G3>=90,"优",IF(G3>=80,"良",IF(G3>=70,"中",IF(G3>=60,"及格","不及格"))))"。

微课
判断是否及格和
等级

任务 2.2.8　计算名次

使用 RANK.EQ 函数。

在 J3 单元格中输入公式（名次）"=RANK.EQ(G3,$G$3:$G$16)"。

任务 2.2.9　分班统计各科平均分

微课
计算名次，统计各
科平均分

步骤 1　使用 SUMIF 函数。

在 G17 单元格中输入公式 "=SUMIF(A3:A16,"1 班",C3:C16)/COUNTIF(A3:A16,"1 班")"。

在 G19 单元格中输入公式 "=SUMIF(A3:A16,"1 班",D3:D16)/COUNTIF(A3:A16,"1 班")"。

在 G21 单元格中输入公式 "=SUMIF(A3:A16,"1 班",E3:E16)/COUNTIF(A3:A16,"1 班")"。

在 I17 单元格中输入公式"=SUMIF(A3:A16,"2 班",C3:C16)/COUNTIF(A3:A16, "2 班")"。

在 I19 单元格中输入公式"=SUMIF(A3:A16,"2 班",D3:D16)/COUNTIF(A3:A16, "2 班")"。

在 I21 单元格中输入公式"=SUMIF(A3:A16,"2 班",E3:E16)/COUNTIF(A3:A16, "2 班")"。

步骤 2 将各科平均分设置为 1 位小数。

选中 G17 单元格，按住 Ctrl 键，依次选中 G19、G21、I17、I19、I21 单元格，在【开始】选项卡【单元格】功能组中单击【格式】按钮，在弹出的下拉列表中选择【设置单元格格式】命令，打开【设置单元格格式】对话框，分类列表框中选择【数值】，并设置小数位数为 1 位，如图 2-25 所示。

图 2-25 设置小数位数

3. 相关知识

（1）公式的概念、组成及运算符

Excel 公式是对数据进行处理的算式，相当于数学中的表达式。在 Excel 中，单元格中可以输入两种类型的数据：常量和公式。常量和公式的区别在于公式以"="开头。

公式由运算符、常量、单元格引用、名称和函数等元素组成。

Excel 包含的运算符见表 2-2。

表 2-2 运 算 符

种　类	运算符	含　义	范　例	优先级
引用运算符	:（冒号）	区域引用	A1:B2（A1 为左上角，B2 为右下角的矩形区域中的所有单元格）	高
	空格	交叉引用	A1:B3 B2:C4（两个区域中的共有单元格，即 B2、B3）	↑
	,（逗号）	联合引用	A1,B2（A1、B2 两个单元格）	
算术运算符	－	负号	-A1	
	%	百分比	8%（0.08）	
	^	幂	10^2（10^2）	
	*	乘	6*5	
	/	除	6/5	
	+	加	6+5	
	－	减	6-5	
字符运算符	&	字符串连接	"Excel"&"2016"("Excel2016")	
关系运算符	=	等于	6=5(FALSE)	
	<>	不等于	6<>5(TRUE)	
	>	大于	6>5(TRUE)	
	>=	大于或等于	6>=5(TRUE)	
	<	小于	6<5(FALSE)	
	<=	小于或等于	6<=5(FALSE)	低

对工作表进行操作之前必须选中对象工作表，可以通过单击工作表标签栏上相应的工作表来完成。

多个被选中的工作表组成一个工作组，在标题栏中出现"【工作组】"字样。在其中一个工作表中进行的输入数据或格式设置操作也会对同一工作组的其他工作表起作用。

取消工作表的选择可以通过单击已选工作表之外的任意一个工作表标签来实现。

（2）公式的输入

Excel 公式必须以等号"="开头。

公式输入方法主要有直接输入和引用单元格输入两种。公式可以在编辑栏中直接输入，为了提高效率，最好使用鼠标选择相应单元格区域。在公式输入过程中可随时按 Esc 键取消输入。

（3）单元格引用和单元格引用的分类

在公式的使用中，需要引用单元格地址来指明运算的数据在工作表中的位置。单元格地址的引用分为相对引用、绝对引用和混合引用。

① 相对引用：引用地址随公式位置的改变而改变。

相对地址表示方法：列标行号，如 A1、B2。

公式复制时，公式中引用的相对地址发生变化，新的公式单元格和被引用的单元格相对位置保持不变。

② 绝对引用：引用工作表中固定的单元格地址。

绝对地址表示方法：$列标$行号，如$A$1。

公式复制时，公式中引用的绝对地址不发生变化。

③ 混合引用：单元格的行用相对地址，列用绝对地址或行用绝对地址，列用

相对地址。

混合地址表示方法：$列标$行号，如$A1、A$1。

公式复制时，混合引用中的相对地址发生变化，绝对地址不发生变化。

插入行或列时，公式会自动调整。

（4）Excel 中的常用函数

函数是一些预定义的公式，它们使用一些称为参数的特定数值按特定的顺序或结构进行计算。

1）函数的形式

Excel 函数的语法形式为：

函数名（[参数 1],[参数 2],[…]）

函数名后紧跟括号，可以有一个或多个参数，参数间用逗号分隔。函数也可以没有参数，但函数后的括号是必需的。

函数参数可以是常量、单元格、区域名、公式或其他函数。

一个函数作为另一个函数的参数时称为函数嵌套，函数嵌套不超过 64 层。

2）函数的输入

函数输入有两种方法：直接输入和插入函数（单击【公式】选项卡【函数库】功能组中的【插入函数】按钮 f_x，或单击编辑栏上的【插入函数】按钮 f_x）。

3）函数的分类及常用函数

① 数学与三角函数：进行数学计算。

ABS(number)：返回给定数值的绝对值。

参数：number 是需要计算其绝对值的一个实数。

实例：=ABS(-12.8)返回 12.8。

INT(number)：将任意实数向下取整为最接近的整数

参数：number 为需要处理的任意一个实数。

实例：=INT(12.8)返回 12；=INT(-12.8)返回-13。

RAND()：返回一个[0,1]区间的随机数。

参数：无。

说明：每次计算工作表（按 F9 键）将返回一个新的数值。

实例：=INT(RAND()*(n-m+1))+m 生成[m,n]区间的随机整数。

ROUND(number,num_digits)：按指定位数四舍五入。

参数：number 是需要四舍五入的数字；num_digits 为指定的位数，如果 num_digits 大于 0，则四舍五入到指定的小数位；如果 num_digits 等于 0，则四舍五入到整数；如果 num_digits 小于 0，则在小数点左侧按指定位数四舍五入。

实例：=ROUND(82.149,2)返回 82.15；=ROUND(21.5,-1)返回 20。

SUM(number1,number2,…)：计算单元格区域中所有数值之和。

参数：Number1,number2,……为 1～255 个需要求和的数值，单元格中的逻辑值和文本将被忽略，但当作为参数输入时，逻辑值和文本有效。

实例：如果 A1=TRUE，则=SUM(A1,"2",TRUE)返回 3。

SUMIF(range,criteria,sum_range)：根据指定条件对若干单元格、区域或引用求和。

参数：range 为用于条件判断的单元格区域；criteria 是由数字、逻辑表达式等组成的判定条件；sum_range 为需要求和的单元格、区域或引用。

TRUNC(number,num_digits)：将数字进行截断。

参数：number 是需要截断的数字；num_digits 指定保留小数位数。

实例：=TRUNC(78.65,1)返回 78.6；=TRUNC(78.65,-1)返回 70。

② 日期函数：在公式中分析和处理日期值和时间值。

DATE(year,month,day)：返回代表日期的序列数。

参数：year 为代表年份的数字；month 为代表月份的数字；day 为代表在该月份中第几天的数字。

实例：=DATE(2013,10,1)返回 2013-10-1。

DAY(serial_number)：返回日期的天数值。

参数：serial_number 为进行日期和时间计算时使用的日期-时间代码。

实例：=DAY("2013-10-1")返回 1。

MONTH(serial_number)：返回日期的月份值。

参数：同 DAY。

实例：=MONTH("2013-10-1")返回 10。

NOW()：返回当前日期和时间。

参数：无。

TIME(hour,minute,second)：返回特定时间的序列数。

参数：hour 代表小时数；minute 代表分钟数；second 代表秒数。

TODAY()：返回当前日期。

参数：无。

YEAR(serial_number)：返回日期的年份值。

参数：同 DAY。

实例：=YEAR("2013-10-1")返回 2013。

③ 统计函数：对数据区域进行统计分析。

AVERAGE(number1,number2,…)：计算所有参数的算术平均值。

参数：同 SUM。

COUNT(value1,value2,…)：返回参数中数值的个数。

参数：value1、value2……是可以包含或引用各种类型数据的 1～255 个参数。

COUNTA(value1,value2,…)：返回参数组中非空值的数目。

参数：同 SUM。

COUNTIF(range,criteria)：计算区域中满足给定条件的单元格的个数

参数：range 为需要计算其中满足条件的单元格数目的单元格区域；criteria 为确定哪些单元格将被计算在内的条件，其形式可以为数字、表达式或文本。

FREQUENCY(data_array,bins_array)：以一列垂直数组返回一组数据的频率分布。它可以计算出在给定的值域和接收区间内，每个区间包含的数据个数。

参数：data_array 是用来计算频率一个数组，或对数组单元区域的引用；bins_array 是数据接收区间，为一数组或对数组区域的引用，设定对 data_array 进行频率计算的分段点。

MAX(number1,number2,…)：返回一组数值中的最大值。

参数：同 SUM。

MIN(number1,number2,…)：返回一组数值中的最小值。

参数：同 SUM。

RANK.EQ(number,ref,order)：返回一个数值在一组数值中的排位。

参数：number 是需要计算其排位的一个数字；ref 是包含一组数字的数组或引用；order 为一数字，指明排位的方式，如果 order 为 0 或忽略，则按降序，否则按升序。

④ 数据库函数：对数据清单中满足条件的记录进行统计。

DAVERAGE(database,field,criteria)：返回数据清单满足条件的记录中某字段数值的平均值。

DCOUNT(database,field,criteria)：返回数据清单满足条件的记录中某字段包含的数值单元格数目。

DCOUNTA(database,field,criteria)：返回数据清单满足条件的记录中某字段的非空单元格数目。

DMAX(database,field,criteria)：返回数据清单满足条件的记录中某字段数值的最大值。

DMIN(database,field,criteria)：返回数据清单满足条件的记录中某字段数值的最小值。

DSUM(database,field,criteria)：返回数据清单满足条件的记录中某字段数值之和。

参数：database 构成数据清单的单元格区域；field 指定函数所使用的数据列；criteria 为包含给定条件的单元格区域。

⑤ 逻辑函数：进行逻辑判断或复合检验。

AND(logical1,logical2,…)：所有参数均为 TRUE 时返回 TRUE。

参数：logical1、logical2……为待检验的 1～255 个逻辑表达式。

IF(logical_test,value_if_true,value_if_false)：判断是否满足某个条件，如果满足返回一个值，不满足返回另一个值。

参数：logical_test 计算结果为 TRUE 或 FALSE 的任何数值或表达式；value_if_true 是 logical_test 为 TRUE 时函数的返回值；value_if_false 是 logical_test 为 FALSE 时函数的返回值。

OR(logical1,logical2,…)：任一参数为 TRUE 时返回 TRUE。

参数：logical1、logical2……为待检验的 1～255 个逻辑表达式。

⑥ 查找与引用函数：在数据清单中查找数据或查找一个单元格引用。

CHOOSE(index_num,value1,value2,…)：根据给定的索引值，从待选参数中选出相应的值或操作。

参数：index_num 指明所选参数值在参数表中的位置；value1、value2……为 1～254 个数值参数。

实例：=CHOOSE(2,"星期日","星期一","星期二")返回"星期一"。

VLOOKUP(lookup_value,table_array,col_index_num,range_lookup)：在表格或数组的首列查找指定的值，并由此返回表格或数组当前行中指定列处的值。

参数：lookup_value 为需要在表格或数组第 1 列中查找的值，它可以是值或引用；table_array 为需要在其中查找数据的数据表，可以使用对区域或区域名称的引用；col_index_num 为 table_array 中待返回的匹配值的列序号。col_index_num 为 1 时，返回 table_array 第 1 列中的值；col_index_num 为 2，返回 table_array 第 2 列中的值，以此类推；range_lookup 为一逻辑值，指明函数 VLOOKUP 返回时是精确匹配还是大致匹配。如果为 TRUE 或省略（table_array 第 1 列中的值必须以升序排序），则返回大致匹配值，也就是说，如果找不到精确匹配值，则返回小于 lookup_value 的最大值；如果 range_value 为 FALSE，函数 VLOOKUP 将只寻找精确匹配值，如果找不到，则返回错误值#N/A。

实例：如果单元格 A1=23、A2=45、A3=50、A4=65，则公式=VLOOKUP(50,A1:A4,1,FALSE)返回 50，=VLOOKUP(48,A1:A4,1,TRUE)返回 45。

⑦ 财务函数：进行一般的财务运算。

FV(rate,nper,pmt,pv,type)：基于固定利率及等额分期付款方式，返回投资的未来值。

参数：rate 为各期利率；nper 为期数；pmt 为各期支出金额，在整个投资期内不变；pv 为现值，即从该项投资开始计算时已经入账的款项；type 指定各期的付款时间是期初还是期末（0 或忽略为期末，1 为期初）。

实例：参加零存整取储蓄，每月存入 1000 元，年利率是 5%，则一年后可得金额=FV(0.05/12,12,-1000)。

PV(rate,nper,pmt,fv,type)：基于固定利率及等额分期付款方式，返回投资的现值。

参数：rate 为各期利率；nper 为期数；pmt 为各期所获得的金额，在整个投资期内不变；fv 为未来值；type 指定各期的付款时间是在期初还是期末（0 或忽略为期末，1 为期初）。

实例：向银行贷款，年利率是 5%，计划 5 年还清，每月偿还 1000 元，则可贷款的金额=PV(0.05/12,12*5,-1000)。

PMT(rate,nper,pv,fv,type)：基于固定利率及等额分期付款方式，返回贷款的每期偿还额。

参数：rate 为各期利率；nper 为期数；pv 为现值；fv 为未来值，或最后一次付款后可获得的余额；type 指定各期的付款时间是在期初还是期末（0 或忽略为期末，1 为期初）。

实例：向银行贷款 10 万元，年利率是 5%，计划 5 年还清，则每月偿还金额=PMT(0.05/12,12*5,100000)。

4. 拓展学习

使用公式时，出现错误将返回错误值。公式返回常见的错误值及其产生的原因见表 2-3。

表 2-3 公式返回常见的错误值及其产生的原因

返回的错误值	产生的原因
#####	公式计算的结果太长，单元格宽度不够
#DIV/0!	除数为零
#N/A	公式中无可用的数值或缺少函数参数
#NAME?	删除了公式中使用的名称或使用了不存在的名称及拼写错误
#NULL!	使用了不正确的区域运算或不正确的单元格引用
#NUM!	在需要数字参数的函数中使用了不能接受的参数；或者公式计算结果有数字太大或太小，Excel 无法表示
#REF!	单元格引用无效
#VALUE!	需要数字或逻辑值时输入了文本

PPT:
图表制作

项目 2.3　各国历年 GDP 图表制作

Excel 具有强大且灵活的图表功能，可以把工作表中本来枯燥乏味的数据直观生动地展示出来。

1. 项目要求

制作部分国家历年 GDP 图表，掌握图表的创建、修改和美化功能。

2. 项目实现

微课
制作各国历年 GDP
柱形图

任务 2.3.1　制作各国历年 GDP 柱形图

步骤 1　打开"项目 2.3.xlsx"工作簿，在"部分国家历年 GDP"工作表中，选择单元格区域 A2:F8。

步骤 2　选择【插入】选项卡，单击【图表】功能组右下角的【对话框启动器】按钮，打开【插入图表】对话框。

步骤 3　选择【所有图表】选项卡，选中【柱形图】下的【簇状柱形图】图表类型，单击【确定】按钮，在当前在工作表中就创建了如图 2-26 所示的图表。

素材　项目 2.3

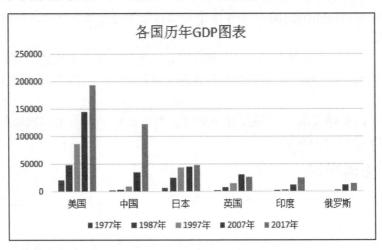

图 2-26　各国历年 GDP 柱形图

步骤 4　单击图表标题，将图表标题修改为"各国历年 GDP 图表"。

微课
创建迷你图

任务 2.3.2　创建迷你图

步骤 1　选中工作表中的任一单元格，选择【插入】选项卡，单击【迷你图】功能组中的【折线图】按钮，打开【创建迷你图】对话框。

步骤 2　【数据范围】选择 B3:F8，【位置范围】选择$G$3:$G$8，如图 2-27 所示。

步骤 3　单击【确定】按钮，在指定的单元格中出现了图 2-28 所示的迷你图。

图 2-27 【创建迷你图】对话框

图 2-28 各国历年 GDP 迷你图

任务 2.3.3 修改图表为中日历年 GDP 折线图

中日历年 GDP 折线图可以利用"部分国家历年 GDP"工作表中的数据直接创建，但为了大家熟悉图表的修改，通过修改前面创建的各国历年 GDP 柱形图得到中日历年 GDP 折线图。

（1）复制图表

选中图表，选择【开始】选项卡，在【剪贴板】功能组中单击【复制】按钮。单击工作表中的任一单元格，单击【粘贴】按钮。

（2）移动图表

步骤 1 选中上一步复制的图表，选择【图表工具—设计】选项卡，在【位置】功能组中单击【移动图表】按钮，打开【移动图表】对话框。在【选择放置图表的位置】选中【新工作表】单选按钮，在【新工作表】文本框输入"中日历年 GDP 图表"，如图 2-29 所示。

微课
修改图表为中日历年 GDP 折线图

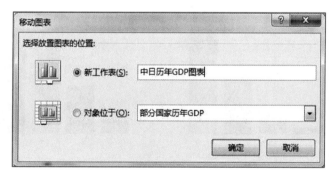

图 2-29 【移动图表】对话框

步骤 2 单击【确定】按钮，图表就移动到了新的工作表中。

（3）修改图表数据

步骤 1 选中图表，选择【图表工具—设计】选项卡，在【数据】功能组中单击【选择数据】按钮，打开【选择数据源】对话框。在【图表数据区域】文本框中输入如图 2-30 所示的新的区域。

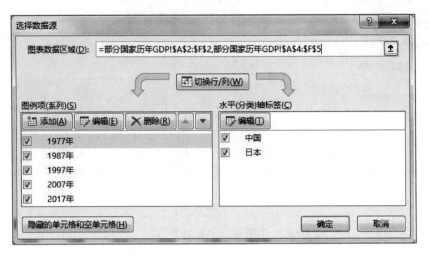

图 2-30 【选择数据源】对话框

步骤 2   单击【确定】按钮，结果如图 2-31 所示。

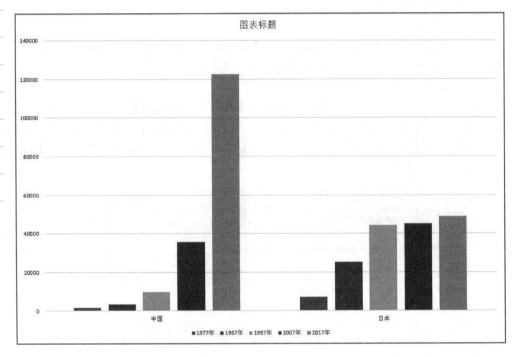

图 2-31   中日历年 GDP 柱形图（系列产生在"列"）

（4）切换行列

选中图表，选择【图表工具—设计】选项卡，在【数据】功能组中单击【切换行/列】按钮，图表结果如图 2-32 所示。

（5）更改图表类型

步骤 1   选中图表，选择【图表工具—设计】选项卡，在【类型】功能组中单击【更改图表类型】按钮，打开【更改图表类型】对话框。

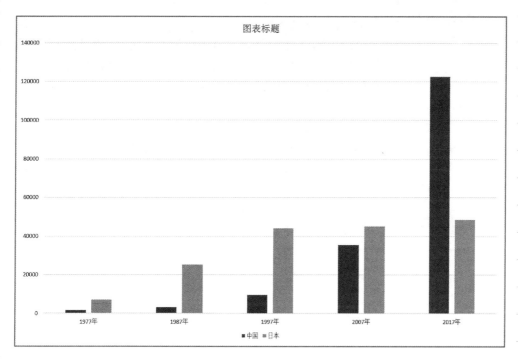

图 2-32　中日历年 GDP 柱形图（系列产生在"行"）

步骤 2　选择【所有图表】选项卡，选择【折线图】→【带数据标记的折线图】，单击【确定】按钮，结果如图 2-33 所示。

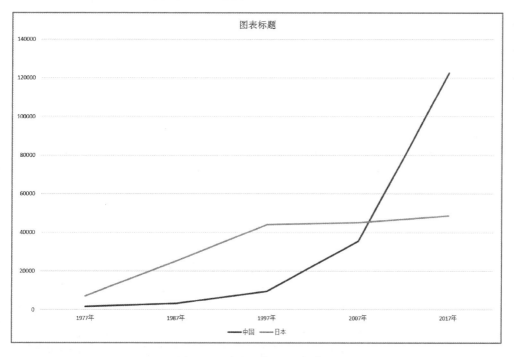

图 2-33　中日历年 GDP 折线图

（6）输入图表标题

单击图表标题，将图表标题修改为"中日历年 GDP 图表"。

图 2-34　"图表元素"快捷菜单

（7）图例显示在右侧

选中图表，选择【图表工具—设计】选项卡，在【图表布局】功能组中单击【添加图表元素】按钮 ，在弹出的下拉菜单中选择【图例】→【右侧】命令。

（8）添加并设置数据标签

步骤 1　选中图表，单击图表控制框右侧的出现的【图表元素】按钮 ，在弹出的快捷菜单中选中【数据标签】复选框。

步骤 2　单击【数据标签】右侧的扩展按钮 ，展开【数据标签】子菜单，如图 2-34 所示。

步骤 3　在弹出的子菜单中选择【上方】选项，图表结果如图 2-35 所示。

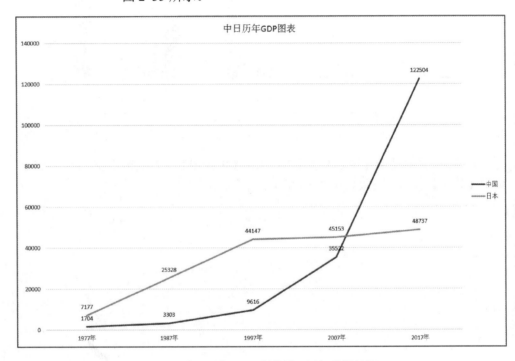

图 2-35　中日历年 GDP 折线图（添加数据标签）

图 2-36　【设置坐标轴格式】任务窗格

任务 2.3.4　美化图表

（1）垂直坐标轴刻度单位改为 10000

步骤 1　选中图表，选择【图表工具—格式】选项卡，在【当前所选内容】下拉列表框中选择【垂直（值）轴】选项，单击【设置所选内容格式】按钮 设置所选内容格式，打开【设置坐标轴格式】任务窗格。

步骤 2　选择【坐标轴选项】选项卡，单击【坐标轴选项】 ，在【坐标轴选项】—【单位】栏的【大】文本框中输入 10000，如图 2-36 所示。

结果如图 2-37 所示。

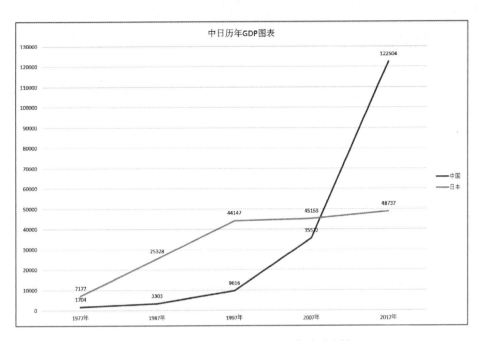

图 2-37 中日历年 GDP 折线图（修改垂直轴）

（2）"中国"系列添加发光效果

步骤 1 选中图表，选择【图表工具—格式】选项卡，在【当前所选内容】功能组的下拉列表框中选择【系列"中国"】选项，单击【设置所选内容格式】按钮 设置所选内容格式 ，打开【设置数据系列格式】任务窗格。

步骤 2 在任务窗格中选择【效果】选项卡，选择【发光】→【预设】为"发光：5 磅；红色，主题色 2"。

步骤 3 结果如图 2-38 所示。

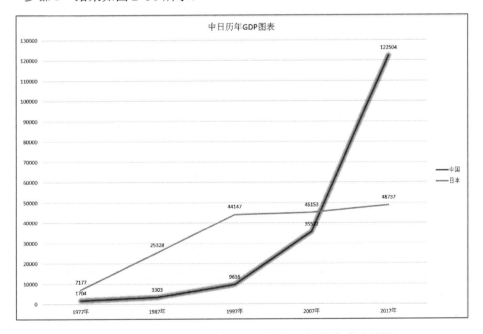

图 2-38 中日历年 GDP 图表（为"中国"系列添加发光效果）

3. 相关知识

（1）图表

利用工作表中的数据制作图表，可以更加直观、生动和清晰地表现数据，使用户一目了然地看清数据的大小、差异和变化趋势。同时，当工作表区域的数据发生变化时，图表也自动更新，可以同步显示数据。

（2）Excel 图表类型

建立图表的信息基本上是属于"比较"类型的数据，借助合适的图表类型，可以使数据变得更加形象、清晰。

Excel 提供了丰富的图表类型，可以方便地绘制各种图表。主要的图表类型及说明见表 2-4。

表 2-4　图表类型及说明

图表类型	说　　　明
柱形图	表示不同项目之间的比较结果或一段时间内的数据变化
折线图	显示在相等时间间隔内数据的变化趋势，它强调时间的变化率
饼图	显示数据系列中每项占该系列值总和的比例关系，只能显示一个数据系列
条形图	显示各个项目之间的比较情况。与柱形图相似，显示为水平方向
面积图	强调各部分与整体间的关系
XY 散点图	用来比较不均匀间隔上数据的变化趋势
股价图	描绘股票价格的走势
曲面图	用来寻找两组数据间的最佳组合
雷达图	用于多个数据系列之间总和值的比较
树状图	表示相互结构关系
旭日图	分析数据的层次占比
直方图	显示数据的分布频率
箱形图	突出显示平均值和离群值
瀑布图	反映各部分的差异

（3）图表的组成

通常的图表一般都包括图表区、绘图区、图表标题、系列、数据标签、坐标轴（水平轴、垂直轴）、图例等基本要素，如图 2-39 所示。

图表各部分的说明见表 2-5。

（4）迷你图

迷你图是单元格中的一个微型图表（不是对象），可提供数据的直观表示。使用迷你图可显示一系列数值的变化趋势，或者可以突出显示最大值和最小值。在数据旁边放置迷你图可达到最佳效果。

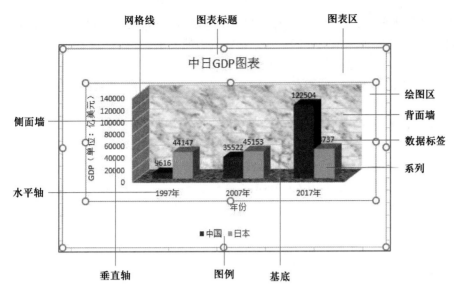

图 2-39　图表的组成

表 2-5　图表各部分说明

图表元素	说　　明
图表区	整个图表及其包含的元素
绘图区	主要显示图表中的数据。在二维图表中，绘图区是以坐标轴为界并包含全部数据系列的区域；在三维图表中，绘图区以坐标轴为界并包含数据系列、分类名称、刻度线和坐标轴标题
图表标题	用来说明图表内容的文本
数据系列	图表上的一组相关数据点，取自工作表的一行或一列，图表中的每个数据系列以不同的颜色和图案加以区别
坐标轴	标识数值大小及分类的参考线，一般水平轴表示分类
图例	包含图例项和图例标志的方框，用于标识图表中的数据系列
网格线	图表中从坐标轴刻度线延伸开来并贯穿整个绘图区的可选线条系列

选中一个或多个迷你图，将会出现【迷你图工具】浮动选项卡，并显示【设计】选项卡。在【迷你图工具设计】选项卡中包括"迷你图""类型""显示""样式"和"组合"等多个功能区，使用这些功能可以对迷你图进行编辑数据、更改类型、设置格式、显示或隐藏折线迷你图上的数据点、选择样式和设置坐标轴格式等操作。

4. 拓展学习

SERIES 函数

选中图表的一个数据系列，在编辑栏中就会出现 SERIES 函数。SERIES 是一种用于定义图表系列的特殊函数，不能将它用于工作表，也不能在它的参数中包含工作表的函数或公式。

可以通过修改系列公式来修改图表。

SERIES 函数的每个参数分别对应于【选择数据源】对话框输入的特定数据。

在除气泡图以外的所有图表类型中，SERIES 函数都具有如下参数。在气泡图中，SERIES 函数还要用一个额外的参数来指定气泡的大小。

名称（可选）：显示在图例中的名称。

分类标志（可选）：显示在分类轴上的标志（如果忽略，Excel 将使用连续的整数作为标志）。

值：Excel 所绘制的值。

顺序：系列的绘制顺序。

例如，中日历年 GDP 图表中"中国"系列的公式为：

=SERIES(部分国家历年 GDP!$A$4,部分国家历年 GDP!$B$2:$F$2,部分国家历年 GDP!$B$4:$F$4,1)

项目 2.4　学生成绩表管理

PPT:
学生成绩表管理

Excel 表格不仅能够记录信息，而且能够管理分析信息。使用 Excel 可以按自己的方式对工作表中的数据进行排序、筛选和分类汇总等操作，从而全面地了解数据所含的意义。

1. 项目要求

素材　项目 2.4

通过对如图 2-40 所示的数据清单进行统计分析，掌握数据清单的排序、筛选、分类汇总和数据库函数的使用。

学号	姓名	性别	小组	语文	数学	英语	总分
01	冯雨	男	第一组	90	55	85	230
02	夏雪	女	第二组	80	66	100	246
03	高展翔	男	第一组	90	88	90	268
04	成城	男	第三组	65	89	66	220
05	刘清美	女	第三组	90	80	60	230
06	丁秋宜	女	第二组	100	100	100	300
07	林为明	男	第二组	60	60	60	180
08	吴正宏	男	第二组	73	60	77	210
09	任征	男	第一组	90	80	60	230
10	石惊	男	第一组	62	52	62	176
11	黎念真	女	第一组	75	100	55	230
12	钟开才	男	第三组	60	52	56	168
13	俞树	女	第二组	69	86	60	215
14	张文岳	男	第三组	88	88	99	275
15	古琴	女	第三组	78	82	82	242
16	李建邦	男	第一组	90	100	100	290
17	宋明珠	女	第二组	59	59	59	177
18	艾小群	女	第三组	75	50	80	205
19	马甫仁	男	第二组	80	80	80	240
20	钟尔慧	女	第二组	95	92	88	275

图 2-40　"成绩表"工作表

2. 项目实现

微课
排序

任务 2.4.1　排序

对成绩表排序，总分高者在前；总分相同者，依次按语文、数学降序排列；以上均相同者，按学号升序排列。

步骤 1 打开"项目 2.4.xlsx"工作簿，将"成绩表"工作表复制为"排序"工作表。

步骤 2 在"排序"工作表中，单击数据清单任一单元格，选择【数据】选项卡，在【排序和筛选】功能组中单击【排序】按钮，打开【排序】对话框。系统自动检查工作表中的数据，决定排序数据表范围，并判定数据表中是否包含不排序的标题。

步骤 3 在【列】区域的【主要关键字】下拉列表框中选择"总分"选项，【排序依据】区域采用默认值"单元格值"，【次序】区域选择"降序"。

步骤 4 单击【添加条件】按钮，出现【次要关键字】条件，在【次要关键字】下拉列表框中选择"语文"选项，【排序依据】为"单元格值"，【次序】为"降序"。

步骤 5 重复步骤 4，添加"数学"为第三关键字，【次序】为"降序"；"学号"为第四关键字，【次序】为"升序"。设置结果如图 2-41 所示。

图 2-41 【排序】对话框

步骤 6 单击【确定】按钮，排序结果如图 2-42 所示。

	A	B	C	D	E	F	G	H
1	学号	姓名	性别	小组	语文	数学	英语	总分
2	06	丁秋宜	女	第二组	100	100	100	300
3	16	李建邦	男	第一组	90	100	100	290
4	20	钟尔慧	女	第二组	95	92	88	275
5	14	张文岳	男	第三组	88	88	99	275
6	03	高展翔	男	第一组	90	88	90	268
7	02	夏雪	女	第二组	80	66	100	246
8	15	古琴	女	第三组	78	82	82	242
9	19	马甫仁	男	第二组	80	80	80	240
10	05	刘清美	女	第三组	90	80	60	230
11	09	任征	男	第一组	90	80	60	230
12	01	冯雨	男	第一组	90	55	85	230
13	11	黎念真	男	第一组	75	100	55	230
14	04	成城	男	第三组	65	89	66	220
15	13	俞树	女	第二组	69	86	60	215
16	08	吴正宏	男	第二组	73	60	77	210
17	18	艾小群	男	第三组	75	50	80	205
18	07	林为明	男	第二组	60	60	60	180
19	17	宋明珠	女	第一组	59	59	59	177
20	10	石惊	男	第一组	62	52	62	176
21	12	钟开才	男	第三组	60	52	56	168

图 2-42 排序结果

任务 2.4.2 筛选

（1）用自动筛选，找出总分大于或等于 270 和小于 180 的男同学

图 2-43 【筛选】选项菜单

微课
筛选

步骤 1　打开"项目 2.4.xlsx"工作簿，将"成绩表"工作表复制为"自动筛选"工作表。

步骤 2　在"自动筛选"工作表中，单击数据清单任一单元格，选择【数据】选项卡，在【排序和筛选】功能组中单击【筛选】按钮，进入筛选状态（在字段名右侧显示【筛选】按钮）。

步骤 3　单击"性别"字段的【筛选】按钮，在弹出的【筛选】选项菜单中取消选中【全选】复选框，然后选中【男】复选框，如图 2-43 所示，单击【确定】按钮。

步骤 4　单击"总分"字段的【筛选】按钮，在弹出的【筛选】选项菜单中选择【数字筛选】→【自定义筛选】命令，打开【自定义自动筛选方式】对话框。

步骤 5　在对话框中输入如图 2-44 所示的条件。

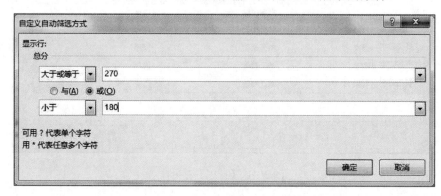

图 2-44 【自定义自动筛选方式】对话框

步骤 6　单击【确定】按钮，最终筛选结果如图 2-45 所示。

	A	B	C	D	E	F	G	H
1	学号	姓名	性别	小组	语文	数学	英语	总分
11	10	石惊	男	第一组	62	52	62	176
13	12	钟开才	男	第三组	60	52	56	168
15	14	张文岳	男	第三组	88	88	99	275
17	16	李建邦	男	第一组	90	100	100	290

图 2-45 自动筛选结果

在筛选状态下单击【筛选】按钮可取消自动筛选。

（2）用高级筛选，找出第一组中有不及格课程的学生

步骤 1　打开"项目 2.4.xlsx"工作簿，将"成绩表"工作表复制为"高级筛选"工作表。

步骤 2　在"高级筛选"工作表中的 J1:M4 单元格区域建立条件区域，如图 2-46 所示。

单击数据清单任一单元格，选择【数据】选项卡，在【排序和筛选】功能组中单击【高级】按钮，打开【高级筛选】对话框。

步骤3 在【方式】选项组中选中【将筛选结果复制到其他位置】单选按钮。

步骤4 在【列表区域】文本框中选择 A1:H21 单元格区域,【条件区域】文本框中选择 J1:M4 单元格区域,【复制到】文本框中选择 A23,如图 2-47 所示。

小组	语文	数学	英语
第一组	<60		
第一组		<60	
第一组			<60

图 2-46 高级筛选条件区域

图 2-47 【高级筛选】对话框

步骤5 单击【确定】按钮,筛选结果如图 2-48 所示。

	A	B	C	D	E	F	G	H	I	J	K	L	M
1	学号	姓名	性别	小组	语文	数学	英语	总分		小组	语文	数学	英语
2	01	冯雨	男	第一组	90	55	85	230		第一组	<60		
3	02	夏雪	女	第二组	80	66	100	246		第一组		<60	
4	03	高展翔	男	第二组	90	88	90	268		第一组			<60
5	04	成城	男	第三组	65	89	66	220					
6	05	刘清美	女	第三组	90	80	60	230					
7	06	丁秋宜	女	第二组	100	100	100	300					
8	07	林为明	男	第二组	60	60	60	180					
9	08	吴正宏	男	第二组	73	60	77	210					
10	09	任征	男	第一组	90	80	60	230					
11	10	石惊	男	第一组	62	52	62	176					
12	11	黎念真	女	第一组	75	100	55	230					
13	12	钟开才	男	第一组	60	52	56	168					
14	13	俞树	女	第二组	69	86	60	215					
15	14	张文岳	男	第三组	88	88	99	275					
16	15	古琴	女	第二组	78	82	82	242					
17	16	李建邦	男	第一组	90	100	100	290					
18	17	宋明珠	女	第一组	59	59	59	177					
19	18	艾小群	女	第三组	75	50	80	205					
20	19	马甫仁	男	第二组	80	80	80	240					
21	20	钟尔慧	女	第二组	95	92	88	275					
22													
23	学号	姓名	性别	小组	语文	数学	英语	总分					
24	01	冯雨	男	第一组	90	55	85	230					
25	10	石惊	男	第一组	62	52	62	176					
26	11	黎念真	女	第一组	75	100	55	230					
27	17	宋明珠	女	第一组	59	59	59	177					

图 2-48 高级筛选结果

任务 2.4.3 分类汇总

用分类汇总按组统计人数和各科平均成绩。

步骤1 打开"项目 2.4.xlsx"工作簿,将"成绩表"工作表复制为"分类汇总"工作表。

步骤2 在"分类汇总"工作表中,单击数据清单"小组"列的任一单元格,选择【数据】选项卡,在【排序和筛选】功能组中单击【升序】按钮 ↓,则记录按"小组"升序排序(分类),结果如图 2-49 所示。

微课
分类汇总

步骤 3　单击数据清单任一单元格，选择【数据】选项卡，在【分级显示】功能组中单击【分类汇总】按钮，打开【分类汇总】对话框。

步骤 4　在【分类字段】下拉列表框中选择【小组】选项，【汇总方式】下拉列表框中选择【计数】选项，【选定汇总项】列表框中选中【学号】复选框，如图 2-50 所示。

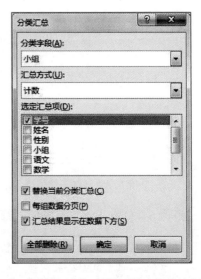

图 2-49　按"小组"排序后的数据清单　　图 2-50　【分类汇总】对话框（按小组统计人数）

步骤 5　单击【确定】按钮，按小组统计人数结果如图 2-51 所示。

步骤 6　单击数据清单任一单元格，选择【数据】选项卡，在【分级显示】功能组中单击【分类汇总】按钮，打开【分类汇总】对话框。

步骤 7　在【分类字段】下拉列表框中选择【小组】选项，【汇总方式】下拉列表框中选择【平均值】选项，【选定汇总项】列表框中选中【语文】【数学】和【英语】复选框，取消选中【替换当前分类汇总】复选框，如图 2-52 所示。

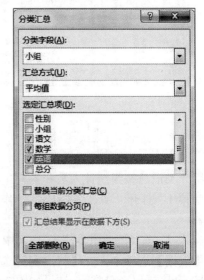

图 2-51　分类汇总结果（按小组统计人数）　　图 2-52　【分类汇总】对话框（按小组统计平均分）

步骤 8 单击【确定】按钮,在"分类汇总"工作表中单击分级显示符号 3,隐藏分类汇总表中的明细数据行(显示 3 级分类汇总结果),结果如图 2-53 所示。

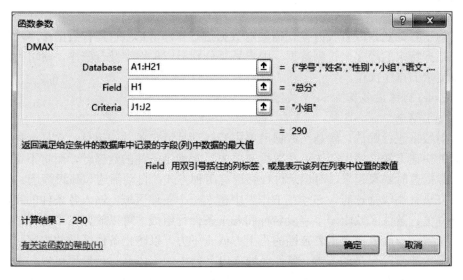

图 2-53 分类汇总最终结果

任务 2.4.4 数据库函数

使用数据库统计函数,求出第一组的最高总分。

步骤 1 打开"项目 2.4.xlsx"工作簿,将"成绩表"工作表复制为"数据库函数"工作表。

步骤 2 在"数据库函数"工作表中的 J1:J2 单元格区域建立条件区域,如图 2-54 所示。

图 2-54 数据库函数条件区域

步骤 3 选中 L1 单元格,插入数据库函数 DMAX,并设定参数,如图 2-55 所示。

图 2-55 DAVERAGE【函数参数】对话框

步骤 4 单击【确定】按钮,在 L1 中插入了公式"=DMAX(A1:H21,H1,J1:J2)"。计算结果如图 2-56 所示。

	A	B	C	D	E	F	G	H	I	J	K	L	M
1	学号	姓名	性别	小组	语文	数学	英语	总分		小组		第一小组最高总分	290
2	01	冯雨	男	第一组	90	55	85	230		第一组			
3	02	夏雪	女	第二组	80	66	100	246					
4	03	高展翔	男	第一组	90	88	90	268					
5	04	成城	男	第三组	65	89	66	220					
6	05	刘清美	女	第三组	90	80	60	230					
7	06	丁秋宜	女	第二组	100	100	100	300					
8	07	林为明	男	第二组	60	60	60	180					
9	08	吴正宏	男	第二组	73	60	77	210					
10	09	任征	男	第一组	90	80	60	230					
11	10	石惊	男	第一组	62	52	62	176					
12	11	黎念真	女	第一组	75	100	55	230					
13	12	钟开才	男	第三组	60	52	56	168					
14	13	俞树	男	第二组	69	86	60	215					
15	14	张文岳	男	第三组	88	88	99	275					
16	15	古琴	女	第三组	78	82	82	242					
17	16	李建邦	男	第一组	90	100	100	290					
18	17	宋明珠	女	第一组	59	59	59	177					
19	18	艾小群	女	第三组	75	50	80	205					
20	19	马甫仁	男	第二组	80	80	80	240					
21	20	钟尔慧	女	第二组	95	92	88	275					

图 2-56 数据库函数使用示例

3. 相关知识

Excel 具有数据库管理的功能，借助于数据清单技术可以处理结构化数据。

（1）数据清单

Excel 提供了强大的数据处理功能，可以方便地组织、管理和分析数据信息。工作表中符合一定条件的连续区域可以视为数据清单（数据库、数据表），数据清单是一个二维表，行表示记录，列表示字段，第 1 行为字段名。

创建数据清单，应遵守以下规则：避免在一个工作表中建立多个数据清单，如果工作表中还有其他数据，应使用空行（列）隔开；列标题（字段名）唯一，同列数据的数据类型相同。

（2）排序

为了数据观察或查找方便，需要对数据进行排序。Excel 具有数据排序功能，可以根据特定的顺序来排列数据。用户只要分别指定关键字及升降序，就可完成简单或复杂的排序操作。

Excel 排序最多支持 64 个关键字。

（3）筛选

对数据进行筛选，就是在数据清单中查找满足特定条件的记录，它是一种查找数据的快速方法。使用筛选可在数据清单中显示满足条件的数据行，而将不符合条件的数据暂时隐藏起来。对记录进行筛选有两种方式：自动筛选和高级筛选。

在进行高级筛选时，必须在工作表中建立一个条件区域，输入各条件的字段名和条件值。条件区域由一个字段名行和若干条件行组成，可以放置在工作表的任何空白位置，一般放在数据表范围的正上方或正下方，以防止条件区域的内容受到数据表插入或删除记录的影响。条件区域字段名行中的字段名排列顺序可以与数据表区域不同，但对应字段的名称必须一致，因而最好从数据表字段名复制过来。条件区域的第 2 行开始是条件行，用于存放条件式，同一条件行不同单元格中的条件互为"与"的逻辑关系，不同条件行单元格中的条件互为"或"的逻辑关系。高级筛选条件设置范例见表 2-6。

表 2-6　高级筛选条件设置范例

条件区	含　义
姓名 刘小明	姓名为"刘小明"的学生
姓名 刘	姓为"刘"的学生
英语 90	英语为 90 分的学生
英语 <>90	英语不为 90 分的学生
平均分　平均分 >=80　　<90	平均分在[80，90)的学生
英语　总分 >80 　　　>300	英语>80 或总分>300 的学生
性别　小组 男　第一组 男　第二组	第一组和第二组的男生

（4）分类汇总

分类汇总是指按照指定的类别将数据以指定的方式进行统计，从而快速将表格中的数据汇总与分析。其特点是首先要进行分类，将同一类别的数据放在一起，然后进行统计。Excel 的分类汇总功能可以分类求和、计数和求平均值等。

（5）数据库函数

数据库函数用来对数据清单中符合给定条件的记录进行统计。

数据库函数可以看做高级筛选与统计函数的结合。如项目中求第一组最高总分，可以理解为首先通过高级筛选把第一组的学生找出来，然后对筛选结果用 MAX 函数求最大值。

所有数据库函数的参数都是相同的，以 DMAX(database,field,criteria)为例，database 相当于高级筛选的列表区域，criteria 相当于条件区域，field 为要进行统计的字段。

4. 拓展学习

（1）排序后的数据清单如何恢复原始顺序？

可在表中插入一个"记录号"字段，字段值分别为 1、2、3……，排序后如想恢复原始顺序，只需按"记录号"排序即可。

（2）如何复制分类汇总的结果？

分类汇总操作会改变数据源。汇总结果可以分级显示，分级显示的数据隐藏部分明细后，直接复制会连同隐藏内容一起复制。

如果只想复制显示的内容，操作步骤如下。

步骤 1　选择【开始】选项卡，在【编辑】功能组中单击【查找和选择】下拉按钮，从弹出的下拉菜单中选择【定位条件】命令，打开【定位条件】对话框。

步骤 2　在对话框中选中【可见单元格】单选项，选中要复制的汇总结果后进行复制。

项目 2.5   文具店销售数据分析

在 Excel 中对数据进行统计分析还有一个强大的工具：数据透视表，可以对数据进行全方位立体化交互式分析。

1. 项目要求

根据如图 2-57 所示的文具店销售数据，创建数据透视表，按不同分店、不同类别统计销售总金额；创建数据透视图，显示每个分店不同类别商品销售额所占比例。

	A	B	C	D	E
1	日期	分店	名称	金额	类别
2	2018/8/8	第二分店	档案盒	135	办公文具
3	2018/2/2	第二分店	电池	8	日常用品
4	2018/8/8	第二分店	电池	100	日常用品
5	2018/10/1	第二分店	复印纸	270	纸制品
6	2018/10/1	第二分店	回形针	24	办公文具
7	2018/8/8	第二分店	记事本	37.5	纸制品
8	2018/8/8	第二分店	剪刀	25	办公文具
9	2018/7/7	第二分店	扑克	12	日常用品
10	2018/2/2	第二分店	铅笔	5	办公文具

图 2-57   文具店销售数据

创建"分店"切片器，制作效果如图 2-58 所示。

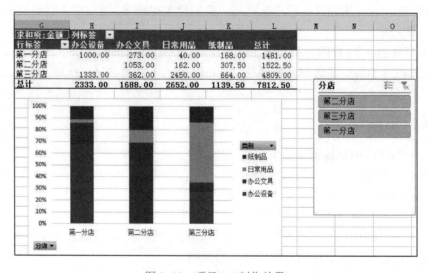

图 2-58   项目 2.5 制作效果

2. 项目实现

任务 2.5.1   创建和编辑数据透视表

（1）创建数据透视表
步骤 1   打开"项目 2.5.xlsx"工作簿，在"文具店销售数据"工作表中，单击数据清单任一单元格。

　　步骤 2　选择【插入】选项卡，在【表格】功能组中单击【数据透视表】按钮 ，打开【创建数据透视表】对话框。

　　步骤 3　在【请选择要分析的数据】选项组中选中【选择一个表或区域】单选按钮，在【表/区域】文本框中选择 A1:E41；在【选择放置数据透视表的位置】选项组中选中【现有工作表】单选按钮，并在【位置】文本框中选择 G1 单元格，如图 2-59 所示。

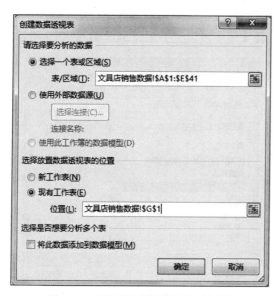

图 2-59　【创建数据透视表】对话框

　　步骤 4　单击【确定】按钮。此时，在当前工作表中自动创建空白数据透视表，同时打开【数据透视表字段】任务窗格，如图 2-60 所示。

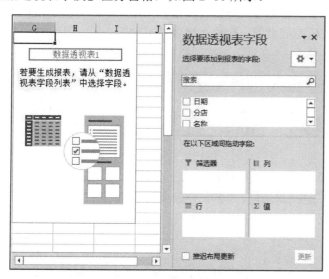

图 2-60　创建数据透视表

　　步骤 5　将"分店"字段拖动到【行】区域，将"类别"字段拖动到【列】区域，将"金额"字段拖动到【值】区域，即生成如图 2-61 所示的数据透视表。

求和项:金额	列标签				
行标签	办公设备	办公文具	日常用品	纸制品	总计
第二分店		1053	162	307.5	1522.5
第三分店	1333	362	2450	664	4809
第一分店	1000	273	40	168	1481
总计	2333	1688	2652	1139.5	7812.5

图 2-61　原始数据透视表

（2）编辑数据透视表

步骤 1　单击【值】区域中的"求和项:金额"，在弹出的下拉菜单中选择【值字段设置】命令，打开【值字段设置】对话框，如图 2-62 所示。

图 2-62　【值字段设置】对话框

步骤 2　单击【数字格式】按钮，在打开的【设置单元格格式】对话框中将数值的【小数位数】设置为 2。单击【确定】按钮，返回【值字段设置】对话框，再单击【确定】按钮完成设置。数据透视表结果如图 2-63 所示。

求和项:金额	列标签				
行标签	办公设备	办公文具	日常用品	纸制品	总计
第二分店		1053.00	162.00	307.50	1522.50
第三分店	1333.00	362.00	2450.00	664.00	4809.00
第一分店	1000.00	273.00	40.00	168.00	1481.00
总计	2333.00	1688.00	2652.00	1139.50	7812.50

图 2-63　设置数字格式后的数据透视表

步骤 3　在数据透视表中单击"第一分店"，移动鼠标指针为十字箭头 ✛ 时，拖动到 G2:L2，以使行标签按"第一分店,第二分店,第三分店"的顺序排列。最终结果如图 2-64 所示。

求和项:金额	列标签				
行标签	办公设备	办公文具	日常用品	纸制品	总计
第一分店	1000.00	273.00	40.00	168.00	1481.00
第二分店		1053.00	162.00	307.50	1522.50
第三分店	1333.00	362.00	2450.00	664.00	4809.00
总计	2333.00	1688.00	2652.00	1139.50	7812.50

图 2-64　文具店销售数据透视表

步骤 4 单击数据透视表任一单元格，选中数据透视表，在【数据透视表工具—分析】选项卡【数据透视表】功能组中的【数据透视表名称】文本框中输入数据透视表的名称"文具店销售数据透视表"。

任务 2.5.2 创建切片器

步骤 1 单击数据透视表任一单元格。

步骤 2 选择【数据透视表工具—分析】选项卡，在【筛选】功能组中单击【插入切片器】按钮，打开【插入切片器】对话框，选中要创建切片器的字段"分店"，如图 2-65 所示。

步骤 3 单击【确定】按钮，在当前工作表中创建所选字段对应的切片器，结果如图 2-66 所示。

微课
创建切片器

图 2-65 【插入切片器】对话框

图 2-66 【分店】切片器

任务 2.5.3 创建数据透视图

步骤 1 单击数据透视表任一单元格。

步骤 2 选择【数据透视表工具—分析】选项卡，在【工具】功能组中单击【数据透视图】按钮，打开【插入图表】对话框。

步骤 3 选择【柱形图】→【百分比堆积柱形图】类型，即在当前工作表中创建了数据透视图，如图 2-67 所示。

微课
创建数据透视图

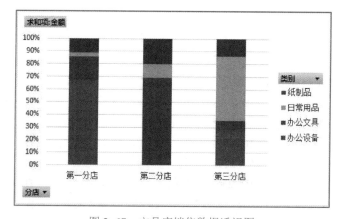

图 2-67 文具店销售数据透视图

3. 相关知识

（1）数据透视表

数据透视表是一种对数据进行立体化分析的多维交互式表格，将数据的排序、筛选和分类汇总三者有机地结合起来。之所以称为数据透视表，是因为其可以动态改变版面布置，从不同角度查看源数据的汇总结果。数据透视表的组成见表2-7。

表2-7　数据透视表的组成

组成部分	说　　明
筛选器	控制整个数据透视表的显示情况
行	显示为数据透视表侧面的行，位置较低的行嵌套在它上方的行中
列	显示为数据透视表顶部的列，位置较低的列嵌套在它上方的列中
值	显示汇总数据

（2）切片器

切片器是一个筛选组件，使用切片器能够快速地筛选数据透视表中的数据，完成与数据透视表字段中的筛选按钮 相同的功能，而无需打开筛选菜单。另外，切片器可以应用到多个数据透视表中。

（3）数据透视图

数据透视图是以图表方式表示数据透视表中的数据。数据透视图可以根据源数据清单中的数据直接创建，也可以在已有的数据透视表的基础上创建。

4. 拓展学习

如何对数据透视表中的数据进行分组？

对数据透视表中的数据进行分组可以帮助用户显示要分析的数据的子集。例如，可以将庞大的日期和时间（数据透视表中的日期和时间字段）列表按季度或月份进行分组。

分组方法：在数据透视表中，右击任意日期或时间字段，在弹出的快捷菜单中选择【组合】命令，打开【组合】对话框进行相应设置。

课后练习

课后练习

一、选择题

1. Excel 2016 文件的扩展名默认为（　　）。

    A．txt   B．docx   C．xls   D．xlsx

2. 在 Excel 中，将 A1、B1 等称为该单元格的（　　）。

    A．地址   B．内容   C．编号   D．大小

3. 一个 Excel 工作表的行数和列数分别为（　　）。

    A．65536，256   B．256，65536   C．100，100   D．2^{20}，2^{14}

4. 在 Excel 工作簿中，有关移动和复制工作表的说法正确的是（　　）。

    A．工作表只能在所在工作簿内移动不能复制

    B. 工作表只能在所在工作簿内复制不能移动

    C. 工作表可以移动到其他工作簿内，不能复制到其他工作簿内

    D. 工作表可以移动到其他工作簿内，也可复制到其他工作簿内

5. 在 Excel 中，活动单元格是指（   ）。

    A. 可以随意移动的单元格   B. 随其他单元格的变化而变化的单元格

    C. 已经改动了的单元格   D. 正在操作的单元格

6. 若在单元格中输入数值 1/2，应（   ）。

    A. 直接输入 1/2   B. 输入'1/2

    C. 输入空格、0、1/2   D. 输入 0、空格、1/2

7. 在 Excel 中，某些数据的输入和显示是不一定完全相同的，例如输入为 12345678900000，则显示为（   ）。

    A. 12345678900000   B. 1.23456789E+13

    C. 1.234568E+13   D. 1.23457E+13

8. 已知 A1 单元格中的内容为 0.789，如果将其数字格式设置为"数值"，小数位数设置为 1，则当该单元格参与数学运算时，该单元格中的数值为（   ）。

    A. 0.7   B. 0.789   C. 0.8   D. 1.0

9. 在 Excel 中，如果在单元格输入数据"=22"，系统将把它识别为（   ）。

    A. 文本型   B. 数值型   C. 日期时间型   D. 公式

10. 在 Excel 的工作表中，不能实现的操作是（   ）。

    A. 调整单元格高度   B. 删除单元格

    C. 合并单元格   D. 拆分单元格

11. 在 Excel 中，如果希望标题位于表格的中间时，可以使用（   ）的对齐方式。

    A. 合并单元格   B. 置中   C. 分散对齐   D. 跨列居中

12. 在 Excel 中，如果想让含有公式的单元格中的公式不被显示在编辑栏中，则应该设置（   ）。

    A. 该单元格为"锁定"状态

    B. 该单元格为"锁定"状态，并保护其所在的工作表

    C. 该单元格为"隐藏"状态

    D. 该单元格为"隐藏"状态，并保护其所在的工作表

13. 设置 Excel 工作表"打印标题"的作用是（   ）。

    A. 在首页突出显示标题   B. 在每一页都打印出标题

    C. 在首页打印出标题   D. 作为文件存盘的文件名

14. 在 Excel 中，各运算符的优先级由高到低的顺序为（   ）。

    A. 数学运算符、比较运算符、字符运算符

    B. 数学运算符、字符运算符、比较运算符

    C. 比较运算符、字符运算符、数学运算符

    D. 字符运算符、数学运算符、比较运算符

15. 在 Excel 公式中，错误值总是以（   ）开头。

    A. $ B. #   C. !   D. @

16. 已知工作表中 J7 单元格中为公式"=F7*$D$4"，在第 4 行处插入一行，则插入后 J8 单元格中的公式为（   ）。

    A. =F8*$D$5   B. =F8*$D$4   C. =F7*$D$5   D. =F7*$D$4

17. 在 Excel 中，若在 C1 单元格中输入"=5=5"，则 C1 的值为（   ）。

  A. 5   B. 出错   C. TRUE   D. FALSE

18. Excel 中的工作表可直接作为数据库中的表使用，此时工作表中的每一行对应一个记录，且要求第 1 行为（   ），其类型应为字符型。

  A. 该批数据的总标题   B. 公式

  C. 记录数据   D. 字段名

19. 在 Excel 中，按某一字段内容进行归类，并对每一类做出统计的操作是（   ）。

  A. 分类排序   B. 记录单处理   C. 筛选   D. 分类汇总

20. 在 Excel 的图表中，随着工作表数值的改变而发生相应变化的部分是（   ）。

  A. 图例   B. 数据系列   C. 图表类型   D. 图表位置

二、操作题

素材：操作题.xlsx。

1. 数据输入及自动填充。

（1）在"填充"工作表指定的单元格中录入数据（冒号左边是单元格，右边是要输入的内容）。

（2）A2：'1；B2：1；C2：1；D2：0 1/3；E2：1/3；F2：星期一；G2：甲组。

（3）比较 A2 和 B2 单元格的对齐方式。

（4）比较 D2 和 E2 单元格的值。

（5）选中 A2 单元格，拖动填充柄向下填充至 A11 单元格。

（6）选中 B2 单元格，拖动填充柄向下填充至 B11 单元格。

（7）选中 C2 单元格，右键拖动填充柄往下填充至 C11 单元格，选择【序列】命令，使该序列为等差序列，步长为 2。

（8）选中 E2 单元格，拖动填充柄向下填充至 E11 单元格。

（9）选中 F2 单元格，拖动填充柄向下填充至 F11 单元格。

（10）自定义一个序列"甲组,乙组,丙组"，然后选中 G2 单元格，拖动填充柄向下填充至 G11 单元格。

2. 公式与函数。

（1）在"工资"工作表（图 2-68）中进行计算。

	A	B	C	D	E	F	G	H	I	J	K	L	M	N
1	部门	工号	姓名	性别	出生日期	年龄	基本工资	学历	学历补贴	社保代扣	实发工资		社保缴费比例：	11%
2	销售部	A5	成城	男	2000/2/29		2800.00	高中及以下						
3	技术部	B3	丁秋宜	男	1992/6/19		2800.00	硕士						
4	技术部	B1	冯雨	男	1987/4/17		3938.55	本科						
5	销售部	A4	高展翔	男	1984/1/1		3333.33	专科						
6	技术部	B7	黎念真	女	1989/3/31		4843.35	专科						
7	技术部	B10	李建邦	男	1995/1/21		4122.74	本科						
8	技术部	B4	林为明	男	1996/4/9		3966.30	本科						
9	技术部	B2	刘清美	女	1989/9/28		4000.00	硕士						
10	行政部	A3	马甫仁	男	1970/10/9		8000.00	本科						
11	技术部	B6	任征	男	1994/3/19		3000.00	本科						
12	销售部	A6	石惊	男	1980/7/13		5900.01	硕士						
13	销售部	A2	束明珠	女	1991/4/17		3013.93	本科						
14	技术部	B5	吴正宏	男	1995/12/20		5000.00	专科						
15	行政部	A1	夏雪	女	1998/5/5		2200.00	专科						
16	销售部	A7	徐进	男	1987/12/18		5758.80	专科						
17	行政部	A8	俞树	女	1989/2/28		3600.00	硕士						
18	技术部	B9	袁一鸣	男	1986/4/30		2539.11	专科						
19	技术部	B11	张文岳	男	1986/1/5		2425.09	博士						
20	技术部	B12	钟尔慧	女	1977/7/12		9573.43	本科						
21	技术部	B8	钟开才	男	1994/8/19		4511.90	专科						

图 2-68 "工资"工作表

① 计算年龄（年龄＝当前年份-出生年份）。

② 计算学历补贴（补贴标准：博士 500 元，硕士 300 元）。

③ 计算社保代扣（社保＝基本工资×社保缴费比例，四舍五入到两位小数）。

④ 计算实发工资。

⑤ 计算行政部的基本工资总额（分别用 DSUM 函数和 SUMIF 函数）。

⑥ 查找工号为 B5 的员工的学历（用 VLOOKUP 函数）。

（2）在"九九表"工作表中制作如图 2-69 所示的九九乘法表。

图 2-69　九九乘法表

（3）在"财务"工作表中进行计算。

① 年利率 1.55%，月存 1000 元，10 年后本息合计（用 FV 函数）。

② 年利率 4.9%，期限 10 年，计划每月还款 1000 元，可贷款总额（用 PV 函数）。

③ 年利率 4.9%，贷款 10 万元，期限 10 年，月还款额（用 PMT 函数）。

④ 贷款 10 万元，期限 1 年，每月还款 1 万元，年利率（用 RATE 函数）。

3．排序。

对如图 2-70 所示"学生"工作表中的数据，按班级笔画升序排序，同一班级按姓名字母降序排序。

4．筛选。

对"成绩"工作表中的数据（图 2-71），完成下列高级筛选。

图 2-70　"学生"工作表

图 2-71　"成绩"工作表

（1）筛选出所有课程都及格的同学名单，条件区域左上角单元格为 F1，筛选结果复制到以 J1 单元格为左上角的区域。

（2）在"成绩"工作表的后面插入一个新工作表"成绩筛选"。用高级筛选方式筛选出有不及格课程的同学名单，条件区域左上角单元格为"成绩!F4"，筛选结果复制到以"成绩筛选!A1"单元格为左上角的区域。

5. 分类汇总。

对"职员"工作表中的数据（图 2-72），按部门统计人数和工资总额。

6. 图表。

根据"销售"工作表中的数据（图 2-73）制作图表。

	A	B	C	D	E
1	姓名	部门	性别	职称	基本工资
2	冯雨	技术部	男	工程师	5000
3	夏雪	行政部	女	助理工程师	2000
4	高展翔	销售部	男	助理工程师	4000
5	成城	销售部	男		1500
6	刘清美	技术部	男	工程师	5000
7	吴正宏	技术部	男		2500
8	任征	技术部	男	助理工程师	2800
9	石惊	销售部	男	工程师	5800
10	俞树	行政部	女	工程师	3600
11	马甫仁	行政部	男	高级工程师	6000

图 2-72 "职员"工作表

	A	B	C	D	E
1		第一季度	第二季度	第三季度	第四季度
2	北京	24	22	23	25
3	上海	24	28	29	24
4	广州	22	25	25	28

图 2-73 "销售"工作表

图表类型为带数据标记的折线图；数据系列产生在行；图表标题为"销售统计图"；分类轴标题为"季度"，数值轴标题为"销售额"；数值轴刻度的最小值为 20，最大值为 30，主要刻度单位为 5。

7. Excel 综合练习。

新建文件"综合练习.xlsx"，把"操作题.xlsx"的"综合"工作表复制到"综合练习.xlsx"工作簿中，并重命名为"公式"，工作表中的数据如图 2-74 所示。

	A	B	C	D	E	F	G	H
1	姓名	小组	语文	数学	英语	平均分	等级	名次
2	冯雨	甲组	87	70	85			
3	夏雪	乙组	76	100	59			
4	高展翔	甲组	96	88	85			
5	成城	丙组	65	89	64			
6	刘清美	丙组	69	83	78			
7	丁秋宜	乙组	100	100	100			
8	林为明	乙组	50	60	60			
9	吴正宏	乙组	73	56	60			
10	任征	甲组	69	80	82			
11	石惊	丙组	60	75	62			
12	黎念真	甲组	68	73	75			
13	钟开才	甲组	56	85	56			
14	俞树	乙组	69	86	60			
15	袁一鸣	丙组	89	88	92			
16	徐进	丙组	78	82	82			
17	宋明珠	甲组	90	100	100			
18	李建邦	甲组	57	58	59			
19	张文岳	丙组	75	80	80			
20	马甫仁	乙组	80	80	80			
21	钟尔慧	乙组	86	82	77			

图 2-74 "公式"工作表

（1）在"公式"工作表中计算。

① 计算平均分，四舍五入取整。

② 对于三门课程都不低于 85 分的学生，在"等级"栏注明"优秀"；有不及格课程者，在

"等级"栏注明"不合格";其余学生该栏为"合格"。

③ 按平均分计算名次。

④ 计算平均分及格率及甲组平均分及格率。

⑤ 计算平均分各分数段的人数(用 FREQUENCY 函数。该函数是一个数组函数,编辑时必须先选中整个数组,编辑完成后按 Ctrl+Shift+Enter 组合键)。

⑥ 把 A1:H21 单元格区域中的内容批量复制(只要数值)到另外 5 个工作表中,并将各工作表分别重命名为"表格""排序""筛选""汇总"和"透视"。

(2)对"表格"工作表进行格式设置。

① 在姓名左侧插入一列,字段名为"学号",并填充学号"01~20"。

② 在第 1 行上方插入一空行,在 A1 单元格中输入"成绩表",设置标题水平跨列居中、垂直居中,字体为隶书、20 磅;其余字体格式设置为宋体、12 磅,水平和垂直居中。

③ 设置数据验证:当选中 D3:F22 区域的任一单元格时,显示"请输入 0~100 的整数",标题为"成绩",如果输入内容不在指定范围,错误信息提示"成绩必须在 0~100 之间","停止"样式,标题为"数据非法",忽略空值;当选中"小组"列的任一单元格时,在其右侧出现一个下三角按钮,并提供"甲组""乙组""丙组"的选项供选择。

④ 用条件格式对不及格的成绩突出显示。

⑤ 表格各列宽度设为 8 磅,行高设为 6 磅。

⑥ 标题以外的部分套用表格样式"冰蓝,表样式浅色 2",然后把表格内部垂直边框设置为虚线。

⑦ 把第 1 行和第 2 行设置为顶端标题行。

(3)在"排序"工作表中进行操作。

按"小组"(以"甲组,乙组,丙组"的顺序)排序。

(4)在"筛选"工作表中进行操作。

用高级筛选将有两门以上课程不及格或平均分不及格的学生记录筛选出来,复制到 A23 开始的区域中,条件区域与左上角单元格为 J1。

(5)在"汇总"工作表中进行操作。

用分类汇总,按组求人数和各科成绩的最高分,不显示明细数据。

(6)在"公式"工作表中制作图表。

在"公式"工作表中根据 J5:K9 单元格区域中的平均分分布数据数生成一个饼图,如图 2-75 所示。

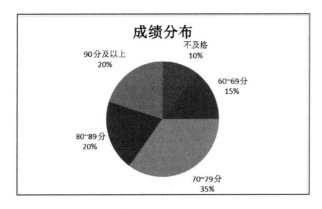

图 2-75 平均分成绩分布图表

（7）在"透视"工作表中进行操作。

创建数据透视表及数据透视图，按小组和等级统计人数。

数据透视表在 J1 单元格，名称为"成绩统计分析"，取消行列总计项。数据透视图类型为"百分比堆积柱形图"。结果如图 2-76 所示。

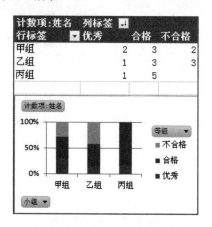

图 2-76　平均分成绩分布透视表和透视图

单元 3　PowerPoint 2016 演示文稿制作

【单元导读】

　　小龙组建了一个创新团队，明天要向学校汇报，如何从多个项目团队中脱颖而出，除了要有好的项目创意，汇报时演示文稿的排版美化，也会影响竞赛评分。小明到公司销售部上班，经理要一个销售部的年终总结，需要制作一个漂亮的演示文稿，如何快速地制作一个美观的演示文稿，这就是本单元要讲解的内容。

素养提升　单元 3
PowerPoint 2016 演
示文稿制作

　　演示文稿广泛应用于演讲、商务沟通、产品推广、营销分析、培训课件、文化宣传等正式工作场合，可以方便人们进行信息交流，也方便听者更好地理解演讲者的意图。本单元主要通过制作一个物业管理公司的年终工作总结演示文稿，从而学习 PowerPoint 演示文稿的创建方法、美化技巧、模板使用方法、动画制作方法等 PowerPoint 演示文稿制作技能，在拓展学习部分主要介绍 PowerPoint 2016 的新功能及其高级技巧。

项目 3.1　制作顺峰物业管理公司年终工作总结演示文稿

PPT:
制作演示文稿

1. 项目要求

制作 2017 年顺峰物业管理公司年终工作总结，要求如下：
① 按照 PPT 结构制作封面页、目录页、引导页、内容页。
② 将公司年终总结 Word 文档导入演示文稿。
③ 套用中国风模板美化 PPT。
④ 利用 SmartArt 美化页面。
⑤ 利用 Word 文稿中的表格制作图表并美化。
⑥ 制作 PPT 动画效果与切换方式。
⑦ 对演示文稿排练预演。
制作效果如图 3-1 所示。

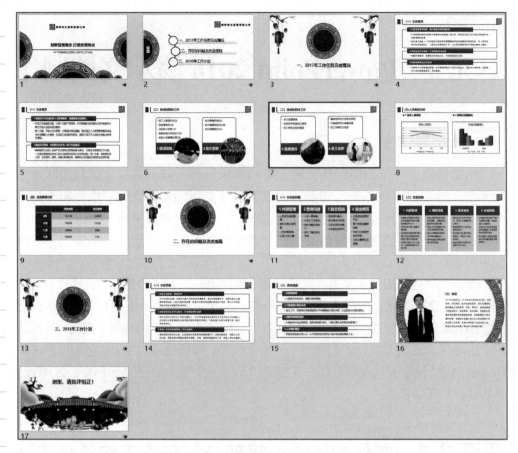

图 3-1　2017 年顺峰物业管理公司年终工作总结效果图

2. 项目实现

微课
基于 Word 创建演
示文稿

素材　项目 3.1

任务 3.1.1　基于 Word 创建演示文稿

演示文稿中的文字一般都来自于 Word 文档，如公司年终总结报告、公司的年初计划等，要根据这些 Word 文档中的文字来制作演示文稿，主要完成如下工作：

● 对 Word 文档中的文字进行精简，提炼标题，以便于对演示文稿进行演示。

● 对 Word 文档中的文字段落根据其在演示文稿中的位置设置大纲级别，以便快速导入演示文稿。

（1）设置 Word 文档大纲级别

步骤 1　设置 Word 文档大纲级别。打开"1-2017 年顺峰物业管理公司年终工作总结-原稿.docx"文件（此文件文字已经过精简处理），选择"创新管理理念 打造安居物业"文字，选择【开始】选项卡，单击【段落】功能组右下角【对话框启动器】按钮，打开【段落】对话框，设置大纲级别为"1 级"，如图 3-2 所示。

步骤 2　选择"2017 年顺峰物业管理公司年终工作总结"文字，选择【开始】选项卡，单击【段落】功能组右下角【对话框启动器】按钮，打开【段落】对话框，设置大纲级别为"2 级"。

其余文字段落的大纲级别设置方法同上，根据文字在幻灯片中的位置来设置段落大纲级别，具体大纲级别可以参考样文 "2-2017 年顺峰物业管理公司年终工作总结-有大纲"，绿色为 1 级，蓝色为 2 级，棕色为 3 级。设置好大纲级别的文字效果图如图 3-3 所示。

图 3-2 设置段落的大纲级别   图 3-3 设置好大纲级别的文字效果图

（2）创建新演示文稿并快速导入 Word 文字

步骤 1 创建新演示文稿。打开 PowerPoint 2016，选择【文件】→【新建】命令，打开【新建】窗口，单击【空白演示文稿】图标，创建新的演示文稿，如图 3-4 所示。

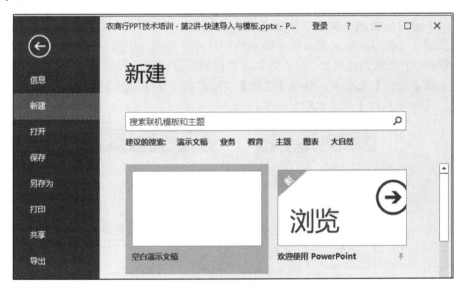

图 3-4 新建空白演示文稿

步骤 2 从大纲文件新建幻灯片。先删除新建演示文稿中的空白幻灯片，然后选择【开始】选项卡，单击【幻灯片】功能组中的【新建幻灯片】下拉按钮，在弹出的下拉列表中选择【幻灯片（从大纲）】命令，打开【插入大纲】对话框，选择文件 "2-2017 年顺峰物业管理公司年终工作总结-有大纲.docx"，如图 3-5 所示，新的幻灯片会根据大纲级别创建。

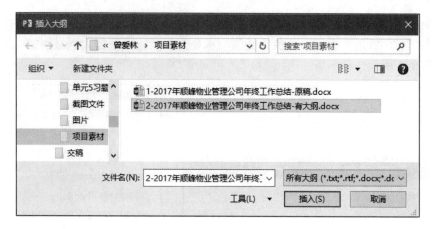

图 3-5　从大纲文件新建幻灯片

步骤 3　此时导入只是大纲文档中的文字，表格和图片不会导入，还需要手动复制过来。打开文件"2-2017 年顺峰物业管理公司年终工作总结-有大纲.docx"，将文档的表格和图片复制到相应的幻灯片中。

微课
通过模板美化幻灯片页面

任务 3.1.2　通过模板美化幻灯片页面

演示文稿模板包含了演示文稿主题颜色、幻灯片版式等内容，一套好的演示文稿模板可以让演示文稿的形象迅速提升，大大增加可观赏性。同时演示文稿模板可以让演示文稿思路更清晰、逻辑更严谨，更方便处理图表、文字、图片等内容。

（1）通过模板改变演示文稿主题

步骤 1　套用演示文稿模板。新建的幻灯片只是按大纲级别进行了分页，但不够美观，为了快速美化页面，需要先学习如何利用设计好的模板来美化幻灯片页面。

选择【设计】选项卡，单击【主题】功能组右下角【其他】按钮，打开【主题】列表，选择下方的【浏览主题】命令，如图 3-6 所示。

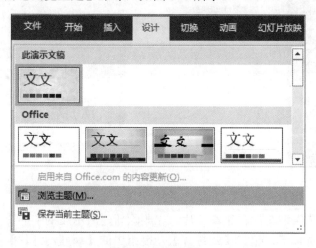

图 3-6　浏览主题

步骤 2　打开【选择主题或主题文档】对话框，选择项目素材模板文件"中国风模板.pptx"，中国风模板包含的主题就应用到了新的演示文稿，如图 3-7 所示。

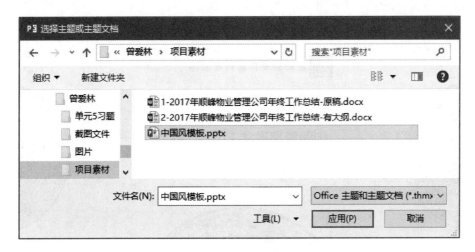

图 3-7　选择模板文件

（2）设置幻灯片版式

　　步骤 1　模板导入后，要想使用模板中的页面版式，则必须为每张幻灯片设置版式。在幻灯片浏览窗格中选择"创新管理理念 打造安居物业"页面，右击，在弹出的快捷菜单中选择【版式】命令，在【版式】列表中选择【标题幻灯片】，如图 3-8 所示。

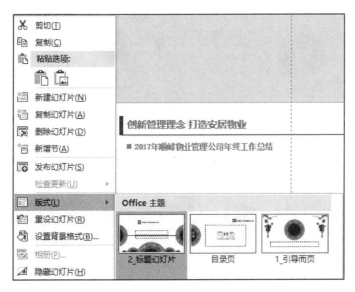

图 3-8　选择标题幻灯片版式

　　步骤 2　选择【开始】选项卡，单击【幻灯片】功能组中的【重置】按钮，将模板的封面版式应用到新的幻灯片上，如图 3-9 所示。

　　步骤 3　依次选择后面的目录页、转场页、内容页等，根据需要设置不同的版式，完成幻灯片页面的初步美化。设置的版式对应如下：

* 将标题为"目录"的幻灯片页面设置为"2-目录页幻灯片"版式。
* 将标题为"一、2017 年工作任务完成情况""二、存在的问题及改进措施""三、2018 年工作计划"3 个幻灯片页面设置为"3-转场页幻灯片"版式。

图 3-9　封面效果图

- 将"（三）人员数据分析"幻灯片设置为"5-双栏版式内容页"版式。
- 将"结语"幻灯片设置为"7-总结页幻灯片"版式。
- 其余均设置为"4-内容页幻灯片"版式。

设置完成后的效果如图 3-10 所示。

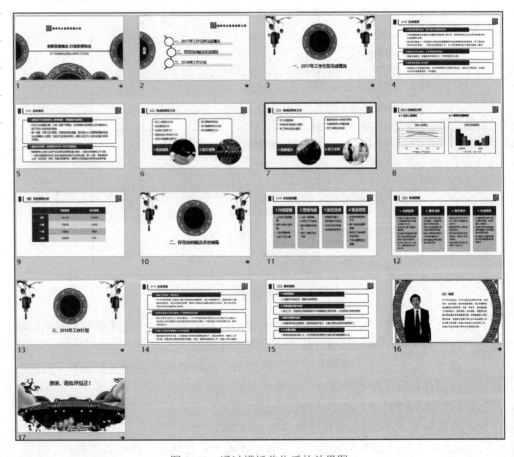

图 3-10　通过模板美化后的效果图

任务 3.1.3　通过图形美化幻灯片

幻灯片页面的美化主要采用以下方法：

• 文字美化：通过精简文字、提炼标题，演示文稿中的文字不要太多。

• 单张幻灯片美化：通过"统一字体、突出标题、巧取颜色、添加配图"来实现。

• 整体美化：通过添加图形来美化演示文稿，其制作原则为"字不如表，表不如图"，其含意为能够用表格来表达的内容比文字表达更清晰，能够用图来表达的内容比用表格表达更清晰。

本任务主要是通过添加 SmartArt 图形和添加图表来美化幻灯片。

微课
SmartArt 图形美化
幻灯片

（1）SmartArt 图形美化幻灯片

SmartArt 图形是将文字转换或制作成易于表达文字内容的各种图形图表，SmartArt 图形是信息和观点的视觉表示形式。可以通过从多种不同布局中进行选择来创建 SmartArt 图形，从而快速、轻松、有效地传达信息。

步骤 1　选择"目录"幻灯片，选择目录文字，选择【开始】选项卡，单击【段落】功能组中的【转换为 SmartArt】按钮，如图 3-11 所示。

图 3-11　转换为 SmartArt 图形

在弹出的【SmartArt 图形】列表框中，选择【其他 SmartArt 图形】命令，如图 3-12 所示。

在打开的【选择 SmartArt 图形】对话框中，选择【列表】→【垂直典形列表】类型，如图 3-13 所示。

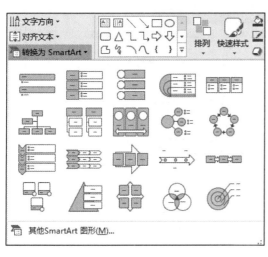

图 3-12　【SmartArt 图形】列表框

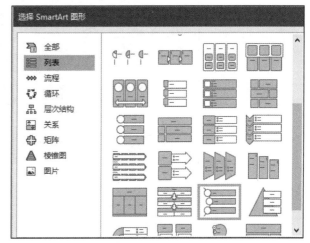

图 3-13　选择垂直典形列表

步骤 **2** 选择 SmartArt 图形，会出现【SmartArt 工具】选项卡，选择【SmartArt 工具—设计】选项卡，单击【SmartArt 样式】功能组中的【更改颜色】下拉按钮，在弹出的下拉列表中选择"深色 1"，再从右边的样式列表中选择"强烈效果"，最终效果如图 3-14 所示。

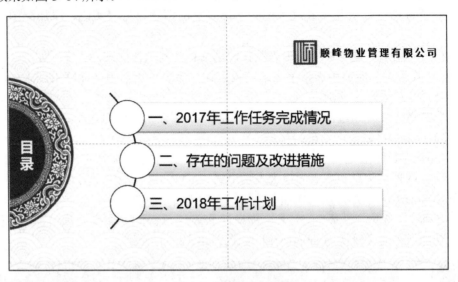

图 3-14 目录页效果图

步骤 **3** 选择"（一）总体情况"幻灯片，选择内容文字，选择【开始】选项卡，单击【段落】功能组中的【转换为 SmartArt】下拉按钮，在弹出的【SmartArt 图形】列表中选择【其他 SmartArt 图形】命令，在打开的【选择 SmartArt 图形】对话框中选择【列表】→【垂直框列表】类型，采用上述方法将 SmartArt 图形的样式设置为"强烈效果"，效果如图 3-15 所示。

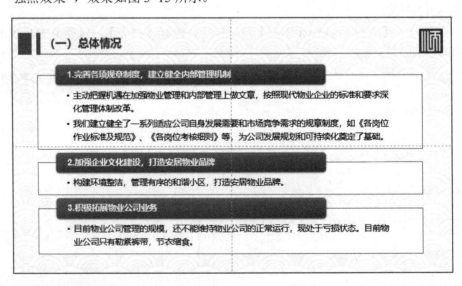

图 3-15 "垂直框列表"效果图

步骤 **4** 采用同样的方法制作其他幻灯片页面的 SmartArt 图形效果，可以根据实际显示效果，选择合适的 SmartArt 图形。

（2）图表美化幻灯片

步骤 1　插入图表。选择"（三）人员数据分析"幻灯片，选择【插入】选项卡，单击【插图】功能组中的【图表】按钮，打开【插入图表】对话框，选择【折线图】→【折线图】类型，单击【确定】按钮，此时会弹出【数据编辑】窗口，如图 3-16 所示。

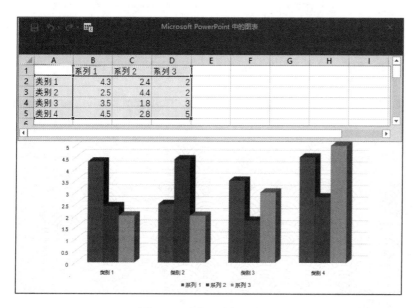

图 3-16　【数据编辑】窗口

步骤 2　打开"2-2017 年顺峰物业管理公司年终工作总结-有大纲.docx"文档，将"总体人员情况"表中的数据复制到图表对应的"数据编辑"窗口中的数据表中，通过图表数据区右下角的调整柄调整数据区域大小以适配数据区域，返回图表修改图表标题和格式，至此，折线图表制作完成，人员总体情况折线图效果如图 3-17 所示。

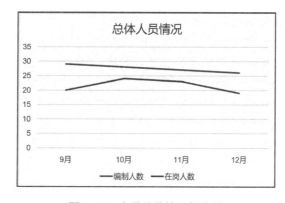

图 3-17　人员总体情况折线图

步骤 3　采用同样的方法制作"各岗位缺编情况"图表，在图表类型中选择【柱形图】→【三维簇状柱形】类型，其他操作同上。完成后的演示文稿效果如图 3-18 所示。

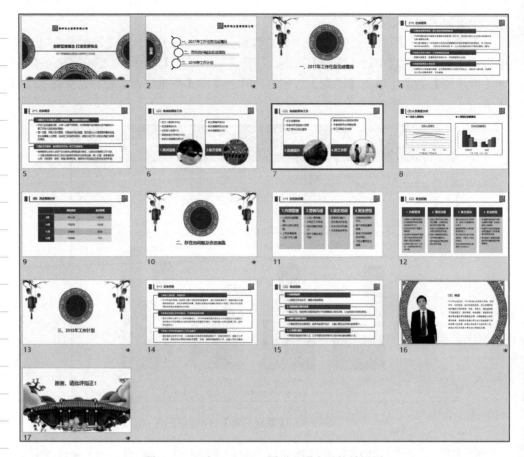

图 3-18 添加 SmartArt 图形和图表后的效果图

任务 3.1.4 设置动画效果

完成了演示文稿幻灯片美化后，接下来可以对幻灯片中的对象设置动画效果和幻灯片切换效果，以便增强演示效果。

（1）设置对象动画效果

幻灯片对象是指幻灯片中包含的文字、图片、SmartArt 图形、图表等内容，可以对这些对象设置各自独立的动画效果，也可以对一个对象设置多个动画。

步骤 1 选择动画类型。选择第 1 页封面幻灯片中的标题对象"创新管理理念 打造安居物业"，选择【动画】选项卡，单击【动画】功能组中的【其他】下拉按钮，在弹出的【动画】下拉列表中选择【进入】组中【浮入】动画效果，如图 3-19 所示。

步骤 2 设置动画效果选项。选择【动画】选项卡，单击【动画】功能组中的【效果选项】下拉按钮，在弹出的列表中选择【上浮】效果。

步骤 3 设置动画计时。选择【动画】选项卡，在【计时】功能组中设置"开始"时间为"在上一动画之后"，"持续时间"为 0.75 秒，如图 3-20 所示。

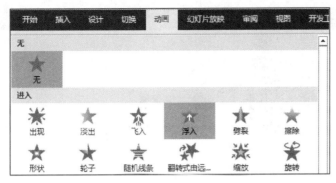

图 3-19 设置动画类型

图 3-20 设置动画计时

步骤 4 采用同样的方法设置封面幻灯片副标题
"2017 年顺峰物业管理公司年终工作总结"动画效果为
"浮入",动画计时为"在上一动画之后","持续时间"
为 0.75 秒。

步骤 5 设置目录页动画效果。选择第 2 页目录页,
选择中间的 SmartArt 图形对象,选择【动画】选项卡,
单击【动画】功能组中的【其他】下拉按钮,在弹出
的下拉列表中选择【更多进入效果】命令,如图 3-21
所示,在打开的【更改进入效果】对话框中选择【伸
展】动画效果。

步骤 6 设置动画效果选项。选择【动画】选项卡,
单击【动画】功能组中的【效果选项】下拉按钮,在弹出
的列表中选择"自顶部",序列选择"逐个"。

步骤 7 设置动画计时。选择【动画】选项卡,在【计
时】功能组中设置"开始"时间为"在上一动画之后",
"持续时间"为 0.75 秒。

其他幻灯片页面对象的动画效果都可依此方法进行
设置,方法大同小异。

(2)设置幻灯片切换效果

步骤 1 设置幻灯片切换效果。切换到"幻灯片浏览"
视图,选择第 1 张幻灯片(封面幻灯片),选择【切换】
选项卡,单击【切换到此幻灯片】功能组中的【其他】按
钮,在弹出的【切换效果】下拉列表中选择【分割】幻灯
片切换效果,如图 3-22 所示。

图 3-21 设置更多动画效果

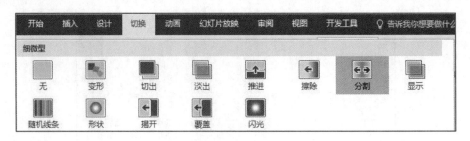

图 3-22　设置幻灯片切换效果

步骤 2　设置切换的效果选项。选择【切换】选项卡，单击【切换到此幻灯片】功能组中的【效果选项】下拉按钮，在弹出的列表中选择【中央向左右展开】选项。

步骤 3　设置切换计时。选择【切换】选项卡，在【计时】功能组中设置"换片方式"为"单击鼠标时"，如图 3-23 所示。

图 3-23　设置幻灯片切换计时

步骤 4　设置第 2 页到第 17 页幻灯片切换效果为"立方体"，"换片方式"为"单击鼠标时"，至些，幻灯片切换效果设置完毕。

任务 3.1.5　幻灯片放映及排练计时

微课
幻灯片放映及排练
计时

最后是幻灯片的放映，从头开始放映幻灯片的快捷键是 F5，从当前位置开始播放的快捷键是 Shift +F5，放映时可以是全屏，也可以是窗口，当有两个显示设备时，还可以设置播放的监视器是哪个，下面在全屏模式下，对幻灯片进行预演，并记录预演的时间。

步骤 1　设置幻灯片放映。选择【幻灯片放映】选项卡，单击【设置】功能组中的【设置幻灯片放映】按钮，在打开的【设置放映方式】对话框中设置"放映类型"为"演讲者放映（全屏幕）"，"换片方式"为"如果存在排练时间，则使用它"，如图 3-24 所示。

步骤 2　排练计时。选择【幻灯片放映】选项卡，单击【设置】功能组中的【排练计时】按钮，PowerPoint 进入放映状态并开始计时，可以估计或者通过实际演讲来设置每张幻灯片的切换时间。

步骤 3　演示结束时，单击【录制】工具栏中的【关闭】按钮，如图 3-25 所示，或者按 Esc 键退出演示，PowerPoint 会询问是否保存排练计时，单击【是】按钮，保存计时信息。

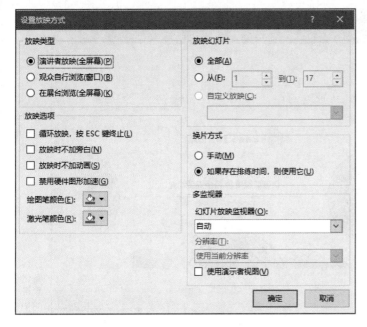

图 3-24　设置幻灯片放映　　　　　　图 3-25　排练计时录制窗口

步骤 4　自动播放。选择【幻灯片放映】选项卡，单击【开始放映幻灯片】功能组中的【从头开始】按钮，也可以直接按快捷键 F5，开始按排练计时自动全屏播放。

至此，演示文稿制作完成。

3. 相关知识

（1）PowerPoint 2016 **基本操作**

PowerPoint 2016 启动及工作界面。选择菜单【开始】→【PowerPoint 2016】命令，可以在打开软件的同时建立一个新的文档，PowerPoint 2016 工作界面如图 3-26 所示。PowerPoint 中的文档被称为演示文稿，如果需要关闭演示文稿或者退出 PowerPoint 2016，可使用与退出 Word 同样的方法。

工作界面中的窗格功能如下：

① 幻灯片窗格。该窗格位于工作界面中间位置，其主要任务是进行幻灯片的制作、编辑和添加各种效果，还可以查看每张幻灯片的整体效果。

② 幻灯片浏览/大纲窗格。位于幻灯片窗格的左侧，主要用于显示幻灯片的文本并负责插入、复制、删除、移动整张幻灯片，可以很方便地对幻灯片的标题和段落文本进行编辑。

③ 备注窗格。位于幻灯片窗格下方，主要用于给幻灯片添加备注，为演讲者提供更多的信息。

④ 视图切换区。通过单击工作界面底部的【普通视图】按钮、【幻灯片浏览】按钮、【备注页视图】按钮和【幻灯片放映】按钮，可以在不同的视图中预览演示文稿。

● 普通视图。该视图是 PowerPoint 2016 创建演示文稿的默认视图，是大纲视图、幻灯片视图和备注页视图的综合视图模式。

图 3-26 PowerPoint 2016 工作界面

- 幻灯片浏览视图。在该视图中，演示文稿中的幻灯片整齐排列，有利于用户从整体上浏览幻灯片，调整幻灯片的背景、主题，同时对多张幻灯片进行复制、移动、删除等操作。
- 备注页视图。在一个典型的备注页视图中会看到幻灯片图像的下方带有备注页方框，可以在备注方框中输入需要备注的文字。
- 幻灯片放映视图。幻灯片放映视图显示的是演示文稿的放映效果，是制作演示文稿的最终目的。这是全屏展示幻灯片的视图，可以看到图像、影片、动画等对象的动画效果以及幻灯片的切换效果。

（2）演示文稿结构

演示文稿结构一般分为封面页、目录页、转场页、内容页和结束页。

封面页：是 PPT 的首页，一般显示封面的标题、副标题、作者等信息。

目录页：一般展示演示文稿的内容提要。

转场页：也称作引导页，便于页面按目录分段展示，尤其是在演示文稿内容比较多的时候，转场页面有很好引导作用，使演示文稿层次更清晰。

内容页：具体的演示内容。

结束页：致谢的文字放在此页。

演示文稿结构如图 3-27 所示。

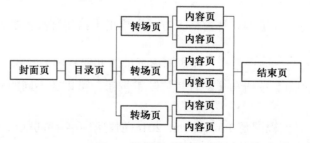

图 3-27 演示文稿结构

（3）从大纲导入幻灯片

创建演示文稿后，主要内容就是向演示文稿中加入新的幻灯片，新建幻灯片的方法有很多，这里介绍一种高效添加幻灯片的方法，即从做好的 Word 文档中导入文字，生成新的幻灯片，方法如下：

用于制作演示文稿的原稿一般比较长，但用于演示文字不要太多文字，所以需要对原 Word 文稿做适当精简和格式化操作，以方便导入演示文稿，制作后期效果，具体步骤如下：

步骤 1 精简文字，列出标题。需要对文字进行阅读，提炼每段文字的标题，删除段落中不需要在演示文稿中展示的文字。

步骤 2 为所有段落文字设置大纲级别。大纲级别与将来导入幻灯片中的标题和文字是有严格对应关系的，所以必须设置段落的大纲级别，以方便导入演示文稿中，高效排版。

用大纲级别定义段落如图 3-28 所示。

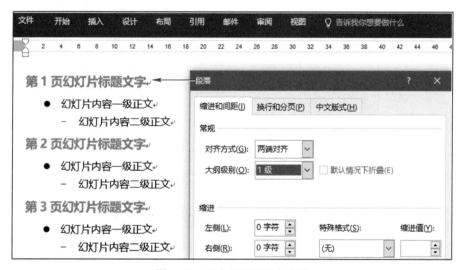

图 3-28 用大纲级别定义段落

大纲级别与幻灯片文字的对应关系如下：

- 大纲级别 1 级→幻灯片标题文字。
- 大纲级别 2 级→幻灯片正文的一级文字。
- 大纲级别 3 级→幻灯片正文的二级文字。

其余段落以此类推，大纲级别与幻灯片文字的对应关系如图 3-29 所示。

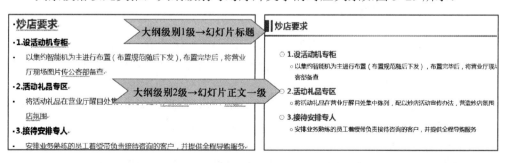

图 3-29 大纲级别与幻灯片文字的对应关系

步骤 **3**   在演示文稿中导入 Word 文档。Word 原稿处理完毕，就可以在演示文稿中导入 Word 原稿中的文字了，方法：单击【开始】选项卡【幻灯片】功能组中的【新建幻灯片】下拉按钮，在弹出的下拉列表中选择【幻灯片（从大纲）】命令，如图 3-30 所示。在打开的对话框中选择已经处理好的 Word 原稿文件。

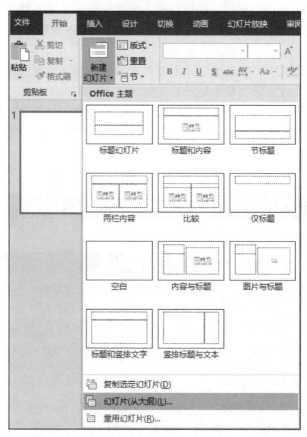

图 3-30   从大纲导入幻灯片

4. 拓展学习

PowerPoint 2016 新增和强化了部分功能，使制作演示文稿更方便，如图形合并功能等。在拓展学习部分主要介绍在 PowerPoint 2016 中图形图像的处理方法、插入音频和视频的方法。

任务 3.1.6   美化图形与图像

在 PowerPoint 2016 中新增和强化了对图形的编辑功能、图像美化处理功能。本节主要介绍图形的渐变填充与图形合并，介绍图像美化处理中的图像去背、图像色彩调整、图像裁剪。

拓展学习文件夹中提供了素材文件"拓展学习-图形与图像美化.pptx"，以下图形填充和图形合并的所有操作都基于打开此文件后的操作。

（1）图形填充

步骤 **1**   完成图形渐变填充。打开"拓展学习-图形与图像美化.pptx"，选择第

微课
美化图形

3 页，选择矩形对象①，会出现【绘图工具】选项卡，选择【绘图工具—格式】选项卡，单击【形状样式】功能组中右下角的【对话框启动器】按钮 🔲，打开【设置形状格式】任务窗格，如图 3-31 所示。

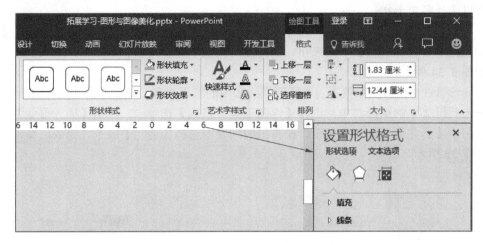

图 3-31　【设置形状格式】任务窗格

　　步骤 2　在【设置形状格式】任务窗格中，选择【形状选项】选项卡，单击【填充】左侧的扩展按钮，将填充选项设置为"渐变填充"，参数设置如图 3-32 所示。
　　步骤 3　完成图形填充不透明度设置。选择矩形对象②，在【设置形状格式】任务窗格中，选择【形状选项】选项卡，单击【填充】左侧的扩展按钮，将填充选项设置为"纯色填充"，将"透明度"参数设置为 20%，如图 3-33 所示。

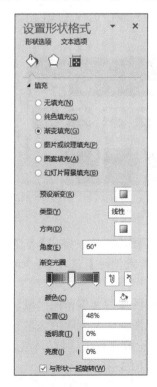

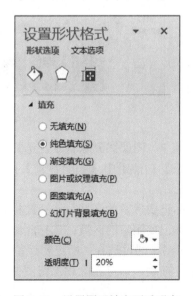

图 3-32　图形渐变填充　　　　　　　　图 3-33　设置图形填充不透明度

（2）图形合并

步骤1 完成图形合并。打开"拓展学习-图形与图像美化.pptx"，选择第5页，选择形状组①中的圆形对象，按住 Shift 键的同时，选择形状组①中的矩形对象，可以选择多个形状。

步骤2 图形联合效果。选择【绘图工具—格式】选项卡，单击【插入形状】功能组中【合并形状】下拉按钮，在弹出的列表中选择【联合】命令，完成后图形如图 3-34 所示。

步骤3 图形剪除效果。选择形状组②中的圆形对象，按住 Shift 键的同时，选择形状组②中的矩形对象，选择【绘图工具—格式】选项卡，单击【插入形状】功能组中【合并形状】下拉按钮，在弹出的列表中选择【剪除】命令，完成后图形如图 3-35 所示。

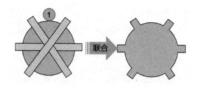

图 3-34 合并图形"联合"效果

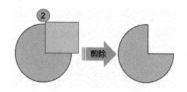

图 3-35 合并图形"剪除"效果

微课
美化图像

（3）图像去背

打开"拓展学习-图形与图像美化.pptx"，选择第 13 页，将左边的图像制作成右边所示效果。

步骤1 图像①变黑白照片。选择图像①，选择【图片工具—格式】选项卡，单击【调整】功能组中【颜色】下拉按钮，在弹出的列表中选择【颜色饱和度】→【饱和度：0%】，如图 3-36 所示。

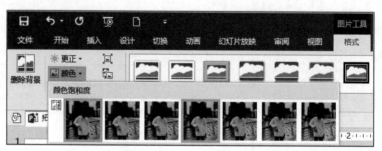

图 3-36 图像①变黑白照片

步骤2 图像②删除背景。选择图像②，选择【图片工具—格式】选项卡，单击【调整】功能组中【删除背景】按钮，会显示【背景消除】选项卡，如图 3-37 所示。

• 标记要保留的区域：选择此标记，表示要标记图像中要保留的区域。
• 标记要删除的区域：选择此标记，表示要标记图像中要删除的区域。

步骤3 通过选择"标记要保留的区域"和"标记要删除的区域"，然后在图像中用鼠标拖动，即可删除和保留图像，完成后效果如图 3-38 所示。

图 3-37 【背景消除】选项卡   图 3-38 删除背景后的图像

步骤 4 单击【保留更改】按钮，即可保存所有的修改，再移动删除背景的图像至黑白照片的合适位置，完成制作。

（4）图像色彩调整

打开"拓展学习-图形与图像美化.pptx"，选择第 14 页，通过删除图像背景、调整饱和度，将第 14 页图像制作成第 15 页的效果。

步骤 1 图像①变加深饱和度。选择图像①，选择【图片工具—格式】选项卡，单击【调整】功能组中【颜色】下拉按钮，在弹出的列表中选择【颜色饱和度】→【饱和度：200%】。

步骤 2 图像②删除背景。选择图像②，选择【图片工具—格式】选项卡，单击【调整】功能组中【删除背景】按钮，会显示【背景消除】选项卡，参考"图像去背"方法，删除图像背景，完成的效果如图 3-39 所示。

图 3-39 图像色彩调整效果

（5）图像裁剪

打开"拓展学习-图形与图像美化.pptx"，选择第 18 页，将图像组①中图像制作成图像②的效果。

步骤 1 图像 1：1 裁剪。选择图像组①中第 1 幅图像，选择【图片工具—格式】选项卡，单击【大小】功能组中【裁剪】下拉按钮，在弹出的列表框中选择【纵横比】→【方形】→【1：1】选项，如图 3-40 所示。

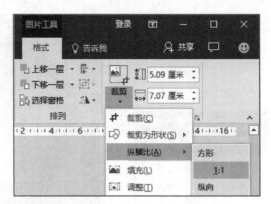

图 3-40　图像 1∶1 裁剪

步骤 2　图像裁剪为形状。继续选择图像组①中第 1 幅图像，选择【图片工具—格式】选项卡，在【大小】功能组中单击【裁剪】下拉按钮，在弹出的列表框中选择【裁剪为形状】→【基本形状】→【椭圆】选项，如图 3-41 所示。

图 3-41　图像裁剪为形状

步骤 3　依次裁剪组①中第 2 幅和第 3 幅图像，完成后的效果如图 3-42 所示。

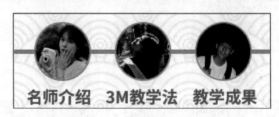

图 3-42　图像裁剪效果图

任务 3.1.7　插入音频和视频

幻灯片中经常要插入音频和视频，PowerPoint 2016 插入的音频和视频会嵌入到演示文稿文件中，播放演示文稿时不再需要外部音频和视频文件辅助。

在拓展学习部分主要讲解如何插入音频和视频，并设置相关的播放参数。

拓展学习文件夹中提供了素材文件"拓展学习-插入媒体.pptx"，以下插入媒体的所有操作都基于打开此文件后的操作。

（1）声音的插入

步骤 1　插入音频。打开"拓展学习-插入媒体.pptx"，选择第 3 页，选择【插

微课
插入音频和视频

入】选项卡，单击【媒体】功能组中的【音频】下拉按钮，在弹出的下拉列表中选择【PC 上的音频】命令，打开【插入音频】对话框，选择拓展学习素材文件夹中的"古筝曲-云水.mp3"。

　　步骤 **2**　调整音频播放参数为跨幻灯片自动播放。选择插入的音频对象，会出现【音频工具】选项卡，选择【音频工具—播放】选项卡，在【音频选项】功能组中单击【开始】下拉按钮，在弹出的下拉列表中选择【自动】选项，在【音频选项】功能组中选中【跨幻灯片播放】【放映时隐藏】等复选框，如图 3-43 所示。

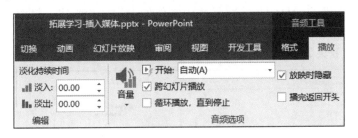

图 3-43　调整音频播放参数

（2）视频的插入

　　步骤 **1**　插入视频。打开"拓展学习-插入媒体.pptx"，选择第 7 页，选择【插入】选项卡，单击【媒体】功能组中的【视频】下拉按钮，在弹出的下拉列表中选择【PC 上的视频】命令，打开【插入视频文件】对话框，选择拓展学习素材文件夹中的"顺职校歌合唱版 MV.mp4"文件，调整视频框架大小。

　　步骤 **2**　设置标牌框架图片。选择步骤 1 插入的视频对象，选择【视频工具—格式】选项卡，单击【调整】功能组中的【标牌框架】下拉按钮，在弹出的下拉列表中选择【文件中的图像】命令，如图 3-44 所示，打开【插入图片】对话框，选择【从文件】，打开【插入图片】对话框，选择拓展学习素材文件夹中的"顺职校歌合唱版.jpg"图片。

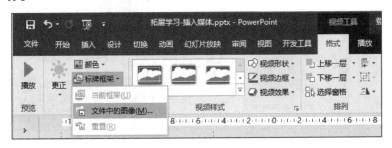

图 3-44　设置标牌框架图片

项目 3.2　设计与制作中国风模板

　　模板是一个主题和一些内容，用于特定目的，如销售演示文稿、商业计划等。因此，模板具有协同工作的设计元素（颜色、字体、背景、效果）以及为讲述故事而增加的样本内容。

PPT:
设计与制作模板

可以创建自己的自定义模板并将其进行存储、重复使用，并与他人共享。要创建模板，需要修改幻灯片母版和一组幻灯片版式，下面通过中国风模板的制作，详述模板制作流程。

1. 项目要求

利用提供的素材图片设计与制作中国风演示文稿模板，具体要求如下：

① 主题颜色：红加黑▉▉▉▉▉▉ 红色。

② 利用提供的素材图片，在母版中制作如下幻灯片版式：封面页、目录页、转场页、内容页、双栏内容页、总结页、结束页。

完成后的效果如图 3-45 所示。

图 3-45 中国风模板效果图

2. 项目实现

任务 3.2.1 设计模板及准备素材

设计模板需要准备用于封面页、转场页、结束页等制作的图片，设计好幻灯片的主要版式，确定设计模板的主题颜色。

步骤 1 中国风整体设计。

• 确定主题颜色：红色▉▉▉▉▉▉ 红色。

- 确定幻灯片版式结构：封面页、目录页、转场页、内容页、总结页、结束页。

步骤 2　搜索图片素材。图片素材可以访问全景网，但需要付费使用，如果用于幻灯片制作，可以使用其免费的样图，效果如图 3-46 所示。

图 3-46　将全景网图片另存为本地图片

为制作方便，本书提供了制作中国风模板的所有图片素材。

任务 3.2.2　**制作母版**

步骤 1　创建新演示文稿。打开 PowerPoint 2016，选择【文件】→【新建】命令，打开【新建】窗口，在其中单击"空白演示文稿"图标，创建新的演示文稿。

步骤 2　选择【视图】选项卡，单击【母版视图】功能组中的【幻灯片母版】按钮，在左侧【母版版式】列表中，选择最上方的母版，如图 3-47 所示。

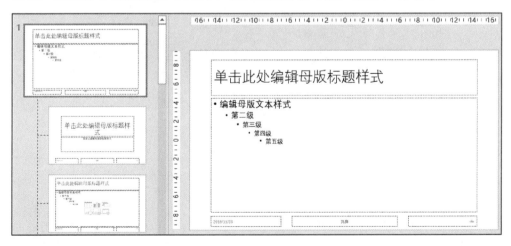

图 3-47　母版视图

步骤 3 选择主题颜色。选择【幻灯片母版】选项卡,单击【背景】功能组中的【颜色】下拉按钮,在弹出的【颜色】列表中选择"红色",如图 3-48 所示。

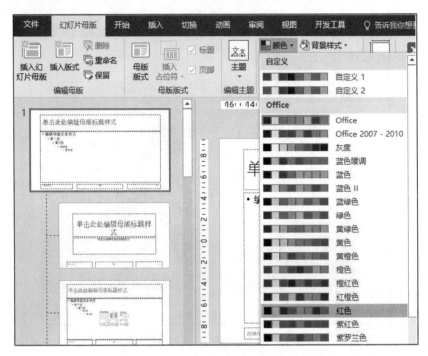

图 3-48 选择主题颜色为"红色"

步骤 4 设计并绘制母版元素。选择【插入】选项卡,单击【插图】功能组中的【形状】下拉按钮,在母版中插入"矩形",采用同样的方法,插入"直线"等,可以根据设计需要,插入想要设计的任何图形元素,如图 3-49 所示。

图 3-49 插入矩形

步骤 5 向母版中添加图片。选择【插入】选项卡,单击【图像】功能组中的【图片】按钮,在打开的对话框中选择本书提供的素材图片"幻灯片背景""公司logo"图片,调整大小,放置于合适位置。

步骤 6 将"幻灯片背景"图片置于底层。选择"幻灯片背景"图片，会出现【图片工具】选项卡，选择【图片工具—格式】选项卡，单击【排列】功能组中的【下移一层】下拉按钮，在弹出的下拉列表中选择【置于底层】命令，如图 3-50 所示。

图 3-50 "幻灯片背景"图片置于底层

步骤 7 调整字体颜色及大小，完成后的母版页效果如图 3-51 所示。

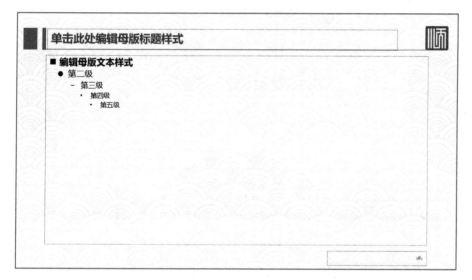

图 3-51 母版页效果图

任务 3.2.3 制作封面页版式

步骤 1 隐藏背景。不希望将母版的背景显示在封面页中，可以隐藏母版背景，在【幻灯片母版】选项卡【背景】功能组中选中【隐藏背景图形】复选框，如图 3-52 所示。

微课
制作封面页版式

图 3-52 隐藏母版中的背景图形

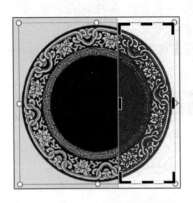

图 3-53 裁剪"中国风图片_圆形"

步骤 2 选择【插入】选项卡，单击【图像】功能组中的【图片】按钮，在打开的对话框中选择本书提供的素材图片"幻灯片背景""公司 logo""中国风图片_圆形"，调整大小，放置于合适位置。

步骤 3 裁剪"中国风图片_圆形"图片。选择"中国风图片_圆形"图片，选择【图片工具—格式】选项卡，单击【大小】功能组中的【裁剪】按钮，会出现如图 3-53 所示的裁剪视图，拖动裁剪调整柄，可以调整裁剪的大小。

步骤 4 复制多份"中国风图片_圆形"图片，并调整其大小和方向，设置标题和副标题文字大小和字体，添加公司名等，完成如图 3-54 所示的封面页版式效果。

图 3-54 封面页版式效果图

步骤 5 重命名版式名。选择封面版式视图，右击，在弹出的快捷菜单中选择【重命名版式】命令，打开如图 3-55 所示对话框，将版式名重命名为"1_封面页幻灯片"。

任务 3.2.4 制作母版目录页版式

目录页的制作与封面制作类似，也需要隐藏母版背景图片，可以通过复制封面页，然后修改对象格式，得到目录页版式。

步骤 1 复制母版页版式。在左侧【母版版式】列表中选择"封面页幻灯片"版式，右击"封面页幻灯片"版式，在弹出的快捷菜单中选择【复制版式】命令，如图 3-56 所示。

步骤 2 删除多余图片，调整公司 LOGO 及公司名的位置。

步骤 3 将标题放置于左侧图片位置，将内容放置于中间。

步骤 4 重命名版式名为"目录页幻灯片"，完成后的效果图如图 3-57 所示。

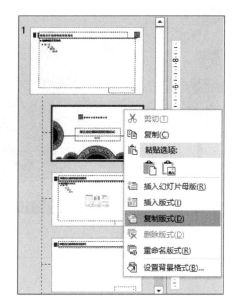

图 3-55　重命名版式名　　　　　　　　　图 3-56　复制封面页版式

图 3-57　目录版式效果图

任务 3.2.5　制作母版转场页版式

转场页一般只有标题和副标题，主要设置图片格式，调整文字位置，其操作步骤如下。

步骤 1　插入新版式。选择"目录页幻灯片"版式，右击"目录页幻灯片"版式，在弹出的快捷菜单中选择【插入版式】命令，如图 3-58 所示，新的版式创建在"目录页幻灯片"版式下方。

步骤 2　在新版式中隐藏母版背景图片，参考封面页制作方法。

步骤 3　在新版式中，添加图片"花灯""中国风图片_圆形"，调整图片位置及大小，调整标题文字位置及大小，完成后的转场页效果如图 3-59 所示。

图 3-58　插入版式

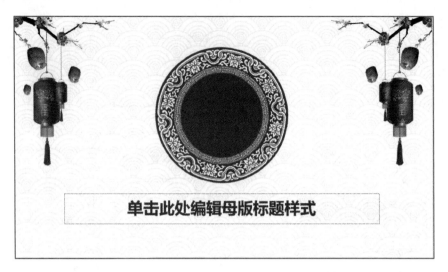

图 3-59　转场页版式效果图

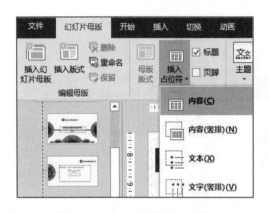

图 3-60　插入"内容"占位符

微课
制作母版内容页与
结束页版式

任务 3.2.6　制作母版内容页版式

内容页幻灯片版式基本与母版保持一致，无需修改，当然也可以设置内容页独立的格式，如修改字体及大小，添加特定图片等。

步骤 1　内容页中一般有标题和内容占位符，如果没有，则可以添加。选择【幻灯片母版】选项卡，单击【母版版式】功能组中的【插入占位符】下拉按钮，在弹出的下拉列表中选择"内容"占位符，如图 3-60 所示。

步骤 2　重命名版式。方法同封面页制作，完成后的效果图如图 3-61 所示。

图 3-61　内容页幻灯片版式效果图

任务 3.2.7　制作母版总结页与结束页版式

母版总结页幻灯片与结束页幻灯片版式制作方法与封面页制作方法类似，请参考封面页制作步骤。完成后的总结页幻灯片与结束页幻灯片版式效果图如图 3-62 和图 3-63 所示。

图 3-62　总结页幻灯片版式效果图

图 3-63　结束页幻灯片版式效果图

任务 3.2.8　保存模板文件

创建演示文稿并将其另存为 PowerPoint 模板（.potx）文件后，可以与其他人共享该模板并反复使用。

　　具体步骤：选择【文件】→【另存为】命令，在【文件类型】下拉列表中选择【PowerPoint 模板（*.potx）】选项，单击【浏览】按钮可以选择保存文件的位置，然后单击【保存】按钮，如图 3-64 所示。

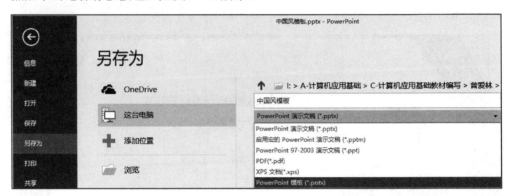

图 3-64　另存为模板文件

至此，中国风模板文件制作完成。

3. 相关知识

（1）幻灯片母版与版式

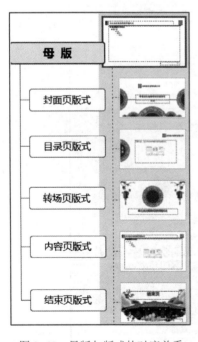

图 3-65　母版与版式的对应关系

　　母版：包含可出现在每一张幻灯片上的显示元素，如文本占位符、图片、动作按钮等。幻灯片母版上的对象将出现在每张幻灯片的相同位置上。使用母版可以方便地统一幻灯片的风格。

　　版式：定义演示文稿中幻灯片的格式和视图，如封面页格式、目录页格式、内容页格式，每个演示文稿的每个关键组件（封面页、目录页、转场页、内容页、结束页、演讲者备注和听众讲义）都有一个在母版下的对应子视图，母版中的格式会影响版式中的格式。修改母版的格式会影响各版式的格式，母版与版式的对应关系如图 3-65 所示。

（2）图片格式

　　图片格式常见的有 BMP 格式、JPG 格式、PNG 格式，PNG 格式可以制作透明图片，如果要使幻灯片具备透明效果，建议使用 PNG 图片。

　　① BMP 格式，是 Windows 标准的点阵式图像文件格式，一般用于制作桌面图像，图像质量优，但不支持多图层和通道。

　　② JPG 格式，其图像通常可以用于图像预览，文件比较小。一般用于储存在网页中的图像，但其图片的缩小是建立在压缩图片质量的基础上的，在压缩保存过程中会丢失一些数据，造成图片失真，该格式不能制作透明图片。

③ PNG 格式，是专门为用于网页图片而优化压缩图像设计成功的文件图像格式。PNG 格式逐渐替代 GIF 格式、JPEG 格式，成为网络图像的流行格式。特点是压缩比高，生成文件体积小，可以生成透明图片，适合在幻灯片中显示时。

课后练习

一、选择题

1. 插入新幻灯片的位置位于（　　　）。
   A. 当前幻灯片之前　　　　　　　　B. 当前幻灯片之后
   C. 整个演示文稿的最前面　　　　　D. 整个演示文稿的最后面

2. 在 PowerPoint 中，要想同时查看多张幻灯片，最佳选择为（　　　）。
   A. 幻灯片浏览视图　　　　　　　　B. 幻灯片放映视图
   C. 普通视图　　　　　　　　　　　D. 备注页视图

3. PowerPoint 提供的幻灯片版式主要是为幻灯片设置（　　　）。
   A. 背景图案　　　　　　　　　　　B. 动画效果
   C. 对象的颜色　　　　　　　　　　D. 对象的种类和其相互位置

4. 在 PowerPoint 中，单击【开始】选项卡中的（　　　）按钮可以用来改变某一幻灯片的布局。
   A. 格式刷　　　　B. 排列　　　　C. 版式　　　　D. 重设

5. 在幻灯片浏览视图中要选定多张幻灯片时，可以先按住（　　　）键，再逐个单击要选定的幻灯片。
   A. Ctrl　　　　B. Enter　　　　C. Shift　　　　D. Alt

6. 按（　　　）键可以放映演示文稿。
   A. F3　　　　B. F4　　　　C. F5　　　　D. F6

7. 当演示文稿设置为以展台浏览方式自动播放时，幻灯片放映完毕后会循环自动重播，直到按（　　　）键为止。
   A. BackSpace　　　B. Delete　　　C. Esc　　　D. Enter

8. 在 PowerPoint 中的浏览视图下，按住 Ctrl 键并拖动某幻灯片，可以完成（　　　）操作。
   A. 复制幻灯片　　　　　　　　　　B. 移动幻灯片
   C. 删除幻灯片　　　　　　　　　　D. 选定幻灯片

9. 对于演示文稿中不准备放映的幻灯片可以使用（　　　）选项卡中的【隐藏幻灯片】命令隐藏。
   A. 开始　　　　B. 插入　　　　C. 幻灯片放映　　　　D. 设计

10. 要使演示文稿在放映时能自动播放，需要为其设置（　　　）。
    A. 动画效果　　　B. 自定义放映　　　C. 排练计时　　　D. 切换效果

二、操作题

1. 打开"课后练习素材\拓展学习课后练习"文件夹中的"拓展学习-图形与图像美化-练习.pptx"演示文稿，根据演示文稿提供的素材及效果图，完成图形和图像的制作。

2. 打开"课后练习素材\拓展学习课后练习"文件夹中的"拓展学习-插入媒体-练习.pptx"演示文稿，根据演示文稿提供的素材，完成如下操作：

（1）在第 2 张幻灯片中添加音频"开场音乐.mp3"，跨幻灯片播放。

（2）在第 4 张幻灯片中添加视频"四步美化 PPT 页面.mp4"，添加标牌框架图片为"四步美化 PPT 页面.jpg"

3．根据联机模板创建"融资"演讲稿。

（1）启动 PowerPoint，选择【文件】→【新建】命令，在【搜索联机模板和主题】框中输入"融资"并搜索。

（2）在搜索结果中选择一个相关的模板并用鼠标右击，在弹出的窗口中单击【创建】按钮。

（3）将创建好的演示文稿进行适当的修改并保存。

4．打开习题素材"Olympic.pptx"文件，完成以下操作：

（1）在第 1 张幻灯片中添加副标题"奥运知识讲座"。

（2）在第 5 张幻灯片右边插入图片"棒球.jpg"，并调整好位置和大小。

（3）在第 6 张幻灯片下面插入一张幻灯片，标题为"田径项目分类"，并添加 SmartArt 图形中层次结构类的组织结构图，最上层为"田径项目分类"，其下包括"田赛"和"径赛"两个分支；"田赛"下包括"跳远""跳高""投掷"；"径赛"下包括"短跑"和"长跑"。

（4）在第 9 张幻灯片中添加图表，图表的数据为第 8 张幻灯片表格的数据。

（5）在幻灯片母版中添加奥运五环图图片，放置在左上角；并设置此图片在标题幻灯片中不出现（在母版视图中设置标题版式为"隐藏背景图形"）。

（6）设置所有幻灯片的背景为图案 50%。

（7）将第 7 张幻灯片中的 SmartArt 图形（组织结构图）的样式设置为三维的优雅。

（8）设置幻灯片切换方式为随机线条，持续时间为 02.00，并应用于所有幻灯片。

（9）设置第 5 张幻灯片中图片的动画效果为回旋（进入）。

（10）设置第 7 张幻灯片中组织结构图的动画效果为闪烁（强调）。

（11）设置第 9 张幻灯片中图表的动画效果为弹跳（进入）。

（12）在第 4 张幻灯片中，通过动作设置将"棒球"文本超链接到第 5 张幻灯片，"田径"文本超链接到第 6 张幻灯片。

（13）在第 5 张和第 6 张幻灯片的右下角分别添加一个动作按钮：自定义，均超链接到第 4 张幻灯片，并添加文字"返回"。

5．自定义放映。打开"大学生就业指导讲座.pptx"文件，完成以下操作：

（1）单击【幻灯片放映】选项卡【设置】功能组中的【设置幻灯片放映】按钮，在打开的对话框中设置幻灯片放映的方式：放映类型为"演讲者放映（全屏幕）"，选中"循环放映，按 Esc 键终止"复选项。

（2）单击【幻灯片放映】选项卡【开始放映幻灯片】功能组中的【自定义幻灯片放映】下拉按钮，创建自定义放映，设置放映名称为"放映 1"，包含的幻灯片和顺序为原演示文稿中的第 3 张、第 5 张、第 7 张、第 9 张和第 11 张幻灯片。

单元 4 信息检索

【单元导读】

人类的信息检索行为远早于网络出现之前，如查字典、查百科全书、查看地图等。进入互联网时代后，信息检索行为更加普遍，最常见的就是利用搜索引擎查找信息。随着网络应用的深度场景化，人们已经离不开信息检索。网络购物、在视频平台上找电视剧、用外卖 APP 订餐、在网上订酒店和机票等，都包含了信息检索的过程。对许多人而言，这个过程也许是无意识的，人们可能没有意识到自己在进行信息检索，更不知道如何选择合适的检索工具来提高检索效率，辨别信息真伪和评价检索结果。这就需要人们学会使用检索工具、检索方法和检索技术，提高查找信息的效率和质量。

素养提升 单元 4
信息检索

项目 4.1 了解信息检索

PPT:
信息检索

1. 项目要求

要求了解信息检索的概念和检索工具的选择，掌握在检索过程中检索字段和检索词的选取方法，学会使用常用的检索技术，重点掌握布尔逻辑运算符的概念和应用。

2. 项目实现

任务 4.1.1 了解信息检索的概念

素材 项目 4.1

信息检索包括两个层次的含义：信息的存储和信息的查找，即包含了广义的信息检索和狭义的信息检索。广义的信息检索是指将信息按一定的方式组织和存储起来，并根据用户的需要找出有关信息的过程，它包括"信息的存储、信息的查找"两个过程。狭义的信息检索是指利用信息检索工具从一定的信息集合中找出所需信息的过程，仅指"信息的查找"这一过程。本单元所讲的主要是狭义的信息检索，即信息的查找过程。

任务 4.1.2 学会选择检索工具

（1）检索工具的类型

检索工具是用来报道、存储和检索信息线索（如文献）的工具，如图 4-1 所示。词典字典等各类工具书、文献数据库、搜索引擎（如百度、搜狗）等都是检索工具。

图 4-1 检索工具的作用

按照载体类型，检索工具可以分为手工检索工具和网络检索工具。

手工检索工具主要是指各类工具书，包括线索性工具书、词语性工具书、资料性工具书和参考性工具书等，见表 4-1。

表 4-1 手工检索工具

类 型	示 例	作 用	实 例
线索性工具书	书目、索引、文摘等	提供检索文献资料原文的线索	《四库全书总目提要》《全国总书目》
词语性工具书	各类字典、词典、百科全书等	（1）提供字、词和成语的形音义和具体使用方法；（2）提供学科名词术语的含义、演变及发展等	《说文解字》《汉语大字典》
资料性工具书	类书、政书、年鉴、手册、名录、表谱、图谱、图录等	提供各种所需的基本知识或某一专题的资料	《中国近代史大事记》《中国农村统计年鉴》
参考性工具书	丛书、总集、资料汇编、综志、方志等	介于工具书与非工具书之间，既具有一般图书阅读功能，又具有工具书查检功能，一般以汇集参考资料为宗旨	《中国国家标准汇编》《广东省简志》

网络检索工具一般是指以网络为载体，可以对数字资源进行检索的检索工具，如各类数据库、搜索引擎等，见表 4-2。

表 4-2 常用网络检索工具

类 型	示 例
网络数据库	中国知网、万方、维普、超星电子图书、环球英语、Web of Science 等（包括图书、期刊、专利、标准、报纸、学术视频、试题库等各类型资源数据库）
搜索引擎	百度、搜狗、必应等
具有内置检索功能的各类网站	政府机构类网站（教育部、知识产权局、文化旅游局等）专业机构、行业学协会网站 资讯类网站（人民网、新浪网等）购物类网站（淘宝、京东等）社交类网站（豆瓣、知乎等）视频类网站（爱奇艺、优酷等）
具有内置检索功能的各类APP	微信、地图类 APP、购物类 APP、生活服务类 APP（大众点评网）等
开放获取资源平台	中国科技论文在线、国家科技成果网、国家知识产权局专利检索系统、Open Access Library（OA 图书馆）等

（2）选择检索工具

在选择合适的检索工具时，要根据信息需求和所需信息的类型，明确不同的检索工具在时效性、深度、广度等方面的不同特点，选择合适的检索工具。常用信息类别及其检索工具见表 4-3。

表 4-3　常用信息类别及其检索工具

所需要的信息类别		选择的检索工具
学术信息	期刊论文	中国知网、万方、维普期刊、读秀学术搜索等有收录期刊论文的数据库
	学位论文	中国知网、万方、读秀学术搜索等收录学位论文的数据库
	图书	超星电子图书、书生之家等电子书数据库；读秀图书搜索；购书网站；图书馆网站的书目检索系统；搜索引擎等
	专利	中国知网专利库、万方专利库等专利商业数据库；国家知识产权局专利检索系统；SooPAT、搜派等免费的专利检索平台
	标准	中国知网标准库、万方标准库等收录标准文献的数据库
新闻报道		各大新闻网站（如人民网）；百度等搜索引擎
百科、知识等综合信息		百科全书网络版；百度、搜狗等综合搜索引擎；读秀学术搜索
统计信息		政府机构网站（如国家统计局、国家知识产权局等）；统计数据库（EPS、中经网等）；统计行业、学（协）会网站（如中国统计信息网等）
生活娱乐信息		政府机构网站（如国家旅游局、演出场所网站等）；各类生活信息网站（如美食、购物、求职招聘网站等）；各类 APP、微信公众号等；百度等综合搜索引擎；专业搜索引擎（如比价网）
个人与机构信息		百度等综合搜索引擎；专业搜索引擎；黄页（如中国电信黄页）

任务 4.1.3　检索字段与检索词的选取

（1）检索字段及其用法

检索字段是反映文献内容特征（如篇名、关键词等）和外部特征（如作者、刊名、机构等）的检索入口，文献信息的几乎每一个特征都可以作为检索字段。选择某个检索字段进行检索，意思是检索出该检索字段中含有指定检索词的所有信息记录。例如选择题名字段，输入检索词"机器人"进行检索，即检索出文章题名中含有"机器人"这个词的所有信息。

主要检索字段类型及其用法如下：

题名字段：泛指各种文献的名称，因对象不同，或称书名、刊名、篇名、标题等。如果已知文献题名，利用题名字段进行检索最为快捷。

作者字段：包括著者、编者、译者等。以作者姓名作为检索词，可检索出该作者所著的所有文献。

主题字段：可将论述相同主题的信息都检索出来。

摘要字段：检索出在文章摘要处含有指定检索词的所有信息。

关键词字段：检索出在文章关键词处含有指定检索词的所有信息。

全文字段：检索出在全文任何部分含有指定检索词的所有信息。

检索词出现在文献不同字段其表示的相关性是不同的，相关性由强到弱的一般是：题名＞关键词＞摘要＞全文。

要注意根据已知的信息和检索需求，选择正确和合适的检索字段，否则可能检索不出结果，或检索出一些不太相关的内容。

（2）检索词的选取

检索词是表达信息需求和检索课题内容的具有检索意义的词汇。检索词的选择对检索结果的准确度有直接的影响，选取合适的检索词非常重要。确定检索词的方法如下：

①　直接选词。根据已知条件，直接用书名、文章名、作者等表示文献外部特征的词作为检索词。例如，已知书名，要检索这本书，书名就是检索词，检索时要选择对应的检索字段。

②　提取表示主题概念的检索词。分析主题句，提炼出最能表达检索课题主题概念的单元词或词组作为检索词，放弃没有检索意义的词（如介词、连词、副词）以及泛指词（如性能、研究、方法、分析、关系）。

③　找出替补词。初步提炼出表示主题概念的检索词后，如果想更进一步保证查全率或查准率，可对检索词进行替换、补充，包括同义词、近义词、上位词、下位词、隐含词等。

总之，尽量避免直接用句子或一段话去检索，要学会提炼出合适的相关检索词，进行组配检索，才能保证检索结果的查准率或查全率。

任务 4.1.4　掌握常用的检索技术

（1）布尔逻辑检索

①　逻辑"与"运算。当有多个检索词，并且这几个检索词在文献信息中要同时出现，就要用逻辑"与"进行组配。逻辑"与"通常用"AND"或"＊"运算符表示，AND 连接的检索词必须同时出现在检索框中。使用逻辑"与"运算符将不同检索词进行组配，可缩小检索范围、提高检索结果的相关度和查准率。

例如，"A　AND　B"或"A＊B"表示检索出同时含有 A、B 这两个检索词的信息。

②　逻辑"或"运算。通常在检索词存在同义词、近义词、简称等相关词时用到，为了保证检索结果的全面，需要把这些都作为检索词，用逻辑"或"组配起来进行检索。逻辑"或"通常用"OR"或"＋"算符表示，OR 连接的检索词中任意一个出现都可以被检索出来，可以达到扩大检索范围，提高检索查全率的作用。

例如，"A　OR　B"或是"A＋B"表示检索出含有检索词 A 或 B 的所有信息。

③　逻辑"非"运算。用于排除那些含有某个特定检索词的记录。逻辑"非"通常用"NOT"或"−"算符表示，排除 NOT 后面连接的检索词。例如，"A NOT B"或是"A−B"表示检出含有检索词 A 但同时不含有检索词 B 的记录。

（2）精确检索

使用" "（双引号）将检索用的词组、短语、句子引起来，可以进行最精确的检索，准确找到完全匹配的信息。检索结果中包含双引号里的完整的检索词，检索词不被拆分。在一些专业数据库也可以选择"精确匹配"来实现精确检索。

（3）限制检索

它是通过限制检索字段、时间、文献类型、学科范围等，以达到优化检索结果的一种检索方法。根据检索需要，选择多种限定条件，可以控制检索结果的相关性，实现高效检索。一般在检索工具的"高级检索"中可以实现多条件的限制检索。

（4）截词检索

截词检索就是利用截词符，保留检索词中的相同部分，允许检索词可有一定范围内的变化。截词检索主要应用于外文检索，可以防止漏检，提高查全率。截词符有两个，"*"代表 0 至多个字符，"？"只代表 1 个字符。例如，输入"comput*"，可检索出 computer、computers、computing 等。

项目 4.2 了解搜索引擎

PPT:
搜索引擎

PPT

素材 项目 4.2

1. 项目要求

了解搜索引擎的概念、工作原理及主要类型，掌握搜索引擎的检索方法与技巧，熟悉常用的中文搜索引擎。

2. 项目实现

任务 4.2.1 了解搜索引擎的概念及主要类型

搜索引擎是一种网络信息资源检索工具，是以各种网络信息资源为检索对象的查询系统。搜索引擎其实也是一个网站，只不过该网站专门提供信息"检索"服务，它使用特有的程序把网络上的所有信息归类，以帮助人们在浩如烟海的信息海洋中搜寻到自己所需要的信息，如图 4-2 所示。

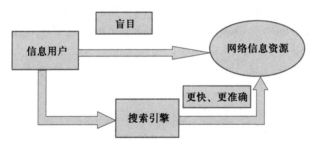

图 4-2 搜索引擎的作用

搜索引擎按其工作方式，大致可以分为以下 3 种类型：

（1）关键词搜索引擎

即利用关键词来进行搜索的搜索引擎，也称为机器人搜索引擎，它利用爬虫器软件自动访问和抓取网页，然后建立网页索引数据库提供搜索。其优点是使用无难度，界面简单，查询全面、充分，检索直接、方便。可以使用布尔逻辑检索、短语检索等高级功能。缺点是检索结果繁多而杂乱，效率不高。代表性的关键词搜索引擎有百度、必应等。

（2）目录式搜索引擎

也称为分类目录、目录索引等，是以人工或计算机软件辅助方式，将网站、网页依据一定的信息分类系统进行归类整理，提供一个按类别编排的网站、网页目录。用户完全可以依照分类目录找到所需要的信息，不用依靠关键词进行查询。代表性的目录式搜索引擎有搜狐网、新浪网站等。

（3）元搜索引擎

有时为了扩大搜索范围，用户需要在多个搜索引擎上执行相同检索，元搜索引擎就可以解决此类问题。它将多个搜索引擎集成在一起，并提供一个统一的检索界面。用户查询请求发出之后，元搜索引擎以并发方式将查询分发给多个搜索引擎，同时在多个搜索引擎上搜索，并将结果按照一定的排序算法重新处理后统一返回给用户。元搜索引擎有 InfoSpace、Dogpile、Vivisimo 等。

任务 4.2.2 了解搜索引擎的工作原理

搜索引擎通常由信息搜索器、索引器、检索器和检索界面四部分组成，如图 4-3 所示。其中索引器和检索器之间通过一个索引库相连接。

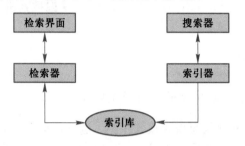

图 4-3 搜索引擎的工作体系结构图

（1）搜索器：从互联网上采集信息

搜索器利用能够从互联网上自动收集网页的机器人程序，自动访问互联网，并沿着任何网页中的所有链接追踪到其他网页，重复这过程，并把追踪过的所有网页收集回来。作为一个计算机程序，搜索器日夜不停地运行，尽可能多地、快地搜集各种类型的新信息，并定期更新已经搜集过的旧信息，以避免出现死链接和无效链接。

（2）索引器：建立索引数据库

索引器是一个分析索引系统程序，它对收集回来的网页进行分析，提取相关网页信息，根据一定的相关度算法进行大量复杂计算，得到每一个网页针对页面内容中每一个关键词的相关度（或重要性），然后用这些相关信息建立网页索引数据库。

（3）检索器：在索引数据库中搜索排序

当用户输入关键词搜索后，由搜索系统程序从网页索引数据库中找到符合该关键词的所有相关网页。因为网页针对该关键词的相关度早已算好，所以只需按照现成的相关度数值排序，相关度越高，排名越靠前。最后，由页面生成系统将搜索结果的链接地址和页面内容摘要等组织起来返回给用户。

（4）检索界面

用户检索界面是搜索引擎呈现在用户面前的形象，其作用是接受用户输入的查询、显示查询结果、提供用户相关性反馈。为使用户方便、高效地使用搜索引擎，从搜索引擎中检索到有效、及时的信息，用户检索界面的设计和实现采用人机交互的理论和方法，以充分适应人类的思维习惯。

总体来说，搜索引擎的工作原理就是从互联网上抓取网页→建立索引数据库→在索引数据库中搜索排序。搜索引擎具有界面友好、便于检索、内容丰富等优势，已成为大众最常用的信息检索工具之一。

任务 4.2.3　掌握搜索引擎的检索方法与技巧

（1）关键词+书名号或双引号

搜索引擎大多数会默认对检索词进行拆词搜索，并会返回大量无关信息，解决方法是将检索词加上双引号或者书名号。这样做的目的就能够保证精确匹配，减少搜索结果出现不相干的噪声。双引号和书名号搜索指令可以让搜索引擎不要拆分关键词，而是按顺序完全匹配关键词。例如，使用检索式《手机》，可以精确查找到《手机》这部电影的相关信息，而不是手机的信息。

（2）多词检索（空格检索）

使用搜索引擎进行检索时，如果想要获得更精确的检索结果，最简单的方法就是添加尽可能多的检索词，检索词之间用一个空格隔开。例如，想了解 2022 北京冬季奥运会开幕式的相关信息，在搜索框中输入"2022 北京 冬季奥运会 开幕式"会获得理想的检索结果。这里空格的作用相当于布尔逻辑"与"的作用。

（3）限定词检索

① intitle：关键词在网页标题中。网页标题通常是对网页内容提纲挈领式的归纳，限定词 intitle 的功能是将查询内容限定在网页标题中，使用方式是在检索词的前面加上"intitle："。例如，想查找有关北京奥运会闭幕式的网页内容，可以输入检索词"intitle：北京奥运会闭幕式"。

② site：限定搜索目标网站范围。如果确定知道某个站点中有自己需要找的信息，就可以把搜索范围限定在这个站点中，提高查询效率。site 的功能是将搜索范围限定在特定站点中。检索式格式为"检索词 site:网址"，例如，输入检索式"世界杯 site:sohu.com"，搜索结果为在搜狐网上含有关键字"世界杯"的网页。

③ filetype：对搜索对象做文件格式限制。如果希望对检索结果的文件格式进行限定，可以通过 filetype 来实现。不同的搜索引擎支持的格式不尽相同，如百度支持 ppt、xls、doc、rtf、pdf 这 5 种文件类型。需要注意的是，在使用 filetype 命令时，后面的文件类型必须是以上的文件类型，同时还要输入关键词，检索式为"关键词 filetype:格式"。例如想查找和《西游记》赏析有关的 PPT，可以输入检索式"西游记赏析 filetype:ppt"。

任务 4.2.4　熟悉常用的中文搜索引擎

（1）百度

百度公司经过 20 多年的发展，已发展成为全球第二大独立搜索引擎和最大的中文搜索引擎。

（2）搜狗

"搜狗"是全球首个第三代互动式中文搜索引擎。"搜狗"不仅提供常规的网页搜索，还有独特的微信搜索、知乎搜索、科学百科、搜狗汉语等具有特色的搜索产品。

（3）必应

必应（Microsoft Bing）是微软公司于 2009 年 5 月推出的搜索引擎服务，集成了多个独特功能，包括与 Windows 操作系统深度融合的超级搜索功能、每日首页美图，以及崭新的搜索结果导航模式等。除中文搜索外，必应还提供了全球搜索，可

微课
常用的中文搜索引
擎介绍

为广大用户带来更好的国际互联网搜索结果体验。

项目 4.3 专用平台信息检索——以知网检索为例

PPT:
专用平台信息检索

PPT

素材 项目 4.3

1. 项目要求

通过实例掌握中国知网平台的检索方法，重点掌握高级检索、作者发文检索、出版物检索的检索方法以及检索结果的分析和下载。

2. 项目实现

任务 4.3.1 了解中国知网平台

中国知识基础设施工程（National Knowledge Infrastructure，CNKI）工程，于 1999 年 6 月创建。其成果通过中国知网进行实时网络出版传播。

中国知网可以实现中、外文期刊整合检索，其中中文学术期刊 8540 余种，含北大核心期刊 1970 余种，网络首发期刊 2210 余种，最早回溯至 1915 年，共计 6000 余万篇全文文献。此外，中国知网还提供了报纸、年鉴、专利、标准、成果等文献类型的检索，内容覆盖自然科学、工程技术、农业、哲学、医学、人文社会科学等各个领域。

任务 4.3.2 熟练掌握知网的检索功能

中国知网首页提供多种文献资源类型的一框式检索，此外还提供高级检索（专业检索、作者发文检索、句子检索）、出版物检索等多种检索方式，如图 4-4 所示。

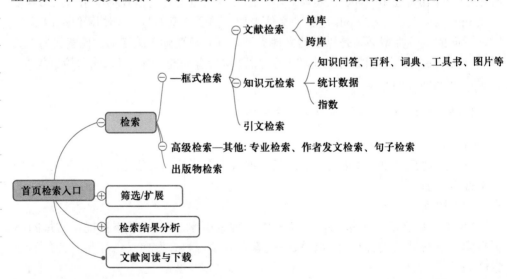

图 4-4 中国知网的检索导图

（1）一框式检索

类似于在搜索引擎中进行检索，用户只需要输入检索词即可，快捷方便。以学术期刊库为例，一框式检索除了默认的主题途径之外，还可以选择关键词、篇名、摘要、全文、参考文献等检索途径，如图 4-5 所示。

图 4-5　中国知网学术期刊库的一框式检索

（2）高级检索

中国知网的高级检索支持使用*、+、-等布尔逻辑运算符进行同一检索项内多个检索词的组合运算，也可以通过检索框实现多个检索词或检索途径的组配关系。例如在篇名检索项后输入"神经网络*自然语言"，可以检索到篇名包含"神经网络"及"自然语言"的文献。

（3）作者发文检索

通过作者姓名、单位等信息，可以查找作者发表的文献及被引和下载情况。检索途径可以选择作者、第一作者或通讯作者。

（4）出版物检索

中国知网提供出版来源导航及检索功能。出版来源检索以来源名称、主办单位、出版者、ISSN 号、CN 号、ISBN 号作为检索途径。出版来源导航主要包括期刊、学位授予单位、会议、报纸、年鉴和工具书的导航系统。

任务 4.3.3　知网检索案例操作

【实训案例】　查找武汉大学的黄如花老师在信息素养方面的期刊论文。

1. 任务要求

在知网中检索武汉大学的黄如花老师在信息素养方面的期刊论文。

2. 操作步骤

步骤 1　中国知网首页单击"学术期刊"进入《学术期刊库》的检索界面。

步骤 2　选择高级检索，确定检索词"信息素养"，检索字段"主题"。

步骤 3　确定检索词"黄如花"，检索字段"作者"，精确匹配。

步骤 4　确定检索词"武汉大学"，检索字段"作者单位"，提高查准率。

步骤 5　根据提取的检索词与选择的字段，实施检索，如图 4-6 所示。

微课
知网期刊论文检索
案例讲解

图 4-6　中国知网论文检索实例图

步骤 6　查看处理检索结果。

3. 检索结果的分析及下载

① 检索结果可以收藏、下载本地保存或者在线阅读。

② 检索结果可以进行文献分组排序来选择文献，如主题、学科、发表年度、期刊名称、研究资助基金、研究层次、文献作者、作者单位、中文关键词等。

③ 检索结果可按发表时间、相关度、被引频次、下载频次进行排序。

④ 可以对选定文章进行批量下载、按不同格式导出文献、生成引文以及可视化分析。

⑤ 点击篇名，可以查看一篇文献的知网节。

课后练习

课后练习

一、单选题

1. 在搜索引擎布尔检索中，要求检索结果中只包含所输入的两个关键词中的一个关系属于（　　）。

　　A. AND　　　　　　B. OR　　　　　　C. NOT

2. 布尔逻辑表达式：在职人员 NOT（青年 AND 教师）的检索结果是（　　）。

　　A. 在职人员的资料

　　B. 除了青年教师以外的在职人员的资料

　　C. 除了青年和教师以外的在职人员的资料

　　D. 青年教师的资料

二、多选题

1. 使用关键词语言进行检索时，找全该关键词的同义词可以提高文献检索的（　　）。

　　A. 覆盖率　　　　　B. 查准率　　　　　C. 查全率　　　　　D. 新颖率

2. 下列属于布尔逻辑算符的是（　　　）。

  A．加号   B．减号   C．乘号   D．括号

3. 如果对某个课题进行主题检索时，可选择的检索字段有（　　　）。

  A．关键词   B．作者   C．刊名

  D．题名   E．文摘

三、判断题

1. 将检索的匹配方式由模糊改为精确可以缩小检索结果范围。   （　　　）

2. 使用二次检索能缩小检索结果范围。   （　　　）

3. 中国知网的期刊论文原文下载格式是 Word 文档。   （　　　）

四、论述题

举例说明在学习生活（衣、食、住、行）中如何利用搜索引擎来提供便利。

答题要求：

（1）要举例说明（不少于两个例子）。

（2）要描述检索过程（检索工具的选择、检索词的确定等）。

单元 5　新一代信息技术概述

【单元导读】

新一代信息技术是以人工智能、量子信息、移动通信、物联网、区块链等为代表的新兴技术，它既是信息技术的纵向升级，也是信息技术之间及其与相关产业的横向融合。新一代信息技术是当今世界创新最活跃、渗透性最强、影响力最广的领域之一，正在引发新一轮全球范围内科技革命，以前所未有的速度转化为现实生产力，改变着人们的学习、生活和工作方式。本单元主要内容包括新一代信息技术的基本概念、技术特点、典型应用、技术融合等内容。

素养提升　单元 5
新一代信息技术
概述

项目 5.1　了解新一代信息技术

PPT:
新一代信息技术

PPT

1. 项目要求

理解信息的概念；了解信息技术的概念；了解新一代信息技术的主要代表和我国对发展新技术的重视。

2. 项目实现

微课
了解新一代信息
技术

任务 5.1.1　理解信息技术的相关概念

（1）信息

信息，指音讯、消息、通信系统等传输和处理的对象，泛指人类社会传播的一切内容，如图 5-1 所示。在一切通信和控制系统中，信息是一种普遍联系的形式。

素材　项目 5.1

1948 年，信息论的奠基人数学家香农在题为"通讯的数学理论"的论文中指出："信息是用来消除随机不定性的东西"。

图 5-1　信息示意图

（2）信息技术（Information Technology，IT）

人们对信息技术的定义，因其使用的目的、范围、层次不同而有不同的表述。总体来说，是指对信息进行采集、传输、存储、加工、表达的各种技术之和。

任务 5.1.2 了解新一代信息技术的主要代表

2018 年 5 月 28 日，在中国科学院第十九次院士大会、中国工程院第十四次院士大会上，将人工智能、量子信息、移动通信、物联网、区块链列为新一代信息技术的代表。

2019 年 5 月 26 日，在 2019 中国国际大数据产业博览会开幕式致贺信中指出，以互联网、大数据、人工智能为代表的新一代信息技术蓬勃发展，对各国经济发展、社会进步、人民生活带来重大而深远的影响。各国需要加强合作，深化交流，共同把握好数字化、网络化、智能化发展机遇，处理好大数据发展在法律、安全、政府治理等方面挑战。

新一代信息技术包括但不限于人工智能、量子信息、移动通信、物联网、区块链等技术，如图 5-2 所示。

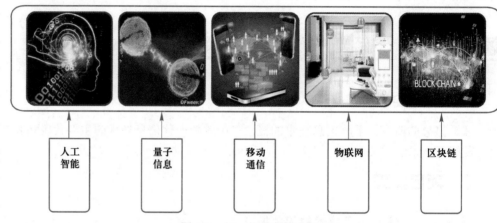

图 5-2　新一代信息技术代表

项目 5.2 新一代信息技术主要代表技术的特点、应用及融合

PPT:
主要代表技术的特点、
应用及融合

PPT

1. 项目要求

了解人工智能的特点及应用；了解量子信息的特点及产业应用；了解 5G 通信的应用；了解物联网的特点及应用；了解区块链的特点及应用。

2. 项目实现

任务 5.2.1 认识人工智能技术

微课
认识人工智能技术

（1）人工智能（Artificial Intelligence，AI）

人工智能是研究、开发用于模拟、延伸和扩展人的智能的理论、方法、技术及应用系统的一门新的技术科学。

（2）人工智能的特点

① 基于大数据的自我学习能力会让智能终端越来越"聪明"。

② 人与智能终端的交互方式将更加自然，设备会越来越"懂你"。

③ 在人工智能+互联网的驱动下，各行各业将越来越"服务化"。

④ 实现依托产业链、生态圈的开放式创新。

（3）人工智能的应用及产业融合

人工智能与各个产业融合发展，在教育、医疗、金融、安防、零售、机器人及智能驾驶等领域出现爆发式增长。在我国，教育领域有科大讯飞等；医疗领域有华大基因等；金融领域有众安科技等；安防领域的代表公司有海康威视等；零售领域有京东等；机器人领域有大疆创新等；智能驾驶领域有百度、华为等，如图 5-3 所示。

• 智能教育

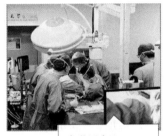
• 智能医疗

• 智能安防

• 智能驾驶

• 智能零售

图 5-3 人工智能应用

任务 5.2.2 认识量子信息技术

（1）量子信息（Quantum Information，QI）

一个物理量如果存在最小的不可分割的基本单位，则这个物理量是量子化的，并把最小单位称为量子。量子不是粒子，量子相当于单位。量子可以描述能量也可以描述物质。

量子力学与信息科学开始交叉融合形成量子信息这一交叉学科，量子信息是基于量子力学原理，通过人工观测和调控光子、电子等微观粒子系统及其量子态，借助量子叠加和量子纠缠等独特物理现象，以经典理论无法实现的方式获取、传输和处理信息的一门技术。

（2）量子信息的特点

① 量子信息的存储量大。

微课
认识量子信息技术

素材 项目 5.2

　　② 量子信息可以并行处理。

　　③ 量子信息不可复制。

　　④ 量子信息的测量坍缩。

（3）量子信息的应用及产业融合

量子信息技术主要的应用领域包括量子计算、量子通信和量子测量等。

　　2020 年 12 月，我国成功构建 76 个光子 100 个模式的量子计算原型机"九章"，是目前最快的超级计算机"富岳"的 100 万亿倍。

　　2020 年 6 月，我国利用距离地球 500 公里的"墨子号"卫星实现了相距 1200 公里的量子密钥分发，打破了量子密钥分发距离的记录，其密钥传输的安全性达到了"前所未有的水平"，为创建全球量子通信网络奠定了基础，如图 5-4 所示。量子通信的代表企业是国大科盾。量子测量的代表企业有国仪量子、国耀量子等。

图 5-4　"墨子号"量子通信实验卫星

任务 5.2.3　认识移动通信技术

微课
认识移动通信技术

（1）移动通信（Mobile Communications，MC）

是指移动体之间的通信，或移动体与固定体之间的通信。移动通信技术经过四代技术的发展，目前，已经迈入了第五代发展的时代（5G 移动通信技术）。

（2）移动通信的特点

　　① 移动性。

　　② 电波传播条件复杂。

　　③ 噪声和干扰严重。

　　④ 系统和网络结构复杂。

（3）移动通信的应用及产业融合

　　第五代移动通信技术，简称 5G，具有高速率、低延时、大连接等特点。是目前最先进的移动通信技术之一。其应用可以从以下两个方面来看：

　　① 从横向应用场景看。5G 网络技术实现质的突破，规模更庞大、传输更迅捷，主要涉及应用场景包括增强移动宽带（eMBB）、海量机器通信（mMTC）、超高可靠低时延通信（URLLC），如图 5-5 所示。

图 5-5　5G 横向应用场景

② 从纵向应用场景看。其应用业务覆盖移动互联网和物联网，其细分应用领域包含热点场馆、工业园区、智能电网、车联网、高清 3D 视频、虚拟现实技术（VR）、增强现实技术（AR）、监控、传感器、智慧城市、自动驾驶、远程医疗、智慧工厂、人工智能等业务应用，如图 5-6 所示。

图 5-6　5G 纵向应用

任务 5.2.4　认识物联网技术

（1）物联网（Internet of Things，IoT）

通过射频识别、红外感应器、全球定位系统、激光扫描器等信息传感设备，按约定的协议，把任何物品与互联网相连接，进行信息交换和通信，以实现对物品的智能化识别、定位、跟踪、监控和管理的一种网络，如图 5-7 所示。

（2）物联网的特点

① 物联网是各种感知技术的广泛应用。

② 物联网是一种建立在互联网上的泛在网络。

③ 物联网不仅提供了传感器的连接，其本身也具有智能处理的能力，能够对物体实施智能控制。

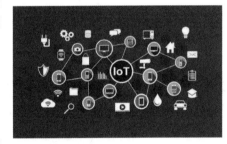

图 5-7　物联网

（3）物联网的应用及产业融合

物联网用途广泛，主要应用代表有智慧物流、智慧交通、智慧农业、智慧制造、智慧家居、智慧建筑、智慧能源等，如图 5-8 所示。

微课
认识物联网技术

智慧物流　　　　　　智慧交通　　　　　　智慧农业

图 5-8　物联网应用代表

任务 5.2.5　认识区块链技术

（1）区块链（Blockchain）

区块链是一种由多方共同维护，使用密码学保证传输和访问安全，能够实现数据一致存储、无法篡改、无法抵赖的技术体系。是由多方参与共同维护的一个持续增长的分布式数据库，是一种分布式共享账本。

（2）区块链的特点

区块链主要有去中心化、开放性、不可篡改性、可追溯性、可编程性等特点。

（3）区块链的应用及产业融合

在金融领域，区块链在国际汇兑、信用证、股权登记和证券交易所等领域具有潜在的巨大应用价值。在数字版权领域，通过区块链技术，可以对作品进行鉴权，证明文字、视频、音频等作品的存在，保证权属的真实、唯一性。在物联网和物流领域，通过区块链可以降低物流成本，追溯物品的生产和运送过程，并且提高供应链管理的效率。在公益领域，区块链上存储的数据，高可靠且不可篡改，适合用于社会公益场景。区块链技术应用场景如图 5-9 所示。

图 5-9　区块链技术应用场景

课后练习

课后练习

一、选择题

1. 信息论的创始人是（　　）。
   - A. 冯·诺依曼
   - B. 香农
   - C. 莱布尼茨
   - D. 比尔·盖茨

2. 下列不属于新一代信息技术的是（　　）。
   - A. 量子信息
   - B. 人工智能
   - C. 基因工程
   - D. 区块链

3. 人工智能的目标是（　　）。
   - A. 具有智能
   - B. 和人一样工作
   - C. 完全代替人脑
   - D. 模拟、延伸和扩展人的智能

4. 下列不属于量子信息技术的是（　　）。
   - A. 量子计算
   - B. 量子通信
   - C. 量子方程
   - D. 量子测量

5. 下列不属于 5G 移动通信的特点的是（　　）。
   - A. 长距离
   - B. 高速率
   - C. 低延时
   - D. 大连接

6. 物联网简称（　　）。
   - A. AI
   - B. IoT
   - C. BC
   - D. QI

7. 下列不属于区块链的特点的是（　　　）。

    A．去中心化   B．开放性

    C．不可篡改   D．高速存取性

二、简答题

1．简述新一代信息技术的主要内容。

2．谈谈物联网有哪些应用场景？

3．请列举出生活中接触到的人工智能技术。

4．试着想想如何在音乐版权保护中应用区块链技术。

单元 6 　信息素养与社会责任

【单元导读】

　　信息素养与社会责任是指在信息技术领域，通过对信息行业相关知识的了解，内化形成的职业素养和行为自律能力。信息素养与社会责任对个人在各自行业内的发展起着重要作用。本单元包含信息素养、信息技术发展史、信息伦理与职业行为自律等内容。

素养提升　单元 6
信息素养与社会
责任

项目 6.1 　了解信息素养

PPT：
信息素养

PPT

1. 项目要求

　　了解信息素养的概念及发展；了解信息素养的主要要素。

2. 项目实现

任务 6.1.1 　了解信息素养的概念

　　信息素养（Information Literacy）是一个与时俱进的概念。最初的信息素养定义为"利用多种信息工具及主要信息资源使问题得到解决的技术和技能"。我国教育部于 2021 年 3 月颁布的《高等学校数字校园建设规范（试行）》中指出，信息素养是个体恰当利用信息技术来获取、整合、管理和评价信息，理解、建构和创造新知识，发现、分析和解决问题的意识、能力、思维及修养。

素材　项目 6.1

任务 6.1.2 　了解信息素养的主要要素

　　根据《高等学校数字校园建设规范（试行）》，信息素养的组成要素包括以下几个方面：

　　（1）信息意识

　　① 具有对信息真伪性、实用性、及时性辨别的意识。

　　② 根据信息价值合理分配自己的注意力。

　　③ 具有利用信息技术解决自身学习生活中出现的问题意识。

　　④ 具有发现并挖掘信息技术及信息在教学、学习、工作和生活中的作用与价值的意识。

　　⑤ 具有积极利用信息和信息技术对教学和学习进行优化与创新，实现个人可持续发展的意识。

　　⑥ 能够意识到信息技术在教学和学习中应用的限制性条件。

⑦ 具有勇于面对、积极克服信息化教学和学习中的困难的意识。

⑧ 具有积极学习新的信息技术，以提升自身信息认知水平的意识。

（2）信息知识

① 了解信息科学与技术的相关概念与基本理论知识。

② 了解当前信息技术的发展进程、应用现状及发展趋势。

③ 了解信息安全和信息产权的基础知识。

④ 掌握学科领域中信息化教学、学习、科研等相关设备、系统、软件的使用方法。

⑤ 了解寻求信息专家（如图书馆员、信息化技术支持人员等）指导的渠道。

（3）信息能力

① 能够选择合适的查询工具和检索策略获取所需信息，并甄别检索结果的全面性、准确性和学术价值。

② 能够结合自身需求，有效组织、加工和整合信息，解决教学、学习、工作和生活中的问题。

③ 能够使用信息工具将获取的信息和数据进行分类、组织和保存，建立个人资源库。

④ 能够评价、筛选信息，并将选择的信息进行分析归纳、抽象概括，融入自身的知识体系中。

⑤ 能够根据教学和学习需求，合理选择并灵活调整教学和学习策略。

⑥ 具备创新创造能力，能够发现和提炼新的教学模式、学习方式和研究问题。

⑦ 能够基于现实条件，积极创造、改进、发布和完善信息。

⑧ 能够合理选择在不同场合或环境中交流与分享信息的方式。

⑨ 具备良好的表达能力，能够准确表达和交流信息

（4）信息伦理

① 尊重知识，崇尚创新，认同信息劳动的价值。

② 不浏览和传播虚假消息和有害信息。

③ 信息利用及生产过程中，尊重和保护知识产权，遵守学术规范，杜绝学术不端。

④ 信息利用及生产过程中，注意保护个人和他人隐私信息。

⑤ 掌握信息安全技能，防范计算机病毒和黑客等攻击。

⑥ 对重要信息数据进行定期备份。

图 6-1　信息素养要素

如图 6-1 所示，信息素养的 4 个要素共同构成一个不可分割的统一整体，其中信息意识是先导，信息知识是基础，信息能力是核心，信息伦理是保证。

项目 6.2　了解信息技术发展史

PPT:
信息技术发展史

1. 项目要求

了解信息技术的发展历史；了解信息技术对人类社会的作用。

2. 项目实现

本项目使读者了解信息技术的发展简史。一般认为人类社会已经发生过 5 次信息技术革命。

第一次信息技术革命是语言的使用，是从猿进化到人的重要标志。

第二次信息技术革命是文字的创造，是信息第一次打破时间、空间的限制。

第三次信息技术的革命是印刷的发明和使用。

第四次信息革命是电报、电话、广播和电视的发明和普及应用。

第五次信息技术革命是电子计算机的普及应用及计算机与现代通信技术的有机结合。

未来信息技术的发展趋势将更加方便、人性化、智能化，与人的关系也将更加密切。

微课
了解信息技术发展史

素材　项目 6.2

项目 6.3　信息安全与社会责任

1. 项目要求

了解信息安全的基本概念和目标；了解信息安全威胁的种类；理解自主可控对信息安全的意义；理解信息伦理的基本概念；了解信息技术领域相关的法律法规；理解加强职业行为规范教育对于"立德树人"的重要意义。

PPT:
信息安全与社会责任

PPT

2. 项目实现

任务 6.3.1　了解信息安全

（1）信息安全

信息安全是指为数据处理系统建立和采用的技术、管理上的安全保护，为的是保护计算机硬件、软件、数据不因偶然或恶意的原因而遭到破坏、更改和泄露。

（2）信息安全的目标

信息安全的目标包括保密性、完整性、可用性、可控性、真实性和不可抵赖性。其中，保密性、完整性和可用性为信息安全的三大基本目标，被称为信息安全的铁三角，如图 6-2 所示。

（3）信息安全威胁的种类及案例

如图 6-3 所示，信息安全威胁包括多个方面。

管理或人为的失误。例如，操作员安全配置不当造成的安全漏洞，用户安全意识不强等都会对信息安全带来威胁。

图 6-2　信息安全的铁三角

微课
信息安全与社会责任

网络黑客。黑客一词，原指热心于计算机技术，水平高超的计算机专家，尤其是程序设计人员。但到了今天，黑客一词已被用于泛指那些专门利用计算机搞破坏或恶作剧的人。

图 6-3　信息安全威胁

计算机病毒。从 2017 年 5 月 12 日开始，计算机 WannaCrypt（永恒之蓝）病毒席卷全球，目前已经影响超过 100 个国家或地区，它已成为全球公敌，甚至一些机场、医院、加油站等公共机构都有遭受袭击的案例。

预置陷阱。指在系统的软件或硬件中预置一些可以干扰和破坏系统运行的程序或者窃取系统信息的所谓"后门"。这些"后门"一般是软件公司的程序设计人员或硬件制造商为了方便操作而故意设置的，经过"后门"越过系统的安全检查，用非授权方式访问系统或者激活事先预置好的程序，来控制系统运行。

垃圾信息。主要载体表现是垃圾邮件。攻击者通过发送大量邮件污染信息；或者某些垃圾邮件中隐藏有病毒、恶意代码或者自动安装的插件等，只要打开它，就会自动运行，从而达到破坏系统或文件的目的。

隐私泄露。2018 年 11 月 28 日，中消协发布的《100 款 APP 个人信息收集与隐私政策测评报告》显示，在针对通信社交、影音播放等 10 类共 100 款 APP 的评测中，多达 91 款列出的权限涉嫌"越界"，泄露个人隐私。

（4）自主可控

自主可控是指依靠自身研发设计，全面掌握核心技术、关键零部件，实现信息系统从硬件、软件到云端的自主研发、生产、升级、维护的全程可控；包括对信息和信息系统实施安全监控管理，防止非法利用信息和信息系统等。自主可控是我们国家信息化建设的关键环节，是保护信息安全的重要目标之一，在信息安全方面意义重大。如图 6-4 所示是我国研制的具备自主知识产权的龙芯 3 号芯片。

图 6-4　龙芯 3 号芯片

（5）信息安全的意义

如今信息空间已经成为与领土、领海、领空等并列的国家主权疆域，信息安全是国家安全的重要组成部分。随着科学技术的发展，社会公众越来越依赖信息。这种普通社会化的需求，对信息安全提出了比以往更高、更广泛的要求。

任务 6.3.2　了解社会责任

（1）信息伦理

信息伦理，是指涉及信息开发、信息传播、信息的管理和利用等方面的伦理要求、伦理准则、伦理规约，以及在此基础上形成的新型的伦理关系。信息伦理又称信息道德，它是调整人们之间以及个人和社会之间信息关系的行为规范的总和。

（2）信息技术领域相关法律法规

1994 年我国颁布实施《计算机信息系统安全保护条例》，首次使用了"信息系统安全"的表述，以该条例为起点，我国开始了信息安全领域的立法进程。以下列举出重要的有代表性的法律法规：

1997 年我国颁布实施《计算机信息网络国际联网安全保护管理办法》。

2000 年我国颁布实施《全国人民代表大会常务委员会关于维护互联网安全的决定》。

2014 年我国颁布实施《网络交易管理办法》。

2016 年我国颁布实施《中华人民共和国网络安全法》，这是我国第一部网络安全领域的专门性综合立法。

2020 年我国颁布实施《信息安全技术个人信息安全规范》。

2021 年我国颁布实施《中华人民共和国个人信息保护法》。

2021 年 11 月我国发布《网络数据安全管理条例（征求意见稿）》。

经过多年的探索和实践，我国已构建了较为完善的信息安全法律法规框架。

（3）职业行为规范

教育部在《关于全面提高高等职业教育教学质量的若干意见》中指出："要高度重视学生的职业道德教育和法制教育，重视培养学生的诚信品质、敬业精神和责任意识、遵纪守法意识，培养一批高素质的技能型人才。"

高等职业院校应当以社会主义精神文明为导向，以核心价值观为指导，以职业的参与者为主体，以社会职业道德为基本内涵，以追求职业主体正确的职业理念、职业态度、职业道德、职业责任、职业价值为出发点和落脚点而构建职业文化体系，培养学生的职业素养。高等职业院校作为培养高素质人才的基地，更应注重职业素养的培养。好的职业素养能够指引职场人才成熟应对各项工作，指引劳动者创造更多的价值。

在信息技术领域，要以信息伦理为规范，遵守相关法律法规，坚守健康的生活情趣、培养良好的职业态度、秉承端正的职业操守、规避产生个人不良记录等。

课后练习

课后练习

一、选择题

1. 下列不属于信息素养的主要要素的是（　　）。

　　A．信息知识　　　　B．信息意识　　　　C．信息伦理　　　　D．信息资源

2. 第三次信息技术革命是（　　　）。

　　A. 电报电话　　　　　B. 计算机　　　　　C. 印刷术　　　　　D. 文字的出现

3. 下列不属于信息伦理层面的是（　　　）。

　　A. 信息道德内涵　　　　　　　　　　B. 信息道德意识

　　C. 信息道德关系　　　　　　　　　　D. 信息道德活动

4. 下列不属于信息安全铁三角的是（　　　）。

　　A. 保密性　　　　　　　B. 可控性　　　　　C. 完整性　　　　　D. 可用性

5. 下列不属于信息安全威胁的是（　　　）。

　　A. 计算机病毒　　　　　B. 黑客攻击　　　　C. 垃圾信息　　　　D. 数据备份

6. 下列属于信息技术领域的相关法律法规是（　　　）。

　　A. 婚姻法　　　　　　　　　　　　　B. 网络交易管理办法

　　C. 信托法　　　　　　　　　　　　　D. 著作权法

二、简答题

1. 简述信息素养的主要内容。

2. 结合自身谈谈如何培养信息素养。

3. 简述信息安全的重要意义。

4. 谈谈自主可控对国家发展的意义。

5. 谈谈在今后的工作中如何实践职业规范。

拓 展 篇

单元 7 信 息 安 全

【单元导读】

没有网络安全就没有国家安全，就没有经济社会稳定运行，广大人民群众利益也难以得到保障。信息泄露导致的网络诈骗案件严重破坏了人民的财产安全和合法权益，严重影响了人民群众的获得感、幸福感和安全感。人们在日常工作和学习中，要重视信息安全，并能掌握相关的知识和技能。

素养提升 单元 7
信息安全

项目 7.1 信息安全概述

信息安全一般是指信息产生、制作、传播、收集、处理直到选取等信息传播与使用全过程中的信息资源安全。从本质上讲，网络安全就是网络上的信息安全，是指网络系统的硬件、软件和系统中的数据受到保护，不受偶然的或者恶意的攻击而遭到破坏、更改、泄露，系统连续、可靠、正常地运行，网络服务不中断。本项目要求了解信息安全的基本概念，包括信息安全的基本要素、网络安全等级保护内容等。

PPT:
信息安全

素材 项目 7.1

7.1.1 信息安全的基本概念

国际标准化组织（ISO）对安全的定义是最大限度地减少数据和资源被攻击的可能性。《计算机信息系统安全保护条例》第三条指出，计算机信息系统的安全保护，应当保障计算机及其相关的和配套的设备、设施（含网络）的安全，运行环境的安全，保障信息的安全，保障计算机功能的正常发挥，以维护计算机信息系统的安全运行。

7.1.2 信息安全要素

网络安全的目的在于保障网络中的信息安全，防止非授权用户的进入，以及事后的安全审计。具体分为 5 个基本要素，即机密性、完整性、可用性、可控性和不可否认性。

1. 机密性（Confidentiality）

机密性是指保障信息不被非授权访问，即非授权用户得到信息也无法知晓信息内容，因而无法使用。"防泄密"可以通过访问控制来阻止非授权用户获得机密信息，也可以通过加密技术阻止非授权用户获取信息内容，确保信息不泄露给非授权用户或进程。

2. 完整性（Integrity）

完整性是指只有得到允许的用户才能修改信息或进程，并且能判断信息或者进程是否已被修改。"防篡改"可以通过访问控制阻止篡改行为，同时通过消息摘要算法来检验信息是否已经被篡改。

3. 可用性（Availability）

可用性是信息资源服务功能和性能可靠性的量度，涉及物理、网络、系统、数据、应用和用户等多方面的因素，是对信息网络总体可靠性的要求。授权用户根据需要，可以随时访问所需信息，攻击者不能占用所有的资源而妨碍授权者的工作。"防中断"可以使用访问控制机制阻止非授权用户进入网络，使静态信息可见，动态信息可操作。

4. 可控性（Controllability）

可控性主要是指对国家信息，包括利用加密的非法通信活动的监视审计，控制授权范围内的信息的流向及行为方式。使用授权机制，"监视审计"控制信息传播的范围、内容，必要时能恢复密钥，实现对网络资源及信息的可控性。

5. 不可否认性（Non-Repudiation）

不可否认是对出现的安全问题提供调查的依据和手段。使用审计、监控、防抵赖等安全机制，使攻击者、破坏者、抵赖者"逃不脱"，并进一步对网络出现的安全问题提供调查依据和手段，实现信息安全的可审查性，"防抵赖"一般通过数字签名等技术来实现不可否认性。

7.1.3 网络安全等级保护

1. 等级保护制度

网络安全等级保护是国家网络安全保障的基本制度、基本策略和基本方法。开展网络安全等级保护工作是保护信息化发展、维护网络安全的根本保障，是网络安全保障工作中的国家意志体现。网络安全等级保护工作包括定级、备案、建设整改、等级测评、监督检查 5 个阶段。

2. 等级保护发展历程

1994 年，国务院 147 号令《计算机信息系统安全保护条例》第一次提出"等级保护"概念。1999 年，等级保护强制国家标准 GB 17859《计算机信息系统安全保护等级划分准则》发布。2007 年，公安部、国家保密局、国家密码管理局、国务院信息工作办公室四部门发布 43 号文《信息安全等级保护管理办法》，标志网络安全等级保护 1.0 的正式启动。2008 年，GB/T 22239《信息安全技术信息系统安全等级保护基本要求》明确了对于各等级信息系统的安全保护基本要求。2017 年,《中华人民共和国网络安全法》正式实施,第二十一条明确规定国家实行网络安全等级保护制度,标志着网络安全等级保护 2.0 的正式启动。2019 年,《信息安全技术网络安全等级保护基本要求》《信息安全技术网络安全等级保护安全设计技术要求》《信息安全技术网络安全等级保护测评要求》等的发布,标志着我国网络安全等级保护正式进入 2.0 时代。

3. 网络安全等级保护的意义

等级保护是指对国家重要信息、法人和其他组织及公民的专有信息以及公开信息和存储、传输、处理这些信息的信息系统分等级实行安全保护,对信息系统中使用的信息安全产品实行按等级管理,对信息系统中发生的信息安全事件分等级响应、处置。网络安全等级保护为信息系统、云计算、移动互联、物联网、工业控制系统等定级对象的网络安全建设和管理提供系统性、针对性、可行性的指导和服务,帮助用户提高定级对象的安全防护能力。

做好等级保护工作可以实现:
① 满足国家相关法律法规和制度的要求。
② 降低信息安全风险,提高定级对象的安全防护能力。
③ 合理地规避或降低风险。
④ 履行和落实网络信息安全责任义务。

4. 网络安全等级保护涉及行业

无论是各政府机关、金融机构、医疗机构、教育行业、各大电信运营商、能源行业等单位或行业均需要开展网络安全等级保护工作。

5. 等级保护测评内容

测评机构依据国家网络安全等级保护制度规定,按照有关管理规范和技术标准,对非涉及国家秘密信息系统、平台或基础信息网络等定级对象安全等级保护状况进行检测评估,主要涉及技术层面的安全物理环境、安全通信网络、安全区域边界、安全计算环境、安全管理中心和管理层面的安全管理制度、安全管理机构、安全管理人员、安全建设管理和安全运维管理。

6. 等级保护测评周期

三级以上低级对象要求每年至少开展一次测评,二级信息系统建议每两年开展一次测评,部分行业明确要求每两年开展一次测评。

7. 测评整改要求

经测评未达到安全保护要求的,要根据测评报告中的改进建议,制定整改方案并进一步进行整改。建议在当年度完成整改,整改要求包括:
① 安全管理制度不完善或缺失问题。
② 漏洞补丁类、安全策略调整类、安全加固类、网络结构调整类,测评中发现的高风险应立即整改。

③ 设备缺失或不足，依据测评要求补齐相应安全设备。例如，三级系统要求能够对进出网络的数据流实现基于应用协议和应用内容的访问控制，传统的防火墙无法满足，必须使用网络应用级入侵防御系统（WAF）或下一代防火墙。

8. 测评后续工作要求

打印测评结果报告一式四份，测评机构留一份，运营使用单位留两份，报送网络安全部门一份。等级保护工作要求监管单位定期开展监督检查，等保三级定级对象每年都要开展等级保护测评工作。省级单位在省公安网安总队备案，各地市级单位在各地级市网安支队备案，县级单位先将定级材料交到区县网安大队，再由区县网安大队转交地市级网安支队进行备案。

项目 7.2 信息安全技术

PPT:
信息安全技术

人们希望信息能够在网络中安全地传输，不会被篡改，也不会被未经授权的人访问。如果没有这个前提，日常的电子商务和在线支付等就无从谈起。随着网络扩容并提供新服务，网络受到的威胁越来越多，必须采取措施确保网络设备和信息的安全。

7.2.1 信息安全威胁

要确保信息的安全，必须明白要抵御的威胁。

微课
信息安全技术

1. 黑客入侵

黑客入侵可能会导致网络中断或工作成果的丢失，并造成重要信息或资产的损坏或失窃，给用户造成损失。黑客会通过软件漏洞、硬件攻击或通过猜测用户的账号和密码来获取访问权限。

一旦取得信息的访问权限，就可能给信息带来以下 4 种威胁：

素材 项目 7.2

① 信息泄露。黑客闯入计算机盗取机密信息，用于各种目的，如窃取某公司在研或开发的专利信息。

② 数据丢失或篡改。黑客闯入计算机破坏或更改信息记录，如发送可格式化计算机硬盘的病毒，或修改信息系统中的商品价格。

③ 身份仿冒。例如，黑客冒用他人身份非法获取文件、申请信用贷款或进行未经授权的在线购物。

④ 服务中断。黑客阻止合法用户访问其有权使用的服务。例如，对服务器、网络设备或网络通信链路的拒绝服务（DoS）攻击，使得网站无法正常访问或网络服务中断。

2. 恶意软件

恶意软件（Malicious Software，Malware）又称为恶意代码（Malcode），是专门用来损坏、破坏、窃取数据、主机或网络，对数据、主机或网络进行非法操作的代码或软件。恶意软件包括病毒、蠕虫和特洛伊木马。

计算机病毒是指编制或者在计算机程序中插入破坏计算机功能或毁坏数据，影响计算机使用，并能自我复制的一组计算机指令或者程序代码。这些人为编制的程序代码一旦进入计算机并得以执行，就会对计算机的某些资源进行破坏，再搜寻其他符合其传播条件的程序或存储介质，达到自我繁殖的目的。计算机病毒具有传染性、破坏性、潜伏性、可触发性、非授权性、隐蔽性和不可预见性等特征。

计算机蠕虫与病毒相似，均可复制自身的功能副本，并造成相同类型的损坏。病毒需要通过感染的主机文件来传播，而蠕虫属于独立软件，无须借助主机程序或人工帮助即可传播。

特洛伊木马是另一种类型的恶意软件，被激活后，可以在主机上进行任意攻击，包括并不限于弹出窗口、改变桌面、删除文件、窃取数据、激活和传播其他恶意软件。不同于病毒和蠕虫，特洛伊木马不通过感染其他文件进行复制，也不自行复制。特洛伊木马必须通过用户交互传播，如打开电子邮件或从挂马网站上下载并运行木马文件。

3. 网络攻击

除了恶意代码攻击外，用户还可能遭受各种网络攻击，主要分为侦查攻击、访问攻击和拒绝服务攻击 3 种。

对于侦查攻击，黑客利用 ping 扫描工具，可以系统地获取给定子网内所有网络地址。

访问攻击利用身份验证服务、FTP 服务和 Web 服务的已知漏洞，获取对 Web 网站登录用户、机密数据库和其他敏感信息的访问。访问攻击使个人能够对其无权查阅的信息进行未经授权的访问。访问攻击分为密码攻击、信任利用、端口重定向和中间人攻击。攻击者使用暴力破解、特洛伊木马程序或数据包嗅探等多种方法实施密码攻击。

拒绝服务攻击（DoS）由于其实施简单、破坏力强大，尤其需要安全管理员重点关注。DoS 攻击的方式多种多样，包括利用类似尺寸过大的畸形数据包或无法处理的数据，导致磁盘空间、带宽、缓冲区等资源过载。DoS 攻击的目的都是通过消耗系统资源使授权用户无法正常使用服务。

4. 安全漏洞

安全漏洞是指每个网络和设备固有的薄弱程度，这些设备包括交换机、路由器、台式计算机、服务器，甚至网络安全设备。通常受到攻击的网络设备都是终端设备，如服务器和台式计算机。主要有 3 种漏洞导致各种网络威胁，包括技术漏洞、配置漏洞和策略漏洞。

① 技术漏洞，包括 TCP/IP 协议缺陷、操作系统缺陷和网络设备缺陷。例如，超文本传输协议（HTTP）、文件传输协议（FTP）和因特网消息控制协议（ICMP）本身是不安全的；无论是 Windows 还是 Linux 系统都必须解决的安全问题；各种类型的网络设备，无论是交换机、路由器还是防火墙都有安全缺陷，必须加以防范。它们的缺陷包括密码保护、缺乏身份验证、路由协议和防火墙漏洞等。

② 配置漏洞。例如不安全的用户账号，当用户账号信息在网络上使用不安全的方式传输时会导致用户名和密码被他人利用；简单易猜的密码，互联网服务配置

错误，产品的默认设置不安全，网络设备配置错误。

③ 策略漏洞。例如缺乏书面规范的安全策略，未以书面形式记录的策略无法得到长久有效的应用和执行；缺乏持续性的身份验证，如果密码易于破解或使用默认密码，会导致对信息进行未经授权的访问；没有实行逻辑访问控制，监控和审计力度不够，导致不断发生未授权使用，不仅浪费企业资源，而且可能导致企业员工面临法律风险；软件和硬件的安装和更改没有严格遵循策略，未经授权更改网络拓扑或安装未经批准的应用程序导致安全漏洞；没有设计容灾恢复计划，可能导致企业在遭受攻击时发生恐慌和混乱。

5. 人为因素

许多公司和用户的信息安全意识薄弱，这些人为因素也影响了信息安全。此类失误多体现在管理员安全配置不当，终端用户安全意识不强，用户口令过于简单等因素带来的安全隐患。

6. 隐私泄露

随着信息时代、智能社会的到来，如何有效保障用户的知情权、隐私权，成为一道紧迫的现实课题。隐私保护已经成为关乎智能化、信息化进一步发展的重要因素。"合法、正当、必要""最小够用"等原则应成为收集和处理用户信息的准则。

7.2.2 安全防御技术

为确保网络资源和信息数据的安全，必须采取措施来降低网络漏洞受到攻击的风险。在确保信息安全方面，必须做到未雨绸缪。

1. 加密技术

数据加密技术是信息安全的基础，如防火墙技术、入侵检测技术都是基于数据加密技术。数据加密技术是保证信息安全的重要手段之一，不仅具有对信息加密的功能，还具有数字签名、身份验证、系统安全等功能。所以使用数据加密技术不仅可以保证信息的机密性，还可以保证信息的完整性和不可否认性等安全要素。

密码学经历了古典密码学阶段、现代密码学阶段和公钥密码学阶段。古典密码学主要采用对明文字符的替换和换位两种技术来实现，保密性主要取决于算法的保密性。随着数据加密技术的发展，现代密码学主要有两种基于密钥的加密算法，分别是对称加密算法和公开密钥算法。数据加密、解密模型如图 7-1 所示。

图 7-1　数据加密、解密模型示意图

2. 防火墙

防火墙是保护用户远离外部威胁的最为有效的安全工具之一。防火墙部署在两个或多个网络之间，控制网络之间的流量，并阻止未授权的访问，典型防火墙体系结构如图 7-2 所示。

图 7-2　典型防火墙体系结构

典型的防火墙具有以下 3 个方面的基本特性。

① 内部网络和外部网络之间的所有网络数据流都必须经过防火墙。

② 只有符合安全策略的数据流才能通过防火墙。

③ 防火墙自身具有非常强的抗攻击能力。

市面上的防火墙产品非常多，按照性能分为百兆防火墙、千兆防火墙和万兆防护墙；按照形式分为软件防火墙和硬件防火墙；按照技术分为包过滤防火墙、应用代理防火墙、状态检测防火墙、复合型防火墙；按照部署位置分为个人防火墙、边界防火墙、混合防火墙。部署在主机上的防火墙，即个人防火墙，安装在终端系统上，防护的也只是单台主机，这类防火墙通常为软件防火墙，价格最便宜，性能也最差。边界防火墙是最为传统的防火墙，位于内、外部网络边界，所起的作用是对内、外网络实施隔离，保护边界内网络，这类防火墙一般都是硬件防火墙，价格较贵，性能较好。混合式防火墙是一整套防火墙系统，由若干个软、硬件组件组成，分布于内、外部网络边界和内部各主机之间，既对内、外部网络之间通信进行过滤，又对网络内部各主机间的通信进行过滤，属于最新的防火墙技术之一，性能最好，价格也最贵。

3. 备份、升级、更新和补丁

随着新的恶意软件的不断涌现，企业必须保持当前的防病毒软件为最新版本。缓解蠕虫攻击的最有效方法是从操作系统厂商处下载安全更新，并为所有存在漏洞的系统应用打上补丁。

4. 身份认证、授权和记账

身份验证、授权和记账服务提供了信息访问控制的主要框架，不仅可以用于访问信息的用户（身份验证）、用户可以执行的操作（授权），以及用户在访问信息时的行为（记账）。身份认证、授权和记账类似于信用卡的使用，信用卡会确定使用者的身份，也就是谁可以使用它，消费的限额是多少，并记录使用者的所有消费项目。企业必须制定有明确记录的安全策略，员工必须了解这些规则，并正确使用信息及网络。策略还包括使用防病毒软件和主机入侵防御。

2021 年 11 月 1 日，《个人信息保护法》正式施行，这是我国首部专门针对个人信息保护的系统性、综合性法律。《个人信息保护法》明确规定：任何组织、个人不得非法收集、使用、加工、传输他人个人信息，不得非法买卖、提供或公开他人个人信息。个人信息处理者应当根据个人信息的处理目的、处理方式、个人信息的种类以及对个人权益的影响、可能存在的安全风险等，采取措施确保个人信息处理活动符合法律、行政法规的规定，并防止未经授权的访问以及跟人信息泄露、被修改、丢失。

项目 7.3　配置防火墙及病毒防护

PPT:
配置防火墙及病毒防护

PPT

Windows 10 系统安全中心可以配置系统自带的防火墙和病毒防护，实现对计算机系统的信息安全防护。通过本项目的学习，使读者掌握利用系统安全中心配置防火墙、系统安全中心配置病毒防护的方法。

7.3.1　利用系统安全中心配置防火墙

1. 使用工具

Windows 10 操作系统。

微课
配置防火墙及病毒防护

2. 任务描述

利用系统安全中心配置防火墙。

3. 操作步骤

素材　项目 7.3

步骤 1　鼠标右击【开始】按钮，在弹出的快捷菜单中选择【设置】命令，在弹出的窗口中单击【网络和 Internet】按钮，如图 7-3 所示。打开【高级网络设置】窗口。

步骤 2　在弹出窗口中单击【Windows 防火墙】按钮，如图 7-4 所示。

图 7-3　【设置】窗口　　　　　　　　　图 7-4　Windows 防火墙

步骤 3　在打开的对话框中设置防火墙和网络保护，将【域网络】【专用网络】【公用网络】中的防火墙打开，如图 7-5 所示。

步骤 4　在【控制面板】→【系统和安全】→【Windows Defender 防火墙】中选中【启用 Windows Defender 防火墙】单选按钮，系统默认防火墙为开启状态，根据需要进行相应设置，如图 7-6 所示。

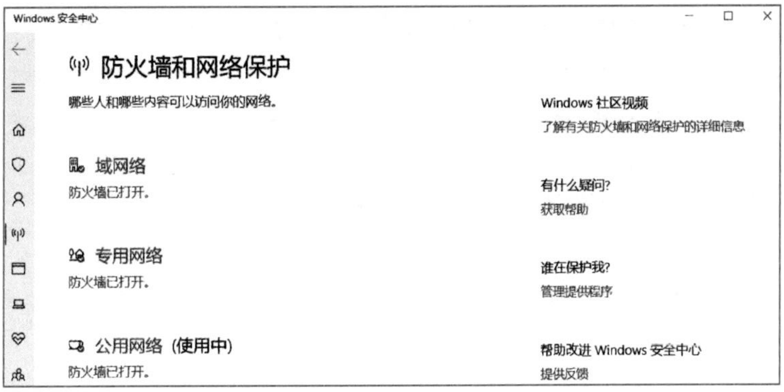

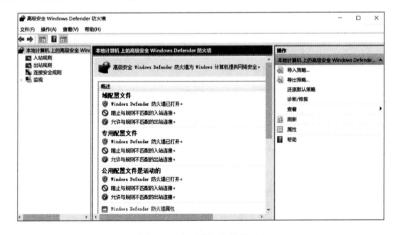

图 7-5　设置防火墙和网络保护

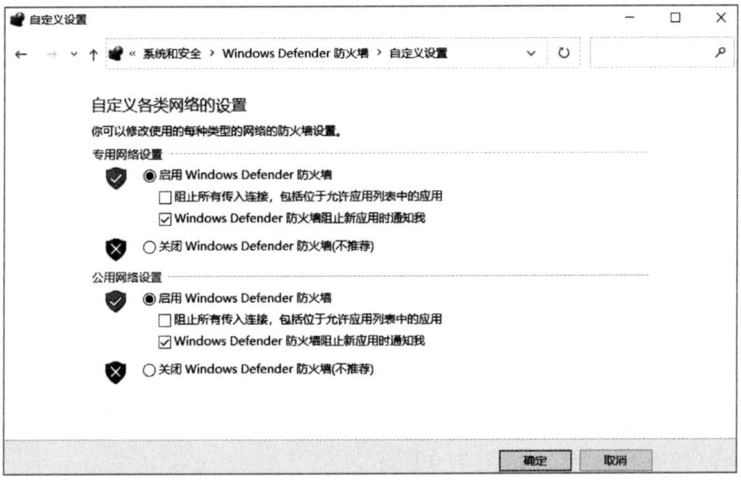

图 7-6　启用防火墙

步骤 5　在【开始】菜单中选择【Windows 管理工具】→【高级安全 Windows Defender 防火墙】命令，在打开的窗口中可以设置防火墙的"入站规则""出站规则""连接安全规则"和"监视"，如图 7-7 所示。

图 7-7　设置防火墙规则

步骤 6　若要恢复系统默认的防火墙设置，可以单击【还原默认值】按钮，如

图 7-8 所示。注意，还原默认值将删除之前配置的所有防火墙设置。

图 7-8 还原防火墙默认设置

7.3.2 利用系统安全中心配置病毒防护

1. 使用工具

Windows 10 操作系统。

2. 任务描述

配置信息安全中心的病毒防护。

3. 操作步骤

步骤 1 右击【开始】按钮，在弹出的快捷菜单中选择【设置】命令，在【设置】窗口中单击【Windows 安全中心】按钮，在【安全性概览】窗口可以查看和管理设备安全性和运行状况，如图 7-9 所示。

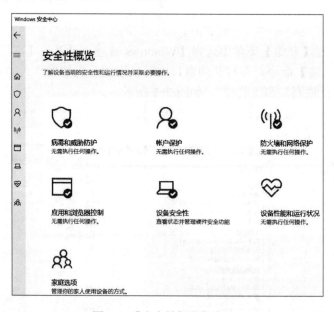

图 7-9 【安全性概览】窗口

步骤 2 在【安全性概览】窗口单击【病毒和威胁防护】按钮，在弹出窗口中单击【快速扫描】按钮，可对系统进行快速病毒扫描，如图 7-10 所示。

　　步骤3　在窗口中单击【病毒和威胁防护】设置下的【管理设置】按钮。在打开的对话框中，开启"实时保护""云提供的保护""自动提交样本"和"篡改防护"，若没有安装第三方系统保护软件，系统默认设置为打开，若安装第三方保护软件，系统默认设置为关闭，如图7-11所示。

图7-10　"病毒和威胁防护"扫描

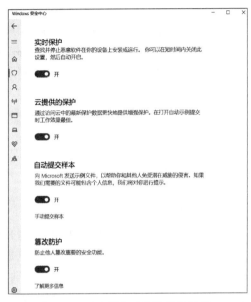

图7-11　"病毒和威胁防护"设置

　　步骤4　单击【文件夹限制访问】下的【管理受控文件夹访问权限】按钮，弹出【勒索软件防护】窗口，可以对文件夹限制访问进行设置，防止不友好应用程序对设备上的文件、文件夹等进行未授权更改，默认设置为"关"，如图7-12所示。

　　步骤5　单击【病毒和威胁防护更新】下的【检查更新】按钮，可以对病毒和防护进行更新，以确保安全情报样本信息是最新的版本，如图7-13所示。

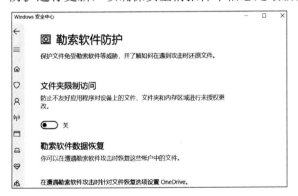

图7-12　"勒索软件防护"设置

图7-13　【保护更新】窗口

课后练习

一、选择题

1. 计算机网络的安全是指（　　）。

A. 网络中设备的安全   B. 网络使用者的安全

C. 网络中信息的安全   D. 网络的财产安全

2. 以下（   ）不是保证信息安全的要素。

A. 信息的机密性   B. 信息的完整性

C. 发送信息的不可否则性   D. 数据存储的唯一性

3. 信息不泄露给非授权的用户，指的是信息的（   ）。

A. 机密性   B. 完整性   C. 可用性   D. 不可否则性

4. 在信息安全中，破坏网络资源使之无效或无用，是对（   ）的攻击。

A. 机密性   B. 完整性   C. 可用性   D. 不可否则性

5. 以下（   ）不是防火墙的功能。

A. 过滤进出网络的报文   B. 拒绝某些禁止的访问行为

C. 记录通过防火墙的信息和活动   D. 保护存储数据安全

二、填空题

1. 2021 年 11 月 1 日，《＿＿＿＿＿＿》正式施行，这是我国首部专门针对个人信息保护的系统性、综合性法律。

2. 现代密码学主要有两种基于密钥的加密算法，分别是＿＿＿＿＿＿算法和公开密钥算法。

3. 信息安全的 5 个基本要素是机密性、＿＿＿＿＿性、可用性、可控性和不可否认性。

4. 拒绝服务攻击破坏了系统的＿＿＿＿＿性。

5. 网络安全等级保护工作包括＿＿＿＿、备案、建设整改、等级测评、监督检查 5 个阶段。

单元 8 项 目 管 理

在当今社会中，随着项目的规模越来越大、结构越来越复杂，管理者面临的挑战和压力也越来越大。项目管理作为一种通用技术已应用于各行各业，获得了广泛的认可。项目管理是管理学的一个分支学科，项目管理博大精深。因此，如何增强对项目自身的管理能力成了项目管理者迫切需要解决的问题。本单元包含项目管理基础知识、项目管理工具及其作用等内容，并以"基于 Fabric 的区块链慈善管理系统开发"项目为案例，展开项目管理工具的应用。

素养提升 单元 8
项目管理

项目 8.1 项目管理概述

8.1.1 项目管理基本概念

项目管理是指项目管理者在有限的资源约束下，运用系统理论、观点和方法，对项目涉及的全部工作进行有效管理，即从项目的投资决策开始到项目结束的全过程进行计划、组织、指挥、协调、控制和评价，以实现项目的目标。项目管理概念关联示意图，如图 8-1 所示。

微课
项目管理基本概念

素材 项目 8.1

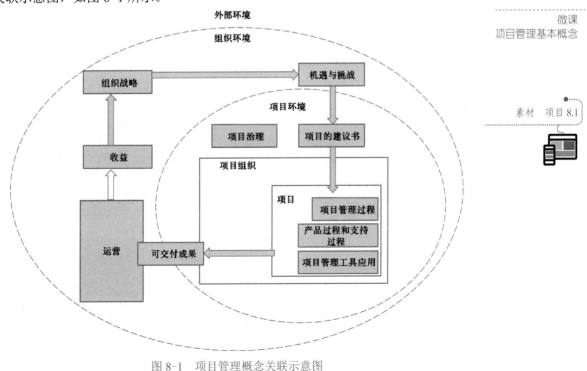

图 8-1 项目管理概念关联示意图

项目管理的两个层次是指项目层次的项目管理和企业层次的项目管理。项目层次的项目管理是指一般项目管理的范畴。随着项目管理的快速发展，现代项目管理与传统项目管理相比，其范畴越来越广，表现在现代项目管理应用范围已不再局限于传统的建筑、国防和工程等领域，而是扩展到各种领域、各种项目都可以使用的范围。项目层次的项目管理关注的重点是单个项目的成功，如何通过计划、安排与控制等管理活动实现项目的目标，使项目利益相关者满意。项目层次的项目管理的重点是建立项目管理的操作手册，其主要涉及项目操作流程体系设计、项目管理的标准模板建立、项目管理方法和项目管理工具的应用。企业层次的项目管理的重点是企业项目管理体系的建立，主要涉及企业项目管理组织架构、企业项目管理制度体系、项目经理的职业化发展等，其成果是企业项目管理执行指南，这是企业项目管理的纲领性文件。

序号	类别	项目	常规工作
1	特性	特殊性、独特性	常规性、普遍性
2	组织结构	项目组织	职能部门
3	时间周期	一次性、有限的	重复性、相对无限的
4	管理形式	风险型	确定性
5	评价指标	以目标为导向	效率和质量
6	资源投入	多变性	稳定性

图 8-2　项目与常规工作的区别

项目一般是指在特定条件下具有特定目标的一次性任务，是在一定时间内满足一系列特定目标的多项相关工作的总称。项目不同于常规工作，项目与常规工作的区别，如图 8-2 所示。

8.1.2　项目范围管理

为了实现项目的目标，项目范围管理是对项目的工作内容进行控制的管理过程。项目范围管理是对一个项目所涉及的项目产出物范围和项目工作范围所做的决策、计划、管理和控制工作。项目产出物范围是指最终的项目成果及其所包括的可交付物的范围，项目工作范围是指为实现项目目标和生成项目产出物所做全部工作的范围。项目范围管理的根本目标是要保证项目所生成的产出物能够全面达到项目目标要求，同时要保证生成项目产出物的全部项目工作能够做到充分和必要。现代项目管理中的项目范围管理就是为确保项目目标实现而开展的对于项目产出物范围和项目工作范围的管理。项目范围管理的工作内容主要包括项目的起始决策、项目范围的规划、项目范围界定和项目的范围控制四方面的具体工作，其相互关系和内容，如图 8-3 所示。

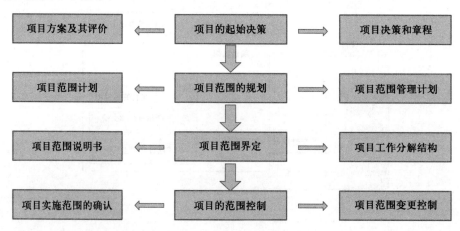

图 8-3　项目范围管理的主要内容示意图

8.1.3 项目管理 4 个阶段

项目管理主要由项目定义与决策阶段、项目计划与设计阶段、项目实施与控制阶段和项目完工与交付阶段 4 个阶段构成。这 4 个阶段是项目在管理过程中的进度，具有很强的时间概念。在现代项目管理中，任何项目的业务和管理过程都应该包括这 4 个阶段，也可以有更多的项目阶段，但不同项目的每个阶段时间长短可能不一样，阶段数量取决于项目复杂程度和所处行业，每个阶段还可再分解成更小的阶段。项目管理 4 个阶段的工作流程图，如图 8-4 所示。

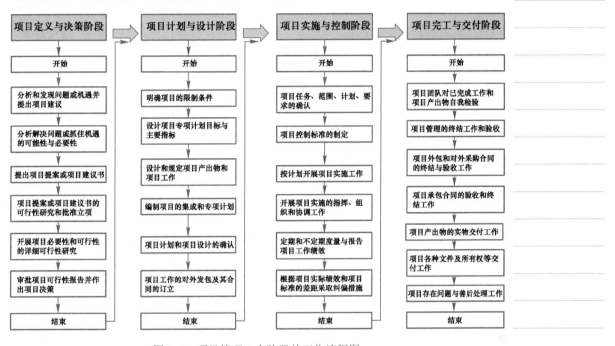

图 8-4　项目管理 4 个阶段的工作流程图

8.1.4 项目管理 5 个过程

项目管理的 5 个过程包括启动、计划、执行、监控和收尾。项目管理是由一系列子过程构成的，而每个项目管理子过程又是由一系列项目管理的具体活动构成。项目管理 5 个过程的关联图，如图 8-5 所示。

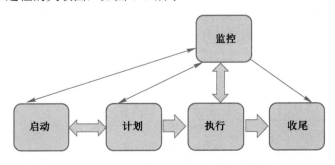

图 8-5　项目管理 5 个过程的关联图

（1）启动

启动过程处于一个项目管理过程循环的首位。它所包含的管理活动内容有确定并核准项目或项目阶段，即定义一个项目或项目阶段的工作与活动，决策一个项目或项目阶段的开始与否，或决策是否将一个项目或项目阶段继续进行下去等。启动过程中需要明确组织结构，完成发起项目、授权启动项目、任命项目经理、组建项目团队、确定项目利益相关者，阐述需求，制定项目章程并初步确定项目范围。

（2）计划

计划过程就是确定和细化目标，并为实现项目所要达到的目标和完成项目要解决的问题范围规划必要的行动路线。其所包含的管理活动内容有拟定、编制和修订一个项目或项目阶段的工作目标、任务、工作计划方案、管理计划、范围规划、进度计划、资源供应计划、费用计划、风险规划和质量规划以及采购规划等。计划过程中还需要进行成本预算、人力资源估算，并制订采购计划、风险计划等项目管理计划。

（3）执行

执行过程就是将人与其他资源进行结合，具体实施项目管理计划。其所包含的管理活动内容有组织协调人力资源及其他资源，组织协调各项任务与工作，实施质量保证，进行采购，激励项目团队完成既定的各项计划，生成项目产出物等。执行过程中需要指导和管理项目的实施；项目质量的目的是确保项目的可交付成果满足项目目标的各项要求，且达到项目的相关标准。执行质量控制一般通过使用既定的工具、程序和技术检测手段，对阶段性或总结性的产品进行监控，针对出现的问题或缺陷及时进行纠偏，消除质量环上所有阶段引起不合格或不满意效果的因素。

（4）监控

监控过程就是定期测量并监视绩效情况，发现偏离项目目标和项目管理计划之处，采取相应的纠正措施以保证项目目标的实现。其所包含的管理活动内容有制定标准、监督和测量项目工作的实际情况、分析差异和问题，采取纠偏措施、整体变更控制、范围核实与控制、进度控制、费用控制、质量控制、团队管理、利益相关者管理和风险监控以及合同管理等。项目管理的综合性要求监控过程中需要与其他各个过程的所有方面相配合。

项目监控的目的是通过周期性跟踪项目计划的各种参数，如任务进度、工作成果、工作量、费用、资源、风险及人员业绩等，不断了解项目的进展情况。

（5）收尾

收尾过程就是正式验收项目产出物，包括产品、服务和成果，并有序地进行结束项目或项目阶段。其所包含的管理活动内容有制定项目或项目阶段的移交与接受条件，完成项目或项目阶段成果的移交，项目收尾和合同收尾，使项目或项目阶段顺利结束等。收尾过程中需要进行项目总结、文档归类等工作。

项目 8.2　项目管理工具及其作用

PPT:
项目管理工具及其
作用

PPT

8.2.1　项目管理工具在现代项目管理中的作用

在现代项目管理中，合理使用信息技术及项目管理工具，容易实现高效协作，项目管理在专业领域提高效率，在协作领域建立共识，让项目达到事半功倍的效果。

　　管理好一个项目，项目团队全体成员要掌握好信息技术和项目管理工具，项目管理工具不仅可以提高团队效率，还可以及时处理因项目变化产生的问题。项目管理的 5 个过程是项目管理工具的方法之一，每个项目阶段都可以有这 5 个过程，也可以仅选取某一个过程或某几个过程。项目管理工具可以用在项目管理中管理项目，通过详细地策划、实施与管控，可以让各项工作有条不紊地朝着预期目标顺利开展，利用工具高效地实现工作项目的调控。

8.2.2　项目管理十大职能领域

　　项目管理的十大职能领域包括项目整合管理、项目范围管理、项目进度管理、项目成本管理、项目质量管理、项目资源管理、项目沟通管理、项目风险管理、项目采购管理和项目相关方管理等，其相关的功能和使用流程，如图 8-6 所示。

序号	职能领域	功能和使用流程
1	项目整合管理	为了确保项目各项工作能够有机地协调和配合所展开的综合性和全局性的项目管理工作和过程。它包括项目整合计划的制定、项目整合计划的实施、项目变动的总体控制等
2	项目范围管理	为了实现项目的目标，对项目的工作内容进行控制的管理过程。它包括范围的界定、范围的规划、范围的调整、创建工作分解结构等
3	项目进度管理	为了确保项目最终的按时完成的一系列管理过程。它包括具体活动界定、活动排序、时间估计、进度安排及时间控制等各项工作。很多人把时间管理引入其中，大幅提高工作效率
4	项目成本管理	为了保证完成项目的实际成本、费用不超过预算成本、费用的管理过程。它包括资源的配置、成本、费用的预算以及费用的控制等项工作
5	项目质量管理	为了确保项目达到客户所规定的质量要求所实施的一系列管理过程。它包括质量规划、质量控制和质量保证等
6	项目资源管理	为了保证所有项目关系人的能力和积极性都得到最有效地发挥和利用所做的一系列管理措施。它包括组织的规划、团队的建设、人员的选聘和项目的班子建设等一系列工作
7	项目沟通管理	为了确保项目的信息的合理收集和传输所需实施的一系列措施。它包括沟通规划、信息传输和进度报告等
8	项目风险管理	涉及项目可能遇到的各种不确定因素。它包括风险识别、风险量化、制订对策和风险控制等
9	项目采购管理	为了从项目实施组织之外获得所需资源或服务所采取的一系列管理措施。它包括采购计划、采购与征购、资源的选择以及合同的管理等项目工作
10	项目相关方管理	指对项目相关需要、希望和期望的识别，并通过沟通上的管理来满足其需要、解决其问题的过程。项目相关方管理将会赢得更多人的支持，从而能够确保项目取得成功

图 8-6　项目管理十大职能领域的功能和使用流程

8.2.3　利用信息技术创建项目管理工具图表

　　常用的项目管理工具图表有工作分解结构图（Work Breakdown Structure，WBS 图）、甘特图、思维导图和一页纸项目管理图（One Page Project Manager，OPPM 图）。可以利用前面已学过的 Word 和 Excel 来制作这些管理工具图表。项目管理工具图表还有因果图、控制图、流程图、直方图、帕雷托图、趋势图、散点图、项目管理三角形、关键路径法、时间线、状态表、日历和鱼骨图等。

　　目前，常用的项目管理工具软件有 Microsoft Office、Microsoft Project、Edraw Project、Tower、Worktile、Teambition、Visio 和 Autodesk Buzzsaw 等，这些软件可以用来帮助创建项目管理工具的各类图表。

1.　工作分解结构图

　　工作分解结构是组织管理工作的主要依据，是项目管理工作的基础。工作分解结构是面向可交付物的项目元素的层次分解，对项目团队为实现项目目标、创建可交互成果而需要实施的全部工作范围的层级分解。工作分解结构定义了项目的总范围，代表当前项目范围说明书中所规定的工作。工作分解结构的组成元素有助于项目相关方检查项目的最终产品，工作分解结构中最底下一层的元素是能够进行评估的、安排进度的和被跟踪的。

　　工作分解结构一般用图表的形式进行表示，较为常用的工作分解结构表示形式主要有分级的树型结构图和表格形式的分级目录。工作分解结构的分解可以采用多种方式进行，一般有以下 7 种方式，如按照实施过程分解、按产品或项目的功能分解、按产品的物理结构分解、按项目的地域分布分解、按项目的各个目标分解、按部门分解、按职能分解等。

　　创建工作分解结构是将项目可交互成果和项目工作分解成较小的、更易于管理的组件的过程。工作分解结构就是把一个项目按一定的原则分解成若干个工作任务，任务再分解成一项项工作活动内容，再把每项工作分配到每个人的日常活动中，直到分解不下去为止。在工作分解结构中，最底层的组件称为工作包。创建工作分解结构要充分使用工作分解结构图的优势。创建工作分解结构有一种表格形式的分级目录，项目基本情况在上方，往下分解为独立的任务，形成工作分解结构图，如图 8-7 所示。

一、项目基本情况								
项目名称				项目编号				
制作人				审核人				
项目经理				制作日期				
二、工作分解结构								
代码编号	任务名称	包含活动	其它资源和约束条件	人力资源	工期	曾总	杨工	冯工

说明：以上工期及费用估算均用最可能值.

图 8-7　工作分解结构图

2. 甘特图

　　甘特图是通过条状图形来显示项目、进度和其他时间相关的系统进展的内在关系并随着时间进展的情况。绘制甘特图需要明确项目牵涉的各项活动、项目，内容包括有顺序的项目名称、开始时间、工期、依赖/决定性的任务类型和依赖于哪一项任务。创建甘特图草图需要将所有的项目按照开始时间、工期标注到甘特图上，确定项目活动依赖关系及时序进度，避免关键性路径过长，关键性路径是由贯穿项目始终的关键性任务所决定的，它既表示了项目的最长耗时，也表示了完成项目的最短可能时间。计算单项活动任务的工时量，确定活动任务的执行人员及适时按需调整工时，计算整个项目时间。制作甘特图的样例如图 8-8 所示。

2022年1月						1月1日	1月2日	1月3日	1月4日	1月5日	1月6日	1月7日	1月8日
序号	进度名称	说明	开始日期	结束日期		周六	周日	周六	周日	周六	周日	周六	周日
1		计划											
2		实际											
3		计划											
4		实际											

图 8-8　甘特图

3. 思维导图

　　思维导图是用一个中央关键词或想法以辐射线形连接所有的代表字词、想法、任务或其他关联项目的图解方式。制作项目管理核心内容的思维导图，如图 8-9 所示。

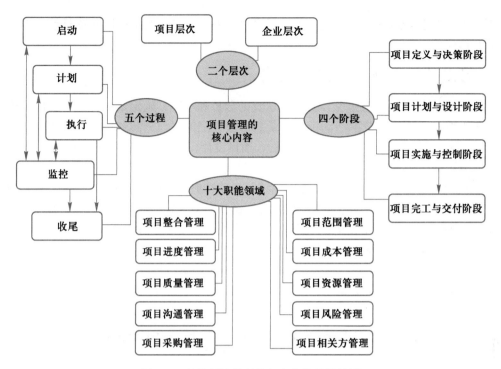

图 8-9　制作项目管理核心内容的思维导图

4. 一页纸项目管理图

一页纸项目管理图是将目标所指、时间安排、职责所在、资源分配、授权情况、成本花费及附属情况等都逐一以表格形式直观地展示出来。制作一页纸项目管理图示例如图 8-10 所示。

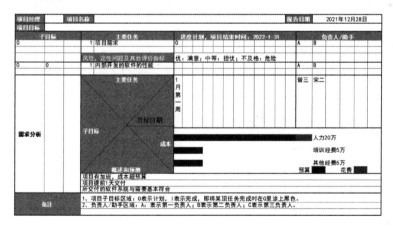

图 8-10　一页纸项目管理图

项目 8.3　项目管理工具应用

使用项目管理工具来管理项目，有助于简化项目管理过程，提高项目管理效率。

PPT：
项目管理工具应用

下面以"基于 Fabric 的区块链慈善管理系统开发"项目为案例，展开项目管理工具的具体应用。

8.3.1 创建工作分解结构

对项目范围内的工作内容要进行认真的分析和梳理，确定活动并进行排序，确定关键路径、估算和分配活动资源，最后形成详细的工作分解结构。根据软件项目开发流程，本项目开发过程由需要分析、项目设计、编码、测试和项目收尾 5 个主要部分组成。在需求分析方面上细分活动有需求计划编制、需求调研与分析、需求报告编写和需求评审。在项目设计方面上细分活动有概要设计、软件架构设计、权限模块设计、内网系统模块设计、外网系统模块设计、设计报告编写和项目设计评审。在编码方面上细分活动有系统架构编码、权限模块编码、内网系统模块编码、外网系统模块编码、系统集成和编码评审。在测试方面上细分活动有权限模块测试、内网系统模块测试、外网系统模块、系统集成测试、测试报告编写和测试评审。在项目收尾方面上细分活动有用户手册编写、客户培训和项目验收。结合本项目工作需要和实际团队成员的分工安排等情况，制作本项目工作分解结构图，如图 8-11 所示。

一、项目基本情况										
项目名称	基于Fabric的区块链慈善管理系统开发项目			项目编号	2022-hxkf612					
制作人	杨五			审核人	宋二					
项目经理	曾三			制作日期	2022/1/1					
二、工作分解结构（R-负责；A-辅助；I-通知；P-审批）										
代码编号	任务名称	包含活动	其它资源和约束条件	人力资源	工时估算	曾三	刘四	李五	杨六	毕七
1.1.1	项目需求	需求计划编制		5	1	RP	A	A	A	A
1.1.2		需求调研与分析		5	3	RP	A	A	A	A
1.1.3		需求报告编写		5	1	RP	A	A	A	A
1.1.4		需求评审		5	1	RP	A	A	A	A
1.2.1		概要设计		4	0.5	RP	A		A	A
1.2.2		软件架构设计		4	0.5	RP	A		A	A
1.2.3		权限模块设计		4	0.5	RP	A		A	A
1.2.4		内网系统模块设计		4	0.5	RP	A		A	A
1.2.5		外网系统模块设计		4	0.5	RP	A		A	A
1.2.6		设计报告编写		5	1	RP	A	I	A	A
1.2.7	项目设计	项目设计评审		5	1	RP	A	I	A	A
1.3.1		系统架构编码		3	2	A			R	P
1.3.2		权限模块编码		3	1	A			R	P
1.3.3		内网系统模块编码		3	7	A			R	P
1.3.4		外网系统模块编码		3	8	A			R	P
1.3.5		系统集成		5	9	RP	A	I	A	A
1.3.6	编码	编码评审		5	1	RP	A	I	A	A
1.4.1		权限模块测试		5	1	P	I		A	A
1.4.2		内网系统模块测试		5	1	P	I		A	A
1.4.3		外网系统模块测试		5	2	P	I		A	A
1.4.4		系统集成测试	提供多种不同系统设备	5	3	P	I		A	A
1.4.5		测试报告编写		5	2	RP	A		A	A
1.4.6	测试	测试评审		5	1	RP	A		A	A
1.5.1		用户手册编写		5	8	RP	A		A	A
1.5.2		客户培训		5	4	RP	A		A	A
1.5.3	项目收尾	项目验收		5	1	RP	A		A	A

说明：以上工期及费用估算均用最可能值。

图 8-11 "基于 Fabric 的区块链慈善管理系统开发"项目工作分解结构图

8.3.2 项目进度优化

在工作分解结构确定后，可对项目时间进度表进行优化，项目规定需求分析任务、项目设计任务、程序编码任务，系统测试任务、项目收尾任务必须按顺序进行。根据项目工期需求，本项目工期限定为 2022 年 1 月 1 日～30 日。为使项目在规定工期内完成，需要重新定义本项目的任务日历。规定每周日为休息日，工作日为周一至周六，每天工作 8 小时，工作时间为上午和下午各 4 小时，每周工作按 48 小时计算。项目工期共 26 个工作日，其中需求分析任务占 8 个工作日，项目设计任务占 12 个工作日，程序编码任务占 20 个工作日，系统测试任务占 9 个工作日，项目收尾任务占 4 个工作日。结合项目工作分解结构图和实际项目进度优化情况，制作本项目时间进度的甘特图，如图 8-12 所示。

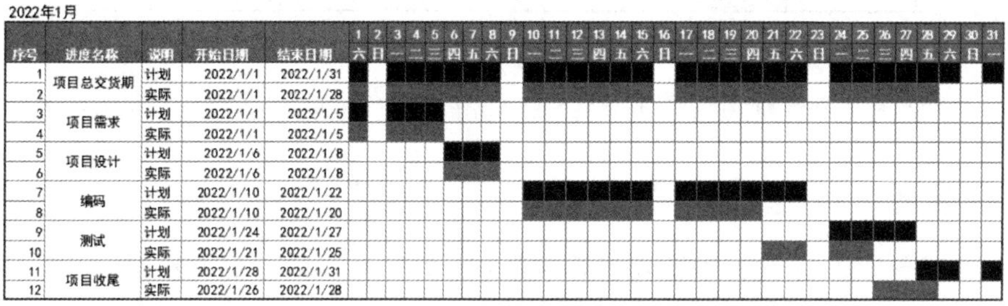

图 8-12　"基于 Fabric 的区块链慈善管理系统开发"项目时间进度甘特图

8.3.3　项目资源平衡

项目资源包括执行项目的人、项目中的设备和耗材等。资源类型包括工时资源、材料资源和成本资源。工时资源指按照工时执行任务的人员和设备资源，即按时间来付费的资源；材料资源指用于完成项目任务的消耗性产品，即耗材；成本资源指项目的财务债务，包括差旅费、资产成本或其他固定任务成本等。本项目为软件开发项目，主要资源为执行项目的人。本项目中仅考虑人力所消耗的工时资源。根据编制的项目计划，本项目中按每天工时为 8 小时，每月工作日为 20 天，月工时为 160 小时。本项目需要项目经理、需求分析师、软件设计师、后台开发工程师、前端开发工程师、软件测试工程师、项目实施工程师 7 个角色的岗位各 1 个。结合本项目的人力资源情况，制作本项目团队成员的分工和岗位表，如图 8-13 所示。

序号	姓名	职称	工作单位	项目主要分工	岗位
1	曾三	教授	A高校	项目经理	项目经理，兼软件设计师
2	宋二	高级工程师	B单位	需求分析	需求分析师
3	刘四	副教授	A高校	系统开发	前端开发工程师
4	李五	高级工程师	B单位	系统测试	项目实施工程师
5	杨六	助理研究员	A高校	系统开发	后台开发工程师
6	毕七	讲师	A高校	系统测试	软件测试工程师

图 8-13　"基于 Fabric 的区块链慈善管理系统开发"项目团队成员的分工和岗位表

8.3.4　项目成本控制

项目的成本包括人员的劳务费、设备费、外协费、业务费、税金、管理员、材料成本、差旅成本和其他费用等。本项目以劳务为主，介绍成本的计算方法。根据项目资源和配置，本项目中每天工时为 8 小时，每月工作日为 20 天，月工时为 160 小时。本项目中的劳务费以 2021 年 9 月 A 高校的薪资标准作参考，以项目经理薪资计算为例，项目经理每个工时按 200 元计算，每天的薪资为 1600 元，平均每月工作 20 天，月薪资为 32000 元。标准费率为一个工时的费率，加班付双倍工资，总劳务成本控制在 20 万元，培训经费预计 5 万元，预留其他费用 5 万元，本项目的总成本控制在 30 万元。结合本项目的成本控制情况，制作本项目中各工作岗位的薪资估算，如图 8-14 所示。

（单位：元）

序号	工作岗位	平均工时薪资/元	平均月薪/元	说明
1	项目经理	200	32000	
2	需求分析师	150	24000	
3	软件设计师	150	24000	
4	后台开发工程师	120	19200	
5	前端开发工程师	120	19200	
6	软件测试工程师	100	16000	
7	项目实施工程师	100	16000	

2021年12月

图 8-14 "基于 Fabric 的区块链慈善管理系统开发"项目各工作岗位的薪资估算

8.3.5 项目质量监控

"基于 Fabric 的区块链慈善管理系统开发"项目的主要内容和技术要求包括创建基于 Fabric 开发平台的区块链起始节点，生成证书和起始区块；配置 MSP 证书，生成后继节点；定义慈善区块链的 docker stack 的资源清单文件；启动慈善区块链网络；配置停止脚本等。结合本项目的质量监控情况，制作本项目实施质量控制的思维导图，如图 8-15 所示。

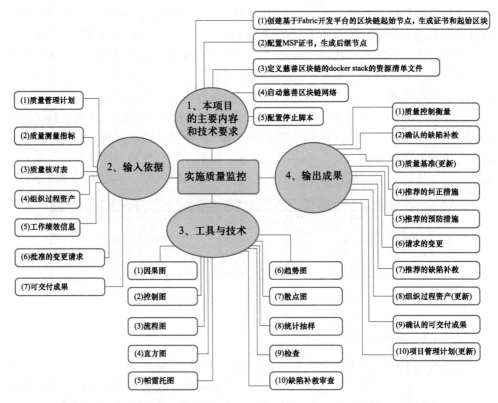

图 8-15 "基于 Fabric 的区块链慈善管理系统开发"项目实施质量监控的思维导图

8.3.6 项目风险控制

为了预防项目失败，项目组对项目进行严格的风险控制。项目风险控制是指项目管理者采取风险回避、损失控制、风险转移和风险保留等各种措施和方法，消灭或减少风险事件发生的各种可能性，或减少风险事件发生时造成的损失。风险控制是指对风险进行监控，在特定风险发生时采取应对反应，以降低风险的负面影响。
结合本项目的风险控制情况，制作本项目的一页纸项目管理图，如图 8-16 所示。

项目编号	东一	项目名称	"基于fabric的区块链慈善管理系统开发"项目			报告日期	2021年12月28日
项目目标	项目通过验收，按时上线						

子目标			主要任务	进控计划，项目结束时间：2022-1-31	负责人/助手				
0			1 项目需求	0	A				
0	0		2 项目设计	0	A	B			
	0		3 编码	0 0			A B C D		
	0	0	4 测试	0			A B C D		
		0	5 项目收尾	0	A	B	C D		
			A 按时上线	0 0 0 0					

风险，定性问题及其他评价指标	优：满意；中等：担忧；不及格：危险		
1 内部开发的软件的性能	A	B	
2 外部开发的软件的性能	A	B	
3 完成集成的系统性能	A	B	

图 8-16 "基于 Fabric 的区块链慈善管理系统开发"项目的一页纸项目管理图

（图中还包含：需求分析、系统运行、活动上线等子目标区域，主要任务甘特图，目标日期为1月第一周至3月第四周，成本条形图，负责人曾三、宋二、刘四、李五、杨六、毕七，人力20万、培训经费5万、其他经费5万、预算、花费等内容。备注：1、项目子目标区域：0表示计划，I表示完成，即将某项任务完成时在0里涂上黑色。2、负责人/助手区域：A：表示第一负责人；B表示第二负责人；C表示第三负责人。概述和预测：项目有加班，成本超预算；项目提前1天交付；所交付的软件系统与需求基本符合。）

课后练习

课后练习

一、多选题

1. 常用的项目管理工具图表有（   ）。

    A. 工作结构分解图   B. 甘特图

    C. 一页纸项目管理图   D. 思维导图

2. 常用的项目管理工具软件有（   ）。

    A. Microsoft Project   B. Tower

    C. Worktile   D. Microsoft Office

二、简答题

1. 简述项目管理。

2. 简述项目。

单元 9　机器人流程自动化

【单元导读】

人们平时在使用计算机时，常会遇到大量机械重复而又烦琐的操作，如果都依靠人工来操作，不仅很容易感到疲劳和厌烦，还经常会出错。随着技术的不断发展，机器人流程自动化（Robotic Process Automation，RPA）技术产生了，应用于财务、物流、销售、人力资源等领域。

素养提升　单元 9
机器人流程自动化

项目 9.1　机器人流程自动化概述

9.1.1　基本概念

RPA 是一种软件技术，可轻松创建、部署和管理软件机器人，模拟人类行为，与数字系统和软件进行互动。软件机器人可像人类一样工作，如理解屏幕上的内容、准确完成按键、系统导航、识别和提取数据，以及完成一系列的既定行为，而软件机器人工作速度比人类更快、更稳定，且无须休息。

PPT：
机器人流程自动化

PPT

9.1.2　RPA 的适用场景

① 简单且重复的操作：RPA 主要是代替人工进行重复性机械操作。它适用的流程必须基于明确的规则、逻辑性强、很少需要决策判断的任务及流程。RPA 不适用于创造性强、流程变化频繁的应用场景。

② 量大且易出错的业务：RPA 的一个主要优势就是节省人力，防止人工错误。

③ 内部系统过多，需要跨平台、跨系统进行的任务：企业内部过多的 IT 系统，不便于数据的流转与搬运。RPA 是一种外挂式平台，在不更改内部原有系统的情况下，即可实现业务的操作。

④ 耗时或对操作速度有要求的工作模式：弥补人工操作容忍度低、峰值处理能力差的缺点，例如，代替人工值守夜间的工作，需要及时向客户交付服务的流程。

⑤ 后台任务：后端办公、数据查询、收集和更新等任务。

微课
机器人流程自动化
概述

9.1.3　RPA 与人工智能（AI）

RPA 可以帮人们做很多事情，凡是在计算机上进行的简单、重复的操作，都可以考虑使用 RPA 来代替。但是，有一些重复而不那么简单的操作，是 RPA 无能为力的，仍然不得不由人工来完成。例如，人们可以依靠 RPA，自动收邮件、回邮件，但它只能回复固定内容的邮件。如果要判断对方的意图，根据意图回复不同的邮件，RPA 就无法完成了。

人工智能（AI）在近年来得到了飞速的发展，如市场上很多手机 APP 都支持

素材　项目 9.1

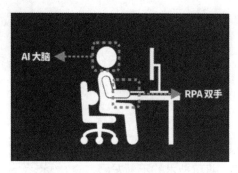

依靠人脸识别来进行身份认证，或者以对话的方式向手机发号施令等。这些都是人工智能的经典使用场景。那么，能否将 AI 和 RPA 相结合，让 AI 来识别邮件内容的大致意图，然后告诉 RPA，再让 RPA 去根据不同的意图，回复不同内容的邮件呢？答案是肯定的。它甚至可以更进一步，除了收邮件和回邮件之外，还让 RPA 和 AI 一起做更多更有趣的事情。

随着 RPA 的发展，人们深刻地认识到：RPA 能做很多工作，但它是"无脑"的。如果和 AI 配合起来，RPA 模拟人的双手，AI 模拟人的大脑，如图 9-1 所示。两者合力形成的"软件机器人"，有脑有手，应用场景更加广阔。

图 9-1　软件机器人的双手和大脑

项目 9.2　国内 RPA 领航者：UiBot

UiBot 机器人流程自动化解决方案可以解决企业的自动化难题，高效完成重复性高但却有固定业务逻辑的工作，极大地减少人为从事某些固定规则、大批量、重复性、枯燥烦琐的工作需求；优化整个企业基础流程作业，减少成本，提高效率，确保零失误，为企业及个人构建数字化劳动力提供强大技术支持。

9.2.1　UiBot 架构

UiBot 由 Creator、Worker、Commander 这 3 个部分构成。

① **UiBot Creator**（机器人的开发工具），负责开发 RPA 流程自动化机器人，可视化工作流与源代码两种开发方式可随时切换，无缝衔接，兼顾入门级的简单易用与进阶后的快速开发需要。

② **UiBot Worker**（机器人的执行平台），可查看具体的业务机器人，具有完整的机器人添加和运行管理功能，具备人机 Robot 、无人 Robot 双重模式。

③ **UiBot Commander**（机器人的管理中心），对机器人工作站进行综合调度与权限控制，可实现信息统一管理，提供数据可视化图表展示，包括信息汇集、用户管理、机器人管理、系统管理、UiBot Worker 管理。

9.2.2　UiBot Creator

UiBot Creator 的表现方式包含流程视图、可视化视图、源代码视图 3 种视图。在了解这 3 种视图的同时，会用到 **UiBot** 的流程、流程块、命令、属性 **4** 个基本概念。一般而言，一个流程包含多个流程块，一个流程块包含多个命令，一个命令包含多个属性，如图 9-2 所示。

（1）流程视图

针对咨询方，主要用于业务流程的梳理和确认，省略了具体流程细节的实现。

所谓流程，是指要用 UiBot 来完成的一项任务。新建或打开 UiBot 中的流程后可以看到，每个流程都用一张流程图来表示。在流程图中，包含了一系列的"组件"，其中最常用的是"开始""流程块""判断"和"结束"这 4 种组件，其他的如"辅助流程""子流程"对于初学者来说可以先不掌握。用鼠标把一个组件从左边的"组件区"拖曳到中间空白的"画布"上，即可新建一个组件。在画布上的组件边缘上拖曳鼠标（此时鼠标的形状会变成一个十字型），可以为组件之间设置箭头连接。把多个组件放在一张画布上，用箭头把它们连接起来，则构成一张流程视图，如图 9-3 所示。

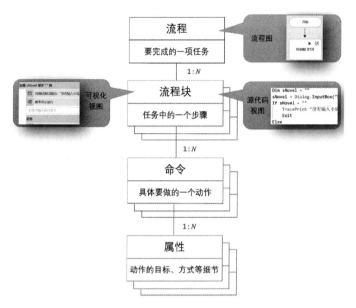

图 9-2　4 个概念和 3 个视图的关系

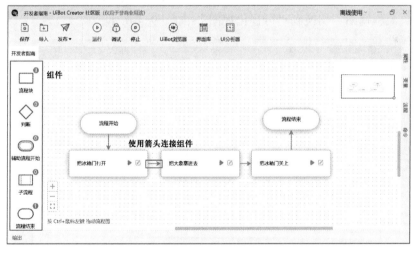

图 9-3　流程视图

每个流程视图中必须有一个且只能有一个"开始"组件。顾名思义，流程从这里开始运行，并且沿着箭头的指向，依次运行到后续的各个组件。

在每个流程视图中，可以有一个或多个"结束"组件，流程一旦运行遇到"结束"组件，自然就会停止运行。当然也可以没有"结束"组件，当流程运行到某个流程块，而这个流程块没有箭头指向其他流程块时，流程也会停止运行。

在每个流程视图中，可以有一个或多个"判断"组件，当然也可以没有"判断"组件。在流程运行的过程中，"判断"组件将根据一定的条件，使后面的运行路径产生分叉。当条件为真的时候，沿着"是"箭头运行后续组件；否则，沿着"否"箭头运行后续组件。

最后，也是最重要的，流程图中必须有一个或多个"流程块"。

可以把一个任务分为多个步骤来完成，在 UiBot 用一个"流程块"来描述每个步骤。例如，假设任务是"把食物装进冰箱里"，那么，可以把这个任务分为以下 3 个步骤：

- 把冰箱门打开。
- 把食物放进去。
- 把冰箱门关上。

上述每个步骤就是一个流程块，UiBot 并不能帮人们把冰箱门打开。在 UiBot 中，一个步骤，或者一个流程块，只是大体上描述了要做的事情，而暂时不涉及如何去做的细节。

在 UiBot 的工具栏中，有一个【运行】按钮。单击该按钮后，会从"开始"组件开始，依次运行流程中的各个组件。而每个流程块上还有一个三角形状的按钮，单击该按钮后，就会只运行当前的流程块。该功能方便人们在开发 RPA 流程时，把每个流程块拿出来单独测试。

（2）可视化视图

针对不熟悉 IT 行业的各领域专家以及普通用户，通过简单拖曳、参数配置操作，即可完成流程的连接活动。

每个流程块上有一个形状类似于"纸和笔"的按钮，单击该按钮，UiBot 的界面会从"流程视图"切换到"可视化视图"，如图 9-4 所示。

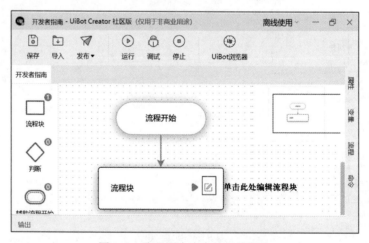

图 9-4　流程图中点击编辑流程块

UiBot 编写流程块的"可视化视图"包含 3 个主要区域，从左到右分别是命令区、组装区、属性区。这里引入一个重要概念：命令。所谓命令，是指在一个流程块当中，需要告知 UiBot 具体每一步该做什么动作、如何去做。UiBot 会遵循用户给出的一条条命令，去忠实地执行。假如流程块是"把冰箱门打开"，那么具体的命令可能是：

- 找到冰箱门把手。
- 抓住冰箱门把手。
- 拉开冰箱门。

当然，这个例子只是打个比方，UiBot 并不能把冰箱门打开。UiBot 所能完成的几乎所有命令都分门别类地列在左侧的"命令区"，包括模拟鼠标、键盘操作，对窗口、浏览器操作等多个类别，还可以进一步展开查看每个类别包含的具体的命令。

可视化视图的中间区域，称为"组装区"，可以把命令在这里进行排列组合，形成流程块的具体内容。可以从左侧的"命令区"，双击鼠标左键或者直接拖曳，把命令添加到"组装区"，也可以在组装区拖动命令，调整它们的顺序和关系。

命令是用户要求 UiBot 做的一个动作，但只有命令还不够，还需要给这个动作加上一些细节，这些细节就是这里要引入的第 4 个概念：属性。如果说命令只是一个动词，那么属性就是和这个动词相关的名词、副词等，它们组合在一起，UiBot 才知道具体如何做这个动作。

还用上面的例子来说，对于命令"拉开冰箱门"，它的属性包括：

- 用多大力气。
- 用左手还是右手。
- 拉开多大角度。

在编写流程块的时候，只需要在"组装区"用鼠标左键单击某条命令，将其置为高亮状态，右边的属性变量区即可显示当前命令的属性。属性包含"必选"和"可选"两大类。一般来说，UiBot 会自动设置每一个属性的默认值，但"必选"的属性通常需要根据具体需求进行修改。对于"可选"的属性，一般保持默认值即可，只有特殊需求的时候才要修改。

将命令区、组装区、属性区从左到右进行排列，如图 9-5 所示，是 UiBot 的默认排列方式。用户也可以拖曳每个区域上的标签，将其调整到其他排列方式。

图 9-5 可视化视图

（3）源代码视图

针对 IT 领域专家或者熟悉本产品的领域专家，可有效减少鼠标操作，更快捷地生成所需的流程。

在组装区的上方，有一个可以左右拨动的开关，左右两边的选项分别是【可视化】和【源代码】，默认为【可视化】状态。可以将其切换到【源代码】状态，如图 9-6 所示。源代码视图实际上也展现了当前流程块中所包含的命令，以及每条命令的属性。但没有用方块把每个命令标识出来，也没有在属性区把每个属性整齐地罗列出来，而是全部以程序代码的形式来展现。

图 9-6 源代码视图

项目 9.3 UiBot 的安装、注册和应用案例

下面以 UiBot Creator Community 5.3.0 为例，讲解 UiBot 的安装、注册和应用案例。

9.3.1 UiBot 的安装和注册

UiBot 的安装和注册过程如下。

首先双击安装文件，选中【我已阅读并知晓用户协议】复选框，单击【同意】按钮，单击【开始安装】按钮，等待安装进度完成后，提示"立即体验"字样，表示已成功安装 UiBot。

单击【立即体验】按钮，进入【用户登录】界面，如图 9-7 所示，单击【快速注册，免费使用 UiBot】按钮，打开【新用户注册】界面。输入手机号或电子邮箱地址，获取验证码。设置登录密码，单击【立即注册】按钮，即可完成注册。

9.3.2 UiBot 应用案例：自动打开一个指定的网页

1. 案例要求

创建一个机器人流程，运行该流程时，系统自动打开一个指定的网页链接。

2. 操作步骤

步骤 1 打开 UiBot，进入 UiBot Creator 主页，单击【新建】按钮。

步骤 2 为流程选择合适的名称和存储位置（这里使用默认值），单击【确定】按钮。

图 9-7　【用户登录】界面

步骤 3　选择流程块，将其拖曳至右侧区域。

步骤 4　将"流程块"连接至"流程块 1"。

步骤 5　单击"流程块 1"右上角的【编辑】按钮，进入流程块编辑。

步骤 6　在左侧 UiBot 命令中心，依次打开【软件自动化】【浏览器】，将启动新的浏览器拖曳至流程图编辑面板，如图 9-8 所示。

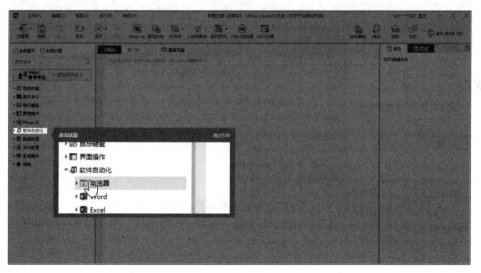

图 9-8　依次打开【软件自动化】【浏览器】，将启动新的浏览器拖曳至流程图编辑面板

素材　项目 9.3

步骤 7　在右侧的【属性】选项卡中，将【打开链接】栏的内容编辑为 "www.uibot.com.cn"（注意：这里一定要使用半角双引号），如图 9-9 所示。

步骤 8　单击【流程图】按钮，从编辑器界面返回流程图。

步骤 9　单击【保存】按钮，保存该新建流程。

步骤 10　单击【运行】按钮，观察页面下方的运行进度提示。观察 UiBot 运行结果，如图 9-10 所示。

图 9-9 在【属性】选项卡中编辑【打开链接】栏的内容

图 9-10 UiBot 运行结果：系统自动打开链接

课后练习

一、操作题

1. 上网搜索 RPA 入门教程，推荐一个好的视频教程，说明它的主要内容。

2. 上网搜索 UiBot 实战案例，推荐一个案例，说明它采用 UiBot 解决了什么具体问题。

3. 用 UiBot 创建一个机器人流程，运行该流程时，系统自动打开一个指定的网页链接。

二、填空题

1. UiBot Creator 的表现方式包含 3 种视图，分别是（　　）、（　　）、（　　）。

2. UiBot 的 4 个基本概念分别是流程、（　　）、（　　）、（　　）。

三、简答题

1. RPA 的适用场景有哪些？

2. UiBot 特色功能有哪些？

单元 10   程序设计基础

【单元导读】

程序设计是指借助计算机语言来开发计算机应用程序的相关工作。用计算机程序解决问题，是信息加工和处理的一种重要手段。计算机程序是一组操作指令或语句序列，程序设计的一般过程包括确定算法、编写程序、调试程序。其与艺术设计、服装设计、建筑设计等偏重于美学设计有所不同，程序设计的核心是逻辑。一个优秀的程序，必须具备清晰的流程、良好的容错能力和优秀的算法，而这 3 个要素，无不说明程序设计是一项逻辑严谨的工作。

素养提升　单元 10
程序设计基础

PPT：
程序设计概述

PPT

素材　项目 10.1

项目 10.1   程序设计概述

10.1.1   程序设计基本概念

程序设计是给出解决特定问题程序的过程，是软件构造活动中的重要组成部分。程序设计往往以某种程序设计语言为工具，给出这种语言下的程序。

程序设计过程应当包括分析、设计、编码、测试、排错等不同阶段。专业的程序设计人员常被称为程序员。

10.1.2   语言分类

用于编写程序的计算机语言，是按照特定的规则组织计算机指令，使计算机能够自动进行各种操作处理。

程序设计语言包含语法、语义。语法类似于人类日常会话的语法，表示构成语言的各个记号之间的组合规律。语义表示按照各种方法所表示的各个记号的特定含义。

从发展历程上来说，程序设计语言可分为机器语言、汇编语言、高级语言、非过程化语言 4 代。

1. 机器语言

由二进制 0、1 代码指令构成，不同的 CPU 具有不同的指令系统。机器语言程序难编写、难修改、难维护，需要用户直接对存储空间进行分配，编程效率极低，该语言已经被逐渐淘汰。

2. 汇编语言

机器指令的符号化，与机器指令存在着直接的对应关系，所以汇编语言同样存在着难学难用、容易出错、维护困难等缺点。但是汇编语言也有自己的优点：可直接访问系统接口、汇编程序编译成的机器语言程序的效率高。

3. 高级语言

高级语言是一种独立于机器，面向过程或对象的语言。高级语言是参照数学语言而设计的近似于日常会话的语言。

目前较为流行的高级语言有 C 语言、Java 语言、Python 语言、PHP 等。

计算机并不能直接识别高级语言，也就是说用高级语言写一个程序，如果不通过编译，计算机将不会执行，因为计算机只能识别 0、1 代码。所以，高级语言编写的程序需要"翻译"成计算机能识别的二进制代码。

"翻译"的方法有两种，分别是解释和编译。解释是把源程序翻译一句，执行一句的过程，而编译是将源程序翻译成机器指令形式的目标程序的过程，再用链接程序把目标程序链接成可执行程序后才能执行。例如，Python 语言是解释执行，而 C 语言是编译执行，Java 则是先编译后解释执行。

4. 非过程化语言

非过程化语言的组织不是围绕着过程的，编码时只需说明"做什么"，不需描述算法细节，如数据库查询和应用程序生成器。用户只需将要查找的内容在什么地方、根据什么条件进行查找等信息告诉 SQL，SQL 将自动完成查找过程。应用程序生成器则是根据用户的需求"自动生成"满足需求的高级语言程序。

项目 10.2 程序设计语言和工具

PPT:
程序设计语言和工具

PPT

10.2.1 C 语言

C 语言是一种计算机程序设计语言，其既具有高级语言的特点，又具有汇编语言的特点。它可以作为操作系统设计语言、编写系统应用程序，也可以作为应用程序设计语言，编写不依赖计算机硬件的应用程序。它的应用范围广泛，具备很强的数据处理能力，不仅仅是在软件开发上，而且各类科研都需要用到 C 语言，如单片机以及嵌入式系统开发。

素材 项目 10.2

10.2.2 C++

C++是在 C 语言的基础上开发的一种面向对象编程语言，应用广泛。它的主要特点表现在两个方面：一是尽量兼容 C，二是支持面向对象的方法。它保持了 C 语言简洁、高效、接近汇编语言等特点，对 C 的类型系统进行了扩充。

10.2.3 C#

C#是一种面向对象的编程语言。

主要特点：简单、现代、面向对象的、类型安全、相互兼容性、可伸缩性和可升级性。

10.2.4　Java

Java 是一种面向对象编程的语言，不仅吸收了 C++语言的各种优点，还摒弃了 C++里难以理解的多继承、指针等概念，因此 Java 语言具有功能强大和简单易用两个特征。

特点：简单、面向对象、分布性、编译和解释性、稳健性、安全性、可移植性、高性能、多线索性、动态性。

10.2.5　PHP

PHP 是一种通用开源脚本语言，吸收了 C 语言、Java 和 Perl 的特点，利于学习，使用广泛，主要适用于 Web 开发领域。

其特点如下：

① PHP 独特的语法混合了 C、Java、Perl 以及 PHP 自创新的语法。

② PHP 可以比 CGI 或者 Perl 更快速地执行动态网页：动态页面。

10.2.6　Python

Python 是一种面向对象的解释型计算机程序设计语言。

特点：简单、易学、速度快、免费、易开发、高级语言、可移植性、解释性、面向对象、可扩展性。

项目 10.3　Python 程序设计方法实践

10.3.1　Python 语言开发环境配置

PPT:
Python 程序设计

Python 是一门编程语言，也是一个名为解释器的软件包，解释器是一种让其他程序运行起来的程序，当编写了一段 Python 程序后，Python 解释器将读取程序，并且按照其中的命令执行，得出结果。

Python 解释器是代码与机器的计算机硬件之间的软件逻辑层。当 Python 安装包安装在机器上后，它包含一些最小化的组件，如一个解释器和支持的库。

根据使用情况的不同，Python 解释器可能采取可执行程序的形式，或是作为链接到另一个程序的一些库。根据选用的 Python 版本不同，解释器本身可以用 C 语言实现，或者 Java 类实现，或者其他形式。无论采取何种形式，编写的 Python 代码必须在解释器中运行。

微课
Python 开发环境
配置

1.　安装 Python 解释器

Python 语言解释器可以在 Python 官网上下载，其中，Python 解释器主网站下载界面如图 10-1 所示。

本书案例内容均以 3.10.3 版本为例。Python 是跨平台的，它可以运行在 Windows、Mac 和各种 Linux/UNIX 系统上。在 Windows 上编写的 Python 程序，放到 Linux 上也是能够运行的。根据所用操作系统版本选择相应的 Python 3.x 系列安装程序。此处下载基于 Windows 10 的 64 位操作系统的安装文件 python-3.10.3-amd64.exe。

图 10-1　Python 解释器主网站下载页面

双击所下载的文件安装 Python 解释器,将启动一个如图 10-2 所示的引导过程。在该页面中,选中【Add Python 3.10 to PATH】复选框,其目的在于将 Python 解释器加入 Windows 的系统环境变量 PATH 中,那么在后续的 Python 开发中可直接在 Windows 命令行中执行 Python 脚本。

图 10-2　安装程序引导过程的启动页面

素材　项目 10.3

安装成功后将显示安装成功的界面。

2. Python 开发工具的下载与安装

Python 环境搭建好之后,还需要对应的集成工具,帮助人们更好地完成 Python 代码的集成以及运行。

IDLE 是一个轻量级 Python 语言开发环境,可以支持交互式和批量式两种编程方式,已与该语言的默认实现捆绑在一起,是开发 Python 程序的基本 IDE。Python 安装成功后将在系统中安装一批与 Python 开发和运行相关的程序,其中最重要的两个是 Python 命令行和 Python 集成开发环境(Integrated Development and Learning Environment,IDLE)。

3. 运行 Hello 程序

通过调用安装的 IDLE 来启动 Python 运行环境。IDLE 是 Python 软件包自带的集成开发环境，可以在 Windows【开始】菜单中搜索关键词"IDLE"找到 IDLE 的快捷方式。打开 IDLE，输入以下代码：

```
Print("Hello World")
```

10.3.2 Python 编写规范

微课
Python 编写规范

遵循 PEP-8 编码规范，在此基础上做了一定的修改。

（1）注释

① 单行注释。以#开头，#右边的所有内容为说明文字。例如：

```
# 我是注释，可以在里面编写一些功能说明
print('hello world')
```

② 多行注释。可使用 3 个引号、3 个单引号或者 3 个双引号。例如：

```
'''
我是多行注释，可以写很多很多行的功能说明
        这就是我牛的地方   哈哈
'''


"""
我也是多行注释，后面可以有很多说明文字
"""
```

（2）缩进

每级缩进用 4 个空格，Python 不使用 {} 来组织代码，完全依靠缩进，所以缩进的格式非常重要。使用空格的时候务必使用 4 个空格，不能使用其他数量的空格，否则会出现语法错误。

（3）分号

Python 不严格要求使用分号。理论上应该每行放一句代码。每行代码之后可以添加分号，也可以不添加分号。

例如，以下两行代码是等价的：

```
print "hello world!"
print "hello world!";
```

第 1 行代码的输出结果：

```
hello world!
```

第 2 行代码的输出结果：

```
hello world!
```

如果要在一行中书写多条句，就必须使用分号分隔每个语句，否则 Python 无法识别语句之间的间隔：

```
#  使用分号分隔语句
x=1; y=1 ; z=1
```

第2行代码有3条赋值语句,语句之间需要用分号隔开。如果不隔开语句,Python解释器将不能正确解释,提示语法错误:

```
SyntaxError: invalid syntax
```

注意分号不是 Python 推荐使用的符号,Python 倾向于使用换行符作为每条语句的分隔,简单直白是 Python 语法的特点。通常一行只写一条语句,这样便于阅读和理解程序,一行写多条语句的方式是不好的习惯。

（4）编码习惯

① 见名知意,使用有意义的英文单词或词组。

② 下画线命名和驼峰式命名。

下画线:student_name（python 推荐使用该种方式）。

小驼峰:studentName。

大驼峰:StudentNameTable。

③ 避免采用的名字

不要使用字符 l（小写字母 l）, O（大写字母 O）, 或 I（大写字母 I）作为单个字符的变量名。在一些字体中,这些字符不能与数字 1 和 0 区别。

10.3.3 Python 语法元素

微课
Python 语法元素

（1）变量

1）变量定义

与 C 语言和 Java 等其他语言一样,Python 采用变量来保存数据。在定义变量时,内存会为变量分配存储空间,有了存储空间就可以存储数据了。

2）变量类型

变量用来保存数据,数据有很多类型,如整数、小数、字符、字符串、列表、字典、元组等、因此变量就有整数、小数、字符、字符串、列表、元组、字典等多种类型。

C 语言和 Java 都遵循变量要先定义再使用的原则,不定义就使用编译器是会报错的,而且定义时必须要指明变量类型,最好要给变量一个初值,如果不给变量一个初值,变量可能会是一个乱码值。而 Python 不用指明变量类型,可根据输入的值来判断变量类型。

例如,3 种语言定义变量,并且赋初值（以整形变量为例）:

```
C: int a=3;
Java : int a=3;
Python: a=3
```

因此说 python 在语法上要简便一些。

3）命名规则

① 可以采用大小写字母、数字、下画线、汉字等字符命名,但是名称首字母

不能是数字，中间不可出现空格，且大小写敏感，如 ab 和 Ab 就是两个不同的变量。

② 名称不能与 Python 的保留字重复，这点和 C 语言、Java 等编程语言都保持一致。

（2）保留字

保留字也称为关键字，指被编程语言内部定义并保留使用的标识符，是一些已经被赋予特定意义的单词。要求开发者在开发程序时，不能将这些保留字作为标识符给变量、函数、类、模板以及其他对象命名。Python 共有 33 个保留字，见表 10-1，这些保留字大小写敏感，例如 in 是 Python 的一个保留字，不能当做变量使用，而 In 则可以当做变量来使用。

表 10-1　Python 的 33 个保留字

and	as	assert	break	class
continue	def	del	elif	else
except	finally	for	from	global
if	import	in	is	lambda
nonlocal	not	or	pass	raise
return	try	while	with	yield
False	None	True		

（3）字符串

字符串是 Python 中最常用的数据类型，字符串的意思就是"一串字符"，如 "Hello,World" 是一个字符串，"How are you?" 也是一个字符串。Python 要求字符串必须使用引号括起来，使用单引号或者双引号，只要两边的引号能配对即可。

字符串是字符的序列，可以按照单个字符或字符片段进行索引。通过索引可以精确地定位到某个元素。字符串包括正向递增序号和反向递减序号两种序号系列。例如，相应的字符串操作效果如下：

```
name = "meat"
meat 每一个字母称为一个元素
# 0123        从左向右代表每一个字母（正向递增序号）
#-4-3-2-1      从右向左代表每一个字母（反向递减序号）
print(name[-1])   输出 t

name = "今天是个好日子"
        0 1 2 3 4 5 6
       -7-6-5-4-3-2-1
a = name[0]
b = name[1]
print(a+b)     **输出今天**
```

Python 字符串也提供区间访问方式，采用 [N:M] 格式，其中 N 和 M 为字符串的索引序号，可以混合使用正向递增序号和反向递减序号。例如，相应的字符串操作效果如下：

```
name = "大黑哥吃大煎饼"
print(name[1:5])
输出  黑哥吃大
print(name[-2:-6:-1])
输出  煎大吃哥
print(name[-6:6])
输出  黑哥吃大煎
```

（4）赋值语句

Python 中，"="表示"赋值"，含义是将右边的计算结果赋给左边变量。通常用于给变量赋初值。

例如：a=3

此外，Python 也支持同步赋值，例如把 a,b,c 三个变量分别赋值为 1,2,3。

```
a,b,c=1,2,3
```

结果如下：

```
a,b,c=1,2,3
print(a,b,c)

123
```

（5）输入函数 input()

使用 input 函数让用户输入数据时，可以给用户一些提示让程序更加人性化，增加人机交互。

语法：

```
变量名=input('提示字符串')
```

作用：在终端中显示提示信息，等待用户输入，按 Enter 键结束，赋值给变量。

提示字符串：让用户输入之前，显示在屏幕上的提示信息。

```
name = input('夏天和冬天你喜欢哪一个：')
print('我喜欢'+name)
```

运行结果：

```
夏天和冬天你喜欢哪一个：夏天
我喜欢夏天
```

（6）eval()函数

eval()函数可以按照 Python 表达式的方式解析并执行字符串，并将结果返回输出。例如：

```
>>>x = 7
>>> eval( '3 * x' )
```

```
21
>>> eval('pow(2,2)')
4
>>> eval('2 + 2')
4
>>> n=81
>>> eval("n + 4")
85
```

（7）print()函数

用于打印输出，是最常见的函数，print() 函数的详细语法格式如下：

```
print (value,…, sep='', end='\n', file=sys.stdout, flush=False)
```

从以上语法格式可以看出，value 参数可以接受任意多个变量，依次用逗号拼起来，因此 print()函数可以输出多个值。例如如下代码：

```
user_name='jacky'
user_age=8
#同时输出多个变量和字符串
print("读者名：",user_name,"年龄：",user_age)
```

运行结果：

```
读者名：　jacky 年龄：　8
```

在默认情况下，print() 函数输出之后总会换行，这是因为 print() 函数的 end 参数的默认值是 "\n"，这个 "\n" 就代表了换行。如果希望 print() 函数输出之后不会换行，则重设 end 参数即可，例如如下代码：

```
#设定 end 参数，制定输出之后不再换行
print(20,'\t',end="")
print(30,'\t',end="")
print(40,'\t',end="")
```

运行结果：

```
20　30　40
```

file 参数指定 print() 函数的输出目标，print() 函数默认输出到屏幕。

print() 函数的 flush 参数用于控制输出缓存，该参数一般保持为 False 即可，这样可以获得较好的性能。

（8）分支语句

在 Python 中，可以使用分支语句对条件进行判断，然后根据不同的结果执行不同的代码。Python 中 if 分支语句有 3 种使用形式：if 单分支结构（if），if 双分支结构（if-else），if 多分支结构（if-elif-else）。下面逐个讲解各个语句的使用方法：

① if 单分支结构。满足条件执行某个操作，不满足就不执行。

语法：

```
if  条件语句:
    代码块
其他代码（if 外面的代码）
```

执行过程:

判断条件语句是否为 True，为 True 就执行 if 里面的代码块，否则不执行。例如:

```
a=int(input('请输入：'))
    if a%2==0:
        print(a)
```

② if 双分支结构。满足条件执行某个操作，否则执行另一个操作。

语法:

```
if 条件语句:
    代码块 1（满足条件执行的代码）
else:
    代码块 2（不满足条件时所执行的代码）
```

执行过程:

判断条件语句是否为 True（如果不是布尔值，则转换为布尔值），如果为 True 就执行代码块 1，否则就执行代码块 2。例如:

```
age=10
if age>=18:
    print('成年')
else:
    print('未成年')
```

③ if 多分支结构。根据不同的条件执行不同的操作。

语法:

```
if  条件语句 1:
    代码块 1
elif 条件语句 2:
    代码块 2
elif 条件语句 3:
    代码块 3
...
else:
    代码块 n
其他代码
```

执行过程:

先判断条件语句 1 是否为 True，如果是 True 就执行代码块 1，然后整个 if 语句结构直接结束；否则判断条件语句 2 是否为 True，如果是 True 就执行代码块 2，然后整个 if 语句结构直接结束；如果前面语句都不成立，就直接执行 else 后面的代码块 n。例如：

```
income=40000
if income<=1000:
    print('买衣服')
elif income<=5000:
    print('买化妆品')
elif income<10000:
    print('买车')
else:
    print('你有钱，你随意')
```

（9）循环语句

在 Python 中，循环分为 while 和 for 两种，最终实现效果相同。

① while 循环：通过条件判断来确定是否停止循环，即当条件为真时，一直循环，直到条件为假时，才停止循环。

语法：

```
while  条件:
条件成立重复执行的代码1
条件成立重复执行的代码2
......
```

例如需要重复执行 5 次 print('hello，world！')，那么初始值是 0 次，终点是 5 次，重复输出"hello，world！"，可用如下代码实现：

```
# 循环的计数器
i = 0
while i < 5:
print('hello，world！')
i += 1

print('任务结束')
```

② for-in 循环：通过循环遍历一个可迭代对象来构建循环，当可迭代对象被循环遍历完后，即停止循环。

语法：

for <循环变量> in <遍历结构>:

重复执行的代码1

重复执行的代码2

......

之所以称为遍历循环，是因为 for 语句的循环次数是根据遍历结构中元素的个数决定，遍历循环可以理解为从遍历结构中逐一提取元素，放在循环变量中，对于所提取的每个元素执行一次语句块。遍历结构可以是字符串、文件、组合数据类型或 range()函数等，常用的使用方法如下：

```
for i in range(4): #循环 4 次
语句块
for i in tsd.txt:   #遍历文件 fi 的每一行
语句块
for i in "hello":   #遍历字符串 s
语句块
for i in [1,2,3,4,5]: #遍历列表 ls
语句块
for i in 遍历结构: #遍历语句的一种扩展模式
语句块
else: #else 语句只有在循环正常执行结束后才执行
语句块
```

例如需要遍历一个字符串并打印每个字符，可用如下代码实现：

```
#for 循环遍历字符串
str='abc'
for i in str:
    print(i)
```

结果如下：

```
a
b
c
```

10.3.4 Python 编程实例

微课
Python 编程实例

【案例制作 10-1】 计算身体质量指数，判断人体胖瘦程度是否健康。

1. 案例描述

第五次国民体质监测报告显示，我国 20～59 岁成年人超重率高达 35%，肥胖率高达 14.6%，合并基本达到 50%，这也就意味着我国每 3 个成年人就有一个超重，每两个成年人就有一个超重肥胖。

身体质量指数，即 BMI 指数，简称体质指数，如图 10-3 所示，是国际上常用的衡量人体胖瘦程度以及是否健康的一个标准。计算公式为 BMI=体重÷身高^2。（体重单位：千克；身高单位：米。）

成年人的 BMI 值处于以下阶段	
体形分类	BMI 值范围
偏瘦	10.≤18.4
正常	18.5≤23.9
过重	24.0≤27.9
肥胖	28.0≤32.0

图 10-3 BMI 值范围

　　国民体质监测跟我们每个人关系密切，个体的体质影响着整个国民的体质健康水平，体质越好健康状态才会越好。

2. 案例实现

步骤 1　打开 IDLE，输入以下代码。

```
#BMI.py
print('-----欢迎使用 BMI 计算程序-----')
name=input('请输入您的姓名： ')
height=eval(input('请输入您的身高(m):'))
weight=eval(input('请输入您的体重（kg）:'))
gender=input('请键入您的性别（F/M）: ')
BMI=float(float(weight)/float(height)**2)
if BMI<=18.4:
    print('姓名： ',name,'身体状态： 偏瘦')
elif BMI<=23.9:
    print('姓名： ',name,'身体状态： 正常')
elif BMI<=27.9:
    print('姓名： ',name,'身体状态： 超重')
elif BMI>=28:
    print('姓名： ',name,'身体状态： 肥胖')
if gender=='F':
    print('感谢',name,'女士"使用本程序,祝您身体健康!')
if gender=='M':
    print('感谢',name,'先生"使用本程序,祝您身体健康!')
```

步骤 2　运行此代码，根据引导依次输入姓名、身高、体重、性别等信息。

```
-----欢迎使用 BMI 计算程序-----
请输入您的姓名：李浩
请输入您的身高（m）：180
请输入您的体重（kg）：75
请键入您的性别（F/M）：M
```

步骤 3　运行结果如下：

```
姓名： 李浩 身体状态：偏瘦
感谢 李浩 先生使用本程序，祝您身体健康!
```

课后练习

课后练习

一、编程题

1. 提问"寒假和暑假你喜欢哪一个"，根据输入信息打印出"我喜欢寒假"或"我喜欢暑假"。

2．根据年龄判断所属人群，年龄<18 岁，"未成年"；18 岁≤年龄<40 岁，"青年"；40 岁≤年龄<60 岁，"中年"；年龄≥60 岁，"老年"。

3．用 for 循环语句，打印数字 0～9。

二、选择题

1．下列选项中，属于 Python 输出函数的是（　　）。

    A．random()　　　　B．print()　　　　C．sqrt()　　　　D．input()

2．下列不属于计算机编程语言的有（　　）。

    A．Python　　　　B．Java　　　　C．C++　　　　D．CPU

3．下列不是 Python 程序基本结构的是（　　）。

    A．顺序结构　　　　B．树形结构　　　　C．分支结构　　　　D．循环结构

4．下列不是 Python 的关键字的是（　　）。

    A．from　　　　B．assert　　　　C．with　　　　D．final

5．下列不是有效的变量名的是（　　）。

    A．_demo　　　　B．banana　　　　C．Numbr　　　　D．my-score

单元 11　大　数　据

【单元导读】

在高速发展的信息时代，新一轮科技革命正在加速推进，技术创新日益成为重塑社会发展模式的重要驱动力，而大数据无疑是核心推动力之一。大数据看似与我们普通人的生活相距甚远，其实不然，它已存在于我们生活的各个角落。那么，究竟什么是大数据？为什么会有大数据？大数据的用途又是什么？本单元解答这些疑问，并介绍大数据相关技术、大数据分析处理平台，以及大数据的应用与未来发展趋势等。

素养提升　单元 11
大数据

项目 11.1　大数据概述

11.1.1　大数据的定义

大数据（Big Data）的概念在 2008 年首次被提出，比较通用的描述是：大数据是指无法使用传统和常用的软件技术和工具在一定时间内完成获取、管理和处理的数据集。大数据的计量单位已经越过 TB 级别，发展到 PB、EB、ZB、YB 甚至 BB 级别（1 EB=1024 PB，1 ZB=1024 EB，1 YB=1024 ZB，1 BB=1024 YB）。如今，大数据一词已不仅仅表示数据规模巨大，它也代表着计算机及信息技术发展进入了一个崭新的时代，代表着大数据处理所需要的新技术和新方法，也代表着大数据分析和应用所带来的新发明、新服务和新的发展机遇。

PPT：
大数据概述

PPT

11.1.2　大数据的特征

大数据时代，大数据的特征具体表现在：

① 数据的规模大，这是大数据最显著的特征。

② 数据的类型多样，从结构化数据到半结构化数据，甚至非结构化数据。例如，互联网中积累了大规模的非结构化数据，包括各种类型的文档、媒体文件。

③ 数据生成速度快，要求数据实时处理的速度快。铁路 12306 售票系统等电子商务网站每分每秒都会产生庞大的交易数据。这些交易数据要求系统以最快的速度进行处理。

④ 庞大的数据量蕴含着巨大的价值。通过对数据进行有效的分析，可以挖掘出数据背后有价值的信息。例如，电子商务网站通过对用户交易数据的分析，将对商品推荐、促销策略设计、广告投放等行为产生直接的引导。通过对社交网络的数据进行分析，有助于政府把握民意、了解社会热点、提高管理水平。

微课
大数据概述

素材　项目 11.1

项目 11.2　大数据相关技术

11.2.1　大数据采集

大数据采集是指从传感器和智能设备、企业在线或离线系统、社交网络和互联网平台等渠道获取数据的过程。采集到的数据包括 RFID 数据、传感器数据、用户行为数据、社交网络交互数据及移动互联网数据等各种类型的结构化、半结构化及非结构化的海量数据。由于数据来源种类多且类型繁杂、数据体量大、数据产生的速度快，传统的数据采集方法无法胜任。大数据采集技术面临着诸多挑战，既要保证数据采集的可靠性和高效性，还要避免采集重复数据。

针对不同的数据来源，大数据采集方法包含数据库采集、系统日志采集、网络数据采集、感知设备数据采集等。

11.2.2　大数据预处理

大数据预处理是大数据采集完成后的下一步工作。现实世界中的数据可能存在不完整或不一致的问题，如果不对其进行预处理，将会导致数据分析的结果不理想。由于采集到的数据规模太过庞大且数据不完整、重复、杂乱，在一个完整的数据挖掘过程中，数据预处理大约要花费 60%的时间。大数据预处理可以提高数据分析和挖掘的质量。

大数据预处理包括数据清洗、数据集成、数据转换和数据规约等步骤。

数据清洗是指消除数据中存在的噪声及纠正数据不一致问题。根据数值异常情况的不同，数据清理常见的方法有缺失值处理、离群和噪声值处理、异常范围及类型值处理等。

数据集成是指将来自多个数据源的数据合并到一起构成一个完整的数据集。数据集成的主要目的是增大样本数据量。

数据转换是指将一种格式的数据转换为另一种格式的数据。数据转换的目的是改变数据的特征以方便计算及发现新的信息。常见的数据转换过程包含离散化、区间化、二元化、标准化、特征转换与创建、函数变换等。

数据规约是指通过删除冗余特征或聚类以消除多余数据。数据规约的目的是减少数据量，降低数据的维度，提升分析准确性，减少计算量。数据规约的方法包括数据聚集、抽样等。

11.2.3　大数据存储与管理

大数据存储是大数据处理领域的一项关键技术。大数据的显著特征是数据量庞大，从而导致存储规模相当大。数据呈现的方式众多，可以是结构化、半结构化和非结构化的数据，不仅使原有的存储模式无法满足大数据时代的需求，还导致存储管理变得更加复杂。此外，由于大数据的价值密度相对较低，数据增长速度快、处理速度和时效性要求高，在这种情况下，如何结合实际业务需要有效地组织、存储和管理数据，已成为亟待解决的问题。

人们利用分布式存储代替集中式存储，用多台廉价机器组成的集群取代之前采用的单台昂贵机器，让海量存储的成本大大降低。目前，具有代表性的存储引擎如下：

（1）HDFS

HDFS（Hadoop Distributed File System）是很多 OLAP（联机分析处理）采用的底层存储技术。HDFS 使用大量分布节点上的本地文件系统来构建一个逻辑上具有巨大容量的分布式文件系统，该系统的容量可随集群中节点的增加而线性扩展，具有良好的可扩展性。

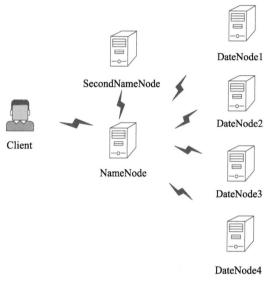

HDFS 的基本架构如图 11-1 所示，它是一个主从结构，有一个主节点 NameNode，从节点 DataNode 可以有很多个。主节点 NameNode 与从节点 DataNode 实际上指的是不同的物理机器。NameNode 负责接收用户的操作请求和维护整个文件系统的目录结构，是整个文件系统的管理节点。DataNode 负责存储数据。SecondNameNode 是 NameNode 的助手节点，在 HDFS 中提供一个检查点。

HDFS 提供了高数据访问宽带，并能把带宽的大小等比例扩展到集群中的全部节点上，具有高并发访问能力。同时，HDFS 还具有强大的容错能力，能保证在经常有节点发生硬件故障的情况下正确检测硬件故障，并能自动从故障中快速恢复，确保数据不丢失。

图 11-1　HDFS 的基本架构

DFS 适用于具有高吞吐量的离线大数据分析场景，该场景对延时不敏感。HDFS 的局限性在于，数据无法进行随机读写。

（2）HBase

HBase 是 Hadoop 项目的一部分，它是一个高可靠、高性能、面向列、可伸缩的分布式数据库，主要用来存储非结构化和半结构化的松散数据。HBase 运行于 HDFS 文件系统上，为 Hadoop 提供类似于 BigTable 规模的服务。

HBase 的基本架构如图 11-2 所示，其中，Zookeeper 作为分布式协调机构；RegionServer 可理解为数据节点，用于存储数据；HDFS 是 Hbase 运行的底层文件系统；RegionServer 实时地向 Master 报告信息，Master 了解 RegionServer 全局的运行情况，控制 RegionServer 的故障转移和 Region 的切分。

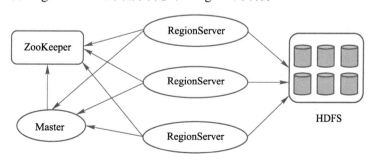

图 11-2　HBase 的基本架构

HBase 适用于大数据随机读写场景，其局限性是批量读取吞吐量远不如 HDFS，不适用于批量数据分析的场景。

（3）KUDU

如果要面对既需要随机读写，又需要批量分析的大数据应用场景，以上两种存储引擎均难以满足需求，此时 KUDU 应运而生。KUDU 的定位是一个既支持随机读写，又支持 OLAP 分析的大数据存储引擎。KUDU 的数据模型和关系数据库类似，具有良好的横向扩展能力和不错的性能，并且能很好地嵌入到 Hadoop 生态系统里。

KUDU 集群架构如图 11-3 所示，其中包含 3 个 Master Server 和多个 Tablet Server。Master Server 负责集群管理、元数据管理等功能。Tablet Server 负责数据存储，并提供数据读写服务。

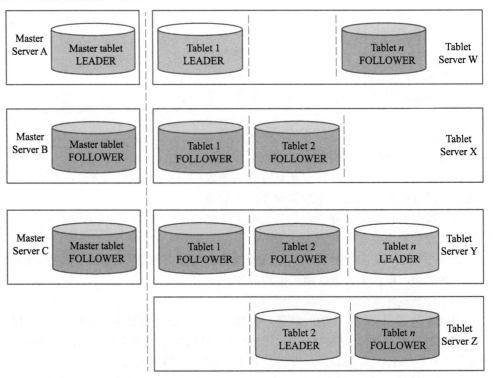

图 11-3　KUDU 集群架构

11.2.4　大数据分析与挖掘

大数据采集、预处理和存储工作完成后，人们要利用分析和挖掘工具来发现海量数据背后所蕴含的巨大价值。

大数据分析是指利用恰当的统计分析方法，对采集到的海量数据进行分析，提取其中有用的信息，对数据加以详细研究、概括总结并形成结论的过程。数据分析可帮助人们作出判断，以便采取适当行动。

数据挖掘是指通过计算机算法，从大量的数据中搜索隐藏于其中的关键信息的过程。数据挖掘通常与计算机科学有关，并通过统计、在线分析处理、情报检索、机器学习、专家系统（依靠过去的经验法则）和模式识别等诸多方法来实现目标。

以移动 APP 开发为例，通过对用户使用 APP 某些功能进行统计分析，可以发现哪些功能对于用户而言是热门的，哪些是冷门的。通过一系列系统分析，可以优化下一次的产品迭代，从而使热门功能得到发扬光大，使冷门功能得到改善。

从国家管理角度来看，以清明假期为例，通过对全国出行相关数据进行分析和挖掘，可以了解人们对于假期出行的需求以及往来情况。图 11-4 为 2022 年清明假期全国高速公路小时级拥堵变化预测，从图中可以看出，清明假期前一天路网交通量开始增加，假期第一天和最后一天出现流量高峰，假期结束路网流量快速回落至日常水平。通过对路网流量变化进行数据分析，小则可以方便客运部门更好地调配车辆运力，大则利于国家调整相关政策，提高国民生活质量。

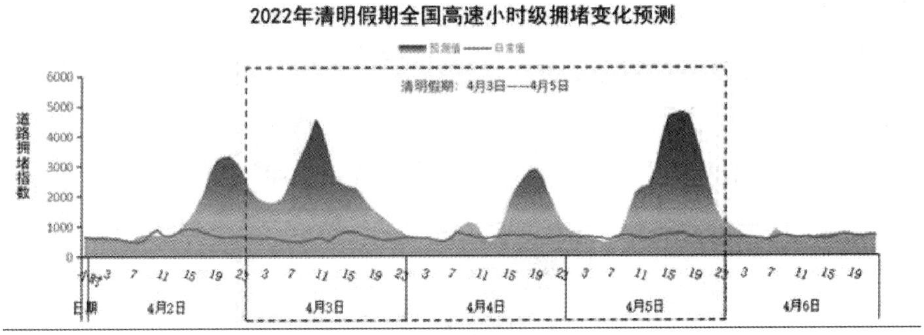

图 11-4　2022 年清明假期全国高速公路小时级拥堵变化预测

11.2.5　大数据可视化

大数据可视化技术以图形化方式来呈现数据、信息和知识，使得复杂的数据更容易被人们所理解，并获得更深层次的认识。大数据可视化技术的基本思想是将数据库中的每一个数据项作为单个图元元素来表示，大量的数据集构成数据图像，同时将数据的各个属性值以多维数据的形式来表示，通过不同维度来观察数据，从而对数据进行更深入地观察和分析。

数据可视化主要借助于图形化手段，清晰有效地传达与沟通信息。大数据可视化分析强调利用先进的技术去记录、感知现实世界中的个体行为和群体行为，并以可视化分析的方法进行知识发现，其目的在于理解个体和群体的时空移动规律和分布特征，为城市建设、科学研究和商业活动等提供智能辅助和决策支持。图 11-5 是对全球疫情大数据进行分析之后形成的可视化图表。

图 11-5　大数据可视化图表

项目 11.3 大数据分析处理平台

11.3.1 Hadoop

Hadoop 是由 Apache 基金会开发的分布式系统基础架构，可以使用户在不了解分布式底层细节的情况下开发分布式应用程序，它利用集群的威力进行高速运算和存储。Hadoop 是一个能够对海量数据进行分布式处理的软件框架，其中包含众多功能组件，如图 11-6 所示。框架中最核心的设计是HDFS和MapReduce。HDFS 为海量数据提供存储，MapReduce 则为海量数据提供计算。

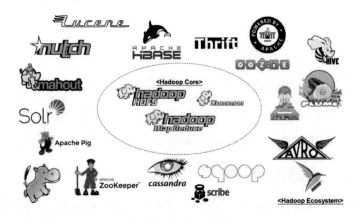

图 11-6 Hadoop 生态圈

Hadoop 在数据提取、变形和加载（ETL）等方面的优势使其在大数据处理应用中被广泛应用。Hadoop 的分布式架构将大数据处理引擎尽可能靠近存储，对于像 ETL 这样的批处理操作相对合适。Hadoop 的 MapReduce 功能实现了将单个任务打碎，并将碎片任务（Map）发送到多个节点上，之后再以单个数据集的形式加载（Reduce）到数据仓库里。

Hadoop 具有高可靠性、高扩展性、高效性、高容错性、低成本等优点。

11.3.2 Spark

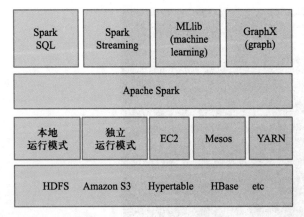

图 11-7 Spark 生态系统架构

Spark 是专用于大规模数据处理的快速通用的计算引擎，可用来构建大型的、低延迟的数据分析应用程序。Spark 是类似于 Hadoop MapReduce 的通用并行框架，其生态系统架构如图 11-7 所示。Spark 拥有 Hadoop MapReduce 的优点，区别在于，Spark 任务中间的输出结果可以保存在内存中，不需要读写 HDFS，因此它能更好地适用于数据挖掘与机器学习领域。

Spark 与 Hadoop 的开源集群计算环境相似，但 Spark 在某些工作负载方面表现得更加优越。Spark 启用了内存分布数据集，除了能够提供交互式查询外，它还可以优化迭代工作负载。

Spark 使用 Scala 语言来实现，它将 Scala 用作其应用程序框架。Spark 和 Scala 能够紧密集成，其中的 Scala 可以像操作本地集合对象一样轻松地操作分布式数据集。

尽管创建 Spark 是为了支持分布式数据集上的迭代作业，但实际上它是对 Hadoop 的补充，可以在 Hadoop 文件系统中并行运行。Spark 具有以下优点：

① 高级 API 剥离了对集群本身的关注，Spark 应用开发者可以专注于应用所要做的计算本身。

② Spark 运行速度快，支持交互式计算和复杂算法。

③ Spark 是一个通用引擎，可用来完成各种各样的运算，包括 SQL 查询、文本处理、机器学习等。在 Spark 出现之前，一般需要学习各种各样的引擎来分别处理这些需求。

项目 11.4　大数据的应用

11.4.1　政务大数据

政务大数据是使用大数据技术将政务相关的数据整合起来，应用于政府业务领域，赋能政府机构，从而提升政务实施效能。这些数据包含了政府开展工作产生、采集以及因管理服务需求而采集的外部大数据，为政府自有和面向政府的大数据。

从数据属性来看，政务大数据可分为以下 4 类。

① 自然信息类数据，如地理、资源、气象、环境、水利等。

② 城市建设类数据，如交通设施、旅游景点、住宅建设等。

③ 城市管理统计监察类数据，如工商、税收、人口、机构、企业、商品等。

④ 服务与民生消费类数据，如水、电、燃气、通信、医疗、出行等。

以下是政务大数据应用方面的两个成功案例。

【案例 11-4-1】　贵州投身大数据脱贫攻坚成为省级样本。

贵州以精准扶贫、精准脱贫为目标，按照"扶贫+"的思路，用大数据甄别贫困人口，管理扶贫项目和资金，开展贫困监测和评估，把贫困人口找出来，把致贫原因摸清楚，把帮扶措施落到位，把党的政策送到家，把社会爱心送到位，彻底解决了"扶持谁""谁来扶""怎么扶"的问题。图 11-8 展示的是贵州大数据综合试验区展示中心内的"时光隧道"。

【案例 11-4-2】　广东赶潮制造业大数据驱动新模式。

作为制造业大省，同时又是信息产业高地、大数据领域企业聚集地，广东以智能制造为主攻方向，引导推动制造业大数据在产品全生命周期和全产业链的应用，促进制造业大数据、工业核心软件、工业云和智能服务平台、工业互联网协同发展，培育"数据驱动"的制造新模式。图 11-9 为美的集团智能工厂的实景图。

图 11-8　贵州大数据综合试验区展示　　　　　　图 11-9　美的集团智能工厂
中心内的"时光隧道"

11.4.2　行业大数据

大数据技术在各行业中的应用越来越多，如医疗大数据、生物大数据、金融大数据、零售大数据、电商大数据、农牧大数据、交通大数据、环保大数据、食品大数据等，这些应用彰显了大数据的巨大价值。下面对医疗大数据、零售大数据的应用作简要介绍。

医疗行业是将大数据分析最先发扬光大的传统行业之一。医疗行业拥有大量的病例、病理报告、治疗方案、药物报告等。如果能将这些数据加以整理和应用，将会极大地帮助医生和病人。人类面对种类和数目众多的病菌、病毒和肿瘤细胞，并且它们都还在不断地进化中。医生在诊断疾病时，疾病的确诊和治疗方案的确定是最困难的。

借助大数据平台，可以收集不同病例及其对应的治疗方案，以及病人的基本特征等信息，从而建立针对疾病特点的数据库。如果未来基因技术发展成熟，可以根据病人的基因序列特点进行分类，建立医疗行业的病人分类数据库。在医生诊断病人时，可以参考病人的疾病特征、化验报告和检测报告，参考疾病数据库来快速地帮助病人确诊，明确定位疾病。在制定治疗方案时，医生可以依据病人的基因特点，调取基因相似、年龄、人种、身体情况相同的有效治疗方案，从而制定出适合病人的治疗方案，帮助更多病人及时进行治疗。同时，这些数据也有利于医药行业开发出更加有效的药物和医疗器械。图 11-10 为医疗数据可视化分析图。

零售行业大数据应用有两个层面。一个层面是零售行业可以了解客户消费喜好和趋势，从而进行商品的精准营销，降低营销成本。另一层面是依据客户已购买的产品，为客户提供可能购买的其他产品，扩大销售额。另外，零售行业可以通过大数据分析来掌握未来消费趋势，有利于热销商品的进货管理和过季商品的处理。零售行业的数据对于产品生产厂家也是非常宝贵的，零售商的数据信息有助于资源的有效利用，降低产能过剩。生产厂家依据零售商的信息按实际市场需求进行生产，减少了不必要的生产浪费。图 11-11 为某电商网站在大促销期间对北京市消费大数据进行分析得出的可视化图表。

商品零售企业通过挖掘消费者需求，高效整合供应链以满足其需求。因此，信息技术水平的高低已成为获得竞争优势的关键要素。不论是国际零售巨头，还是本土零售品牌，要想顶住日渐微薄的利润率带来的压力，在竞争中立于不败之地，就必须思考如何拥抱新科技，为顾客们带来更好的消费体验。

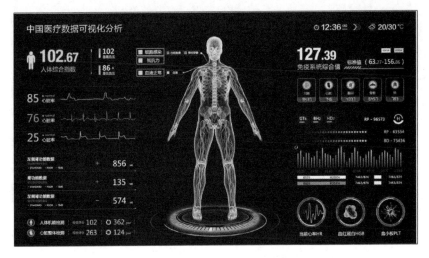

图 11-10　医疗数据可视化分析图

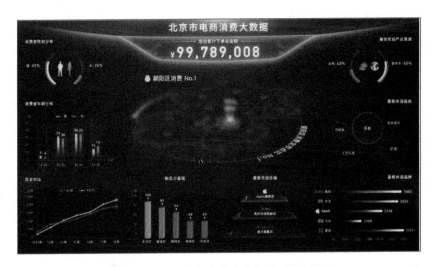

图 11-11　北京市电商消费大数据可视化图表

11.4.3　教育大数据

大数据不仅可以在课堂上帮助教师改善教学质量，在重大教育决策的制定和教育改革方面，大数据更有用武之地。此外，大数据还可用来诊断处在辍学危险期的学生、探索教育开支与学生学习成绩提升的关系、探索学生缺课与成绩的关系等。

利用大数据技术，无论是教育管理部门，还是学校校长、教师、学生和家长，都可以得到针对不同应用的个性化分析报告。通过大数据分析来优化教育机制，做出更科学的决策，将带来巨大的教育变革。在不久的将来，个性化学习终端将会更多地融入学习资源云平台，根据每个学生的兴趣爱好和特长，推送相关领域的前沿技术、资讯、资源乃至未来职业发展方向等，并贯穿每个人终身学习的全过程。图 11-12 为通过大数据分析开发的学生综合管理看板。

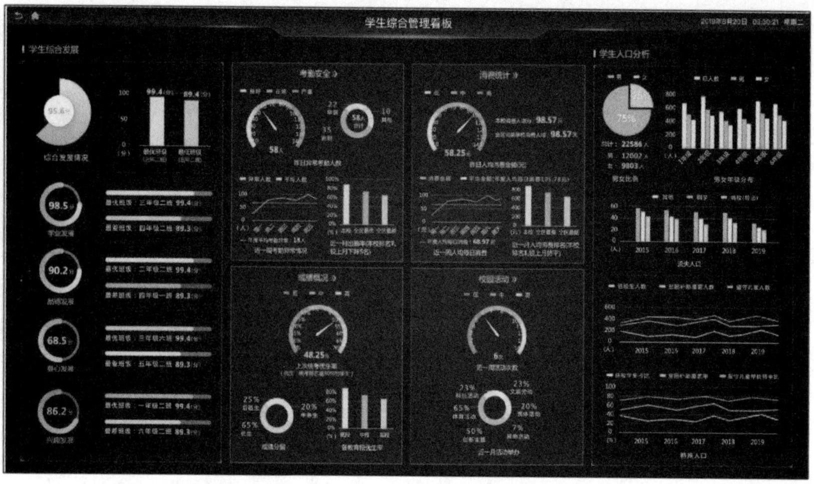

图 11-12 学生综合管理看板

项目 11.5 大数据的未来

11.5.1 大数据发展趋势

大数据的发展正处于上升阶段，大数据应用得越来越广泛，数据的价值得到充分展现，使其成为企业以及社会发展的重要战略资源，成为新的战略制高点，成为被争相抢夺的焦点。大数据的发展趋势可概括为以下几点：

（1）数据资源化，成为最有价值的资产

大数据已成为各行业发展的重要竞争力，各大企业不断地借助大数据产生价值提升自己的竞争力。大数据将成为各企业、各机构的核心资产，成为提高竞争力的有力武器。

（2）在传统行业不断得到应用

大数据不仅在互联网行业，在其他传统行业也不断地将其应用在业务场景中，并取得了良好的效果。大数据将作为创造价值的工具，在更多的行业中得到应用，带来广泛的社会价值。

（3）数据共享联盟将出现

大数据的关联性越强，产生的价值就越大。社会公共事业及互联网企业的数据越来越开放，数据越共享也就越有价值。如果医院想要获取更多的病例进行研究，就需要全国甚至全世界的医疗数据信息进行共享。随着数据平台的发展，数据共享将会成为未来大数据的发展趋势，将会出现不同领域的数据联盟。

（4）多方位改善人们的生活

大数据在生活中的应用越来越明显，例如在健康方面，通过佩戴智能手环对各项身体指标进行监测；通过智能血压计、智能心率仪等仪器进行远程监控，即使身在异地，也能清楚地了解亲人的健康状况，让检测者更加安心。

11.5.2 工业大数据的发展

工业大数据是在工业领域中，使用物联网技术，通过传感器等设备进行数据采集、传输得来的海量工业数据。由于数据量巨大，传统的信息处理技术无法完成对工业大数据的处理、分析、展示等工作。人们在传统工业信息化技术的基础上，借鉴大数据技术，提出了新型的基于数据驱动的工业信息化技术。

工业大数据来源于企业内部，数据采集方式依赖于传感器等设备。目前，工业大数据的典型应用场景包括智能化设计、智能化生产、网络化协同制造、智能化服务和个性化定制。通过对工业大数据的价值挖掘，实现了企业全生产过程的信息透明化，实现了生产设备的故障诊断、故障预测和优化运行，提高了企业的安全水平，实现了定制化生产和供应链的优化配置，实现了产品的持续跟踪服务，为企业提升新的服务价值。工业大数据改变了企业对数据的看法，使原先看似无用、直接被丢弃的数据重新受到了企业的重视。

未来随着工业互联网技术的不断发展，工业大数据将逐渐从数据采集、分析和应用，向数据生产、价值化和输出方向发展，而数据生产将为企业打开一个新的价值空间。

课后练习

课后练习

一、选择题

1. 大数据起源于（　　　）的快速发展。

    A. 金融　　　　　　B. 电信　　　　C. 互联网　　　　　D. 公共管理

2. 在互联网经济时代，最重要的生产要素是（　　　）。

    A. 劳动力　　　　　B. 资本　　　　C. 企业家　　　　　D. 数据资源

3. 大数据最显著的特征是（　　　）。

    A. 数据规模大　　　　　　　　B. 数据类型多样

    C. 数据处理速度快　　　　　　D. 数据蕴含价值大

4. 智能健康手环体现了（　　　）的数据采集技术应用。

    A. 网络爬虫　　　　B. 传感器　　　C. 统计报表　　　　D. API 接口

二、简答题

1. 什么是大数据？

2. 大数据有哪些应用？

单元 12　人 工 智 能

【单元导读】

2016 年，AlphaGo 以 4：1 战胜围棋世界冠军，该事件使得"人工智能"这一身居科学殿堂、高深莫测的学科快速地被政府、企业甚至普通百姓所关注，标志着人类已进入新的人工智能时代。

素养提升　单元 12
人工智能

PPT:
人工智能

PPT

项目 12.1　人工智能概述

人工智能（Artificial Intelligence，AI）是研究、开发利用数字计算机或者数字计算机控制的机器模拟、延伸和扩展人的智能、感知环境、获取知识并使用知识获得最佳结果的理论、方法、技术及应用系统的技术科学。长期以来人类梦想着可以用人造的设施或者机器取代人的智能，进入 21 世纪，以"大数据+云计算+深度学习"为代表的新技术和算法的研究造就了人工智能的崛起。

2017 年，我国发布的《新一代人工智能发展规划》明确提出了我国人工智能发展的"三步走"目标，目标愿景是到 2030 年我国在人工智能理论、技术与应用总体达到世界领先水平，成为世界主要人工智能创新中心，人工智能产业竞争力达到国际领先水平。

12.1.1　人工智能的基本概念

智能是获取和应用知识与技能、实现复杂目标的能力。具有最高级智能的人类所呈现的多种能力，如图 12-1 所示。

著名的图灵测试对于判断一台机器是否具有智能给出了一个最为基础性的解释。图灵发表于 1950 年的论文《计算机器与智能》提及的图灵测试是指：测试者 C 与被测试者（一个人 B 和一台机器 A）在被隔开的情况下，通过一些装置（如键盘）向被测试者 A 和 B 随意提问。进行多次测试后，如果测试者 C 无法判断自己交流的对象是人还是一台机器，就说明这台机器具有了和人同等的智能，如图 12-2 所示是图灵测试示意图。

"人工智能"一词最初是在 1956 年达特茅斯（Dartmouth）学术研讨会上提出的，将人工智能定义为：制造一台机器，该机器能模拟学习或者智能的所有方面。从 20 世纪 50 年代中期随着支撑人工智能技术的发展和演化，不同的时间其呈现和应用的场景不同，不同时期的专家和学者从不同的角度给出了人工智能的定义。从这些定义可以看出，人工智能是以"计算机或计算机控制"的设备为主要工具、以"人类智能"为研究目标、以"模拟方法"为研究方法的一门学科。

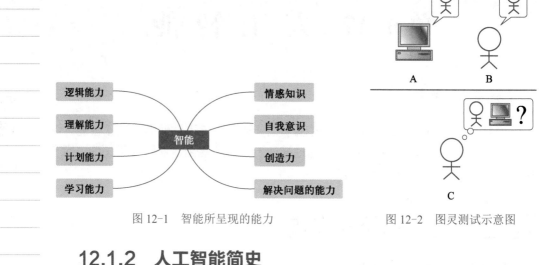

图 12-1 智能所呈现的能力　　　　图 12-2 图灵测试示意图

12.1.2　人工智能简史

（1）人工智能的起源和发展

从 1950 年的"图灵测试"至今人工智能起源和发展的时间轴如图 12-3 所示，期间高峰和低谷交替呈现。

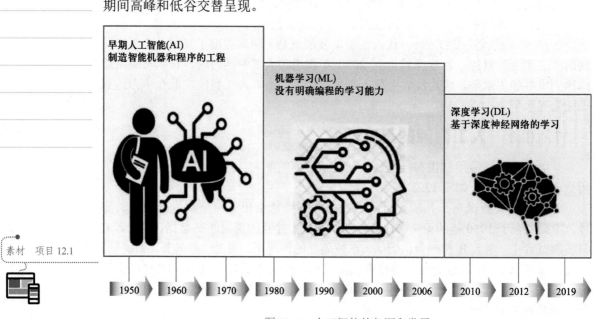

图 12-3　人工智能的起源和发展

（2）人工智能领域的重大事件

人工智能领域的重大事件可以用图 12-4 来直观表示。

（3）人工智能的未来

随着未来大数据、算力和模拟算法这些支撑人工智能技术的快速发展和突破，高度自主的人工智能系统的设计应该保障系统的目标和行为在其运营寿命中与人类的价值观保持一致，可为人类所控，现实中的可用的机器人不能出现如下特征：

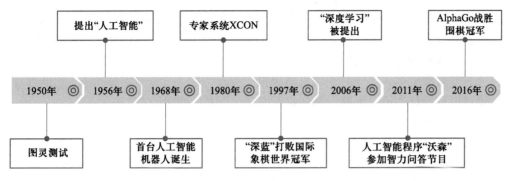

图 12-4 人工智能发展重大事件

① 具有公民身份。
② 具有生物特征的肌肉骨骼系统。
③ 能读懂主人的情绪。
④ 随着时间流逝产生情绪。

12.1.3 人工智能应用领域

人工智能已经逐渐走进人们的生活并应用于各个领域，它不仅给许多行业带来了巨大的经济效益，也为人们的生活带来了许多改变。

（1）人脸识别

人脸识别是基于人的脸部特征信息进行身份识别的一种生物识别技术。人脸识别涉及的技术主要包括计算机视觉、图像处理等技术。目前已广泛应用金融、司法、公安、边检等多个领域。

"天网工程"是由我国公安部联合工信部等部门共同打造的信息化工程，主要为了打击犯罪，维护社会治安，采用地理信息系统、图像采集、信息传输等技术，依靠动态人脸识别技术和大数据分析技术，能同时准确分辨出 40 人以上的面部特征，目前许多城镇、公司和农村都加入了"天网工程"，基本形成"天网恢恢，疏而不漏"的局面。

随着人脸识别技术的进一步成熟和社会认同度的提高，其将应用在更多领域，给人们的生活带来更多便捷和安全保障。

（2）个性化推荐

广泛存在于各类网站和 APP 中的个性化推荐既可以为用户快速定位需求产品，弱化用户被动消费意识，提升用户兴致和留存黏性，又可以帮助商家快速引流，找准用户群体与定位，做好产品营销。

（3）自动驾驶

始于 20 世纪 70 年美国、日本和德国对于智能汽车的研究，智能汽车又称为轮式移动机器人，主要依靠车内以计算机系统为主的智能驾驶控制器来实现无人驾驶。近年来，伴随着人工智能浪潮的兴起，自动驾驶成为人们热议的话题。

自动驾驶可以理解为计算机辅助驾驶，汽车应该配置带有碰撞警告、车道保持、定速巡航和自动泊车等功能。

为了区分不同层级的的自动驾驶技术，国际汽车工程师学会（SAE）于 2014

年发布了自动驾驶的级别 0～级别 5 的六级分类体系,级别 0 为最低(非自动驾驶),级别 5 为最高(全自动化驾驶)。

（4）智能客服机器人

智能客服机器人是一种利用机器模拟人类行为的人工智能实体形态,它能够实现语音识别和自然语义理解,具有业务推理、话术应答等能力。

（5）机器翻译

机器翻译是计算语言学的一个分支,是利用计算机将一种自然语言转换为另一种自然语言的过程。机器翻译用到的技术主要是神经机器翻译技术(Neural Machine Translation,NMT),该技术当前在很多语言上的表现已经超过人类。

（6）医学图像处理

医学图像处理是目前人工智能在医疗领域的典型应用,它的处理对象是由各种不同成像机理,如在临床医学中广泛使用的核磁共振成像、超声成像等生成的医学影像。

目前人工智能已渗透到工作和生活的诸多方面,并呈现加速扩张之势,不胜枚举,但是无论其表现形式如何,在现实中人工智能的应用场景都可以归于服务型和生产型两个大类。

项目 12.2 人工智能的核心技术

12.2.1 机器学习

机器学习(Machine Learning)是一门涉及统计学、系统辨识、逼近理论、神经网络、优化理论、计算机科学、脑科学等诸多领域的交叉学科,研究计算机如何模拟或实现人类的学习行为,以获取新的知识或技能,重新组织已有的知识结构使之不断改善自身的性能,是人工智能技术的核心。

机器学习是使用算法来解析数据、从中学习,然后对真实世界中的事件做出决策和预测,有一种比喻:数据是燃料、算法是引擎。

（1）学习模式

根据训练学习的样本(数据)将机器学习分为监督学习、无监督学习、半监督学习和强化学习。总体来说,与机器学习相比,具有高级智能的人类所需的学习样本非常低,而学习效率却非常高。

① 监督学习:用包含答案(标签)的数据来训练算法,这在人和动物的感知中,称为"概念学习",如小时候的看图识物。

② 无监督学习:用数据来训练算法,并且让机器自己找出对应的模式,辨别颜色和形状等,这在人类学习中称为"归纳推理"。例如,将具有相同特征或者规律的物品放在一起,自己归纳出其中的特征和规律。

③ 半监督学习:用小半带有标签的数据,而大半没有标签的数据来训练算法。例如,教师示范一遍,学生独立完成类似的工作。

④ 强化学习:给任何算法一个目标并且期望机器反复试验来达到这个目标,这对应人类用思考和修正错误的方法来提升自己对知识的掌握和认知。例如,考试

后的纠错本、心得或者体会。

（2）深度学习

深度学习是受人类大脑神经元之间的联系启发出来的机器学习方式，是机器学习新算法。深度学习对数据和模式有更好的感知，尤其擅长理解图像和音频。但是深度学习需要海量的数据和强大的计算能力才能有效发挥作用，自动驾驶、人脸识别、医学图像处理和个性化推荐等都离不开深度学习和海量的数据。本小节的相关知识可用如图 12-5 所示来表示。

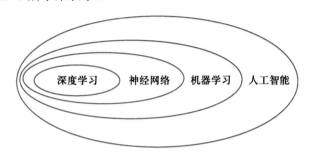

图 12-5　深度学习-机器学习-人工智能的关系

12.2.2　自然语言处理

自然语言处理是计算机科学领域与人工智能领域中的一个重要方向，研究能实现人与计算机之间用自然语言进行有效通信的各种理论和方法，涉及的领域较多，主要包括机器翻译、机器阅读理解和问答系统等。

12.2.3　计算机视觉

计算机视觉是使用计算机模仿人类视觉系统的科学，让计算机拥有类似人类提取、处理、理解和分析图像以及图像序列的能力。自动驾驶、机器人、智能医疗等领域均需要通过计算机视觉技术从视觉信号中提取并处理信息。近年来随着深度学习的发展，预处理、特征提取与算法处理渐渐融合，形成端到端的人工智能算法技术。根据解决的问题，计算机视觉可分为计算成像学、图像理解、三维视觉、动态视觉和视频编解码五大类。

12.2.4　生物特征识别

生物特征识别技术是指通过个体生理特征或行为特征对个体身份进行识别认证的技术。从应用流程看，生物特征识别通常分为注册和识别两个阶段。注册阶段通过传感器对人体的生物表征信息进行采集，如利用图像传感器对指纹和人脸等光学信息、麦克风对说话声等声学信息进行采集，利用数据预处理以及特征提取技术对采集的数据进行处理，得到相应的特征进行存储。

生物特征识别技术涉及的内容十分广泛，包括指纹、人脸、虹膜、指静脉、声纹、步态等多种生物特征，其识别过程涉及图像处理、计算机视觉、语音识别、机器学习等多项技术。目前生物特征识别作为重要的智能化身份认证技术，在金融、公共安全、教育、交通等领域得到广泛的应用。

项目 12.3 人工智能平台

PPT:
人工智能平台

PPT

12.3.1 百度 AI 体验中心

百度 AI 体验小程序是百度开发的小程序，该程序的功能非常丰富且实用，包含"图像技术""人脸与人体识别""语音技术"和"知识与语义"4 个模块。这些模块以非常直观的方式科普了人工智能应用的许多微观场景，无须编写程序，本书仅展开"图像技术"模块的功能，其余 3 个模块也充满乐趣，一看即会。"图像技术"模块包含：

① 文字识别：可识别文字的范围，包括手写、图片和各种证件等日常生活和工作场所，具体如图 12-6 所示。

图 12-6 文字识别的各种应用

② 图像识别：目前包括动/植物、车型、菜品和红酒等，具体如图 12-7 所示。

③ 图像效果增强：用于图片的后期处理，如图 12-8 所示。

图 12-7 图像识别   图 12-8 图像效果增强

④ 图像审核：可对图片进行是否存在色情/暴恐/恶心/二维码/条形码/政治人物/敏感词/公众人物等进行识别。

12.3.2　百度智能云

"百度智能云"是"百度开放平台"的一个入口，具有集成开放和良好生态的特点，助力企业的数字化转型和智能化升级，云平台丰富的资源以应用程序接口API 的方式被开发者所调用，市面上主流的开发语言都有相应的接口，轻松好上手。调用"百度智能云"的各种资源的步骤如下：

步骤 1　成为开发者。

登录"百度开放平台"网站，单击页面右侧（图 12-9）的【控制台】按钮，进入"百度智能云"首页，如果已有百度账号，则以账号+密码登录或者扫码登录；如果没有百度账号，则单击【立即注册】按钮完成百度账号的创建。

图 12-9　百度智能云的控制台

微课
百度智能云

步骤 2　创建应用。

登录成功后，单击界面最左侧的按钮展开如图 12-10（a）所示的菜单，创建一个所需的应用，如"图像识别"，单击如图 12-10（b）所示的【创建应用】按钮，在【创建新应用】界面依次选择所需项，然后单击【立即创建】按钮完成应用的创建。

(a) 选择应用类型

(b) 创建应用

图 12-10　创建一个应用

步骤 3　获取密钥。

单击【返回应用列表】按钮或者界面顶部菜单中的【应用列表】按钮，即显示所有已创建的应用列表，每个应用名称对应的 AppID、API Key 和 Secret Key 就是开发调用 Baidu AI 应用程序接口 API 的关键数据，如图 12-11 所示。

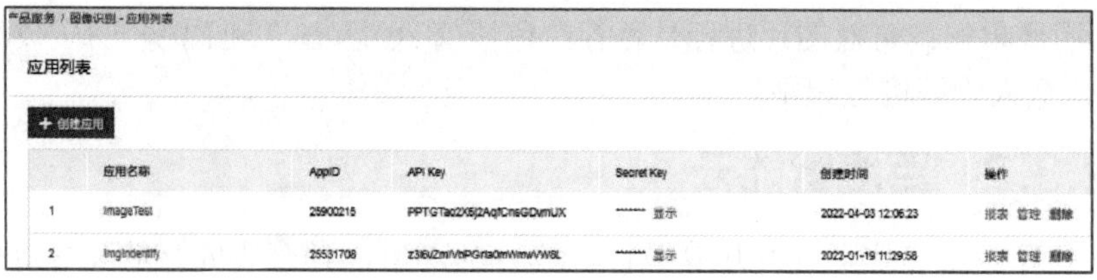

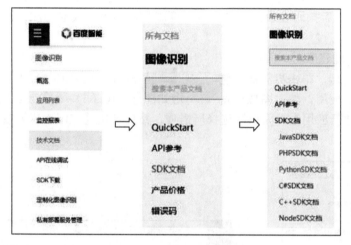

图 12-11 【应用列表】界面

步骤 4 利用智慧云平台的技术文档。

平台提供的技术文档方便开发者快速利用云资源，目前业界主流的开发工具 Java/PHP/Python/C#/C++/Node 对应的技术文档一应俱全，按需选择即可，如查看 Python 对应的 Python SDK 文档操作，如图 12-12 所示。

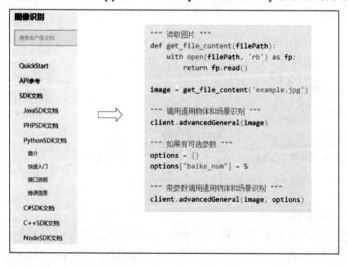

图 12-12 查看所需的 SDK 文档

对于入门者而言，SDK 文档中最需要的是如图 12-13 所示的【快速入门】栏和如图 12-14 所示的【接口说明】栏对应的部分，将其中的代码复制到自己的程序中，置换成自己创建应用对应的 AppID、API Key 和 Secret Key 以及具体文件的位置。

```
""" 读取图片 """
def get_file_content(filePath):
    with open(filePath, 'rb') as fp:
        return fp.read()

image = get_file_content('example.jpg')

""" 调用通用物体和场景识别 """
client.advancedGeneral(image)

""" 如果有可选参数 """
options = {}
options["baike_num"] = 5

""" 带参数调用通用物体和场景识别 """
client.advancedGeneral(image, options)
```

图 12-13 "快速入门"文档

图像识别

QuickStart

API参考

SDK文档

　JavaSDK文档

　PHPSDK文档

　PythonSDK文档

　　简介

　　快速入门

　　接口说明

　　错误信息

　C#SDK文档

　C++SDK文档

　NodeSDK文档

参考如下代码新建一个AipImageClassify：

```python
from aip import AipImageClassify

""" 你的 APPID AK SK """
APP_ID = '你的 App ID'
API_KEY = '你的 Api Key'
SECRET_KEY = '你的 Secret Key'

client = AipImageClassify(APP_ID, API_KEY, SECRET_KEY)
```

图 12-14 "接口说明"文档

步骤 5　安装百度 AI 的 python SDK。

粘贴上述技术文档代码能被利用的前提是要安装百度 AI 的 Python SDK，即需要按提示在命令行输入 pip install baidu-aip。

课后练习

课后练习

一、单选题

1．首次提出"机器智能"的著名实验是（　　　）。

　A．中文屋　　　　B．图灵测试　　　　C．饿猫实验　　　　D．吴实验

2．看图识字属于（　　　）。

　A．监督学习　　　B．无监督学习　　　C．半监督学习　　　D．强化学习

3．从许多不同的动物中筛选出猫是（　　　）。

　A．监督学习　　　B．无监督学习　　　C．半监督学习　　　D．强化学习

4．一次一次的尝试直到得到正确的结果为止，这种学习属于（　　　）。

　A．深度学习　　　B．无监督学习　　　C．监督学习　　　D．强化学习

5．从人的神经元机制获取灵感的机器学习是（　　　）。

　A．深度学习　　　B．无监督学习　　　C．监督学习　　　D．强化学习

二、填空题

1．人工智能简称为_____。

2．人工智能这一术语首次被提出是在 1956 年的_____研讨会上。

3．2017 年 7 月，我国发布了_____，规划明确提出了我国人工智能发展的"三步走"目标。

4．目前遍布各街道、公司和公共场所的电子眼都被接入了我国的_____，为民众的安全提供了强有力的技术保障。

5．国际汽车工程师学会（SAE）于 2014 年发布了自动驾驶的级别体系，共_____级，如要无人驾驶，应达到 SAE 的级别是_____。

三、操作题

1. 基于自己或者家人的人物照片，利用"百度 AI 体验中心"小程序的"人脸与人体识别"模块验证其有效性；验证其他吸引自己的功能。

2. 了解百度智能云：创建一个用于"图像识别"的应用，查看一种开发语言的"快速入门"和"接口说明"的技术文档。

单元 13 云 计 算

【单元导读】

随着某市疫情防控升级，该市要进行全员检测，当大量市民在某一时段同时进行检测登录时，将导致筛查服务器的访问量暴增，而服务器原来配备的计算资源（如CPU、内存、硬盘、网络带宽等）不足以应付这么大的突发访问量。

素养提升 单元 13
云计算

为了应对这种突发的暴增访问量，必须马上增加服务器的计算资源，增加这些计算资源的方式有以下两种。

① 传统的方式：拆开服务器机箱，将相应的硬件资源如 CPU、内存、硬盘安放进机箱，启动，测试是否正常开机，观察各软件系统是否正常运行，这种方式显然耗时耗力。或是把整台原来配备好的服务器上线，但如果数量很多，如 50 台或 100 台服务器，这种方式也一样费时费力。如果后来需求没那么大了，要把这些服务器下线也会比较麻烦。

② 采用云计算（Cloud Computing）平台：云计算是为了解决数据中心（各种服务器集中放置的地方）传统的硬件、软件资源配置方式效率低下的问题而提出来的。在云计算平台中，服务器部署人员要增加或减少服务器资源只需单击几下鼠标，就可以轻松完成。例如，要增加 10 台服务器，在云计算平台管理界面上使用鼠标操作即可。

项目 13.1 云计算概述

13.1.1 云计算的部署模型

云计算的部署模型包括：公有云、私有云、社区云和混合云，具体说明如下。

PPT：
云计算

PPT

1. 公有云（Public Cloud）

简单来说，公用云是指第三方提供商通过互联网，向全球用户开放各种云服务，"公有"一词并不一定代表"免费"，公有云并不表示用户数据可供任何人查看，公有云供应者通常会对用户实施使用访问控制机制，公有云作为解决方案，既有弹性，又具备成本效益。

素材 项目 13.1

2. 私有云（Private Cloud）

私有云具备许多公有云环境的优点，如弹性、适合提供服务，两者差别在于私有云服务中，数据与程序皆在组织内管理，且与公有云服务不同，不会受到网络带宽、安全质疑等影响；此外，私有云服务让供应者及用户更能掌控云基础架构、改善安全与弹性，因为用户与网络都受到特殊限制。

3. 社区云（Community Cloud）

社区云由众多利益相关的组织管理及使用，如某个开源技术的社区等，它们具有共同的宗旨和技术需求，社区内成员共同使用云数据及应用程序。

4. 混合云（Hybrid Cloud）

混合云结合了公有云及私有云的特点，在该模式中，用户通常将企业非关键信息放到公有云上处理，但同时在私有云上管理自己企业的关键服务及数据。

13.1.2 云计算的交付模式

云计算的交付模式（服务模式）：软件即服务 Software-as-a-Service（SaaS）、平台即服务 Platform-as-a-Service（PaaS）、基础设施即服务 Infrastructure-as-a-Service（IaaS）。每种类型的云计算交付模式都提供不同级别的控制与管理灵活性，客户可以根据自己的 IT 技术力量和需要选择正确的交付模式。

1. 软件即服务（SaaS）

在大多数情况下，人们所说的 SaaS 指的是最终用户应用程序（如基于 Web 的 Word 文档或 Excel 文档编辑）。通过 SaaS，用户无须考虑如何维护操作系统和硬件基础设施，也可能不用懂得如何安装应用软件，只要会用这些应用软件即可。

2. 平台即服务（PaaS）

用户不用考虑底层基础设施（硬件和操作系统），云服务提供商已经安装这些底层基础设施，用户只要在上面安装和管理自己的应用程序即可，这有助于提高部署效率，因为不用操心资源购置、容量规划、软件维护、补丁安装或与应用程序运行有关的繁重且重复的工作。

3. 基础设施即服务（IaaS）

用户使用"基础计算资源"，如处理能力、存储空间、网络组件或中间件。这种服务模式提供了最高级别的灵活性，但要求用户必须掌握更多的计算机硬件知识，懂得如何安装与设置操作系统和应用软件。这种模式与许多 IT 部门和开发人员熟悉的现有 IT 资源最为相似，消费者需要掌控操作系统、存储空间、已部署的应用程序及网络组件（如防火墙、负载平衡器等）相关知识，但可不用了解云基础架构的相关概念。

项目 13.2 云计算的技术架构及关键技术

PPT:
云计算的技术架构
及关键技术

PPT

13.2.1 云计算技术架构

假如公司或组织要在内部搭建一个私有云，可以采用的云技术提供商有哪些呢？

常见的云计算技术提供商有华为云 FusionCloud 私有云解决方案、开源云计算平台 OpenStack 等，这些云计算技术平台有时也称为云操作系统。

云计算技术平台一般都包含管理节点、计算节点、网络节点和存储节点 4 个基本的组成部分。如图 13-1 所示是 OpenStack 的典型的技术架构。

微课
云计算技术

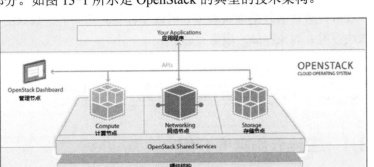

图 13-1　云计算平台的技术架构

管理节点（控制节点）：主要提供整个云平台的管理界面，如创建与管理各种云服务器（也称虚拟机、云主机）、创建与管理各种虚拟网络、创建与管理各种虚拟存储、查询各云服务器的状态等操作都在管理节点上实现。

计算节点：整个云计算技术的核心，它为云服务器提供计算资源 CPU 和内存，例如，公司某部门需要 5 台云服务器，每台云服务器需要 2 个 CPU、8 GB 内存，这些计算资源由计算节点在整个计算资源池中进行分配与调用。

网络节点：为云服务器提供网络资源与网络服务，如网卡、IP、路由、网络安全等，例如，某台云服务器需要 2 张 1000 Mbit/s 的网卡，就由网络节点在整个网络资源池中分配。

存储节点：为云服务器提供存储资源，例如，某台云服务器需要 50 GB 的硬盘来存放操作系统，需要 20 GB 的空间来存放文档资料，就由存储节点在整个存储资源池中分配。

13.2.2　云计算的关键技术

云计算是虚拟化（Virtualization）技术、网格计算（Grid Computing）、分布式计算（Distributed Computing）、并行计算（Parallel Computing）、效用计算（Utility Computing）、网络存储（Network Storage Technologies）、负载均衡（Load Balance）等传统计算机和网络技术发展融合的产物。

其中以虚拟化技术最为核心与基础，原来在没有采用虚拟化技术时，一台物理计算机只可以运行一个操作系统；采用虚拟化技术后，一台物理计算机可以同时运行多个操作系统，这样就为数据中心节省了很多的空间和电量。常见的虚拟化技术有 Windows 操作系统自带的 Hyper-V 技术（Windows 10 之后即配备）、RedHat Linux 操作系统的 KVM 技术，还有第三方的如 Vmware 公司的 Esxi 技术等。

素材　项目 13.2

在云计算技术中会涉及传统的计算机技术，如网络计算、分布式计算、并行计算、效用计算等。网格计算就是把分布在全球各地的计算资源聚合起来再按一定的算法进行重新分配这些计算资源给某个大项目（如搜索宇宙生命），这里面同时涉及了分布式计算。效用计算就是随着计算资源、网络、应用程序的使用越来越复杂，

如何更高效合理地分配这些资源给客户，科学家提出这种服务模型，方便供应商按客户的各种需求类型来收费，而不仅仅是按速率来收费。

在云计算中涉及的传统网络技术包括交换机技术（如 VLAN 技术）、路由器技术、网络安全技术（如防火墙）、各种负载均衡技术（如服务器集群技术）等；因为云计算一般涉及各种各样的海量数据，所以保存各种不同类型数据的存储技术都会用到，如块存储、对象存储、镜像存储等。

项目 13.3 云计算主流云服务商及配置

PPT:
云计算主流云服务商及配置

PPT

13.3.1 主流云服务商介绍

据互联网数据中心（Internet Data Center，IDC）统计，目前国内的主流公有云服务商有阿里云、华为云、腾讯云、电信天翼云、移动云、联通云、百度云、京东云等，其中阿里云、华为云、腾讯云共同占据了约六成的市场份额。

素材 项目 13.3

阿里云在弹性计算、存储、数据库、安全、大数据计算、人工智能、网络与 CDN、视频服务、容器与中间件、开发与运维、物联网 IoT、混合云、企业应用与云通信等方面提供了 200 多种的服务与产品，如图 13-2 所示，总服务器数量已达到 200 万台，还为 190 种企业应用场景提供解决方案。

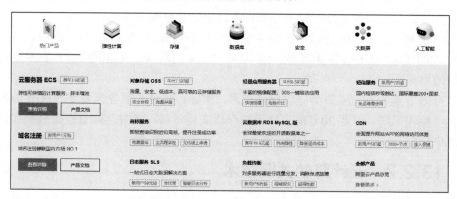

图 13-2 阿里公有云服务类型

华为云也在计算、容器、存储、网络、CDN 与智能边缘、数据库、人工智能、大数据、IoT 物联网、应用中间件、开发与运维、企业应用、视频、安全与合规、管理与监管、迁移、区块链、华为云 Stack、移动应用服务等方面提供了 200 多种服务，在全球的 23 个国家和地区创建了 45 个数据中心、2500 多个内容分发节点 CDN。

13.3.2 阿里云服务器 ECS 的选购

微课
阿里云服务器 ECS 的选购及维护

如果企业或个人需要在阿里云上购买云服务器，应该如何操作呢？以下是选购与连接云服务器的操作步骤：

步骤 1 登录阿里云网站。用支付宝账户或注册用户登录阿里云网站，如图 13-3 所示。

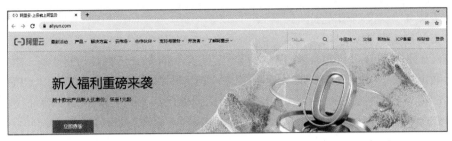

图 13-3　登录阿里云"控制台"

步骤 2　选择【产品与服务】中的【弹性计算】→【云服务器 ECS】，如图 13-4 所示。

图 13-4　选择【云服务器 ECS】产品

步骤 3　在"云服务器 ECS"控制台中选择【实例】→【创建实例】，如图 13-5 所示。

图 13-5　开始创建实例

步骤 4 设置基础需求。

在创建实例中，可以使用"一键购买""自定义购买""1 个月免费试用"多种方式，在这里选择"自定义购买"。"自定义购买"的第一步就是进行"基础配置"，包括确定付费方式；确定云服务器所在的地域及可用区；确定实例大小（CPU、内存、带宽等）、要购买的数量、服务器选用的镜像（如 Linux 或 Windows）；确定存储（系统盘和数据盘分别需要多少）、购买时长等，具体如图 13-6 所示。

图 13-6 设置基础需求

步骤 5 设置网络和安全组。

包含网络类型、是否使用公网 IP（如果要提供对外服务，就要使用公网 IP）、宽带的计费模式（按固定带宽或按流量计费）及设置一些基本的安全组并开放一些服务端口，如图 13-7 所示。

图 13-7 设置网络和安全组

步骤 6 设置云服务器的基本系统参数。

刚开始使用时，一般选择自定义密码，为云服务器设置管理员登录密码（一般 Linux 是 root 用户或 Windows 是 adminstrator 用户）、实例名称和主机名称等，如图 13-8 所示。

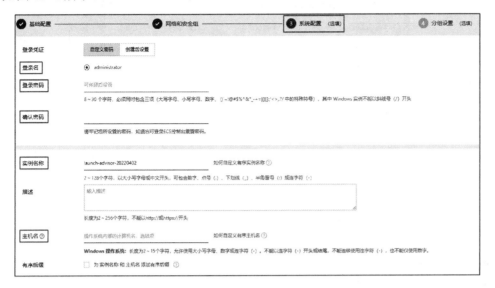

图 13-8　设置服务器的基本系统参数

步骤 7　确认订单：购买实例的数量、购买时长等，支付成功后云服务器就可以启动运行。如图 13-9 所示为云服务器成功启动后的状态。

图 13-9　成功启动服务器

13.3.3　阿里云服务器 ECS 的基本维护

1. 登录云服务器

云服务器成功启动后，如何连接登录上服务器进行使用与管理呢？连接云服务器常用的方式有：Web 方式、VNC 方式、远程桌面方式 3 种，如图 13-10 所示是 Web 方式连接，它是最简单的一种方法，输入正确的登录账号和密码即可登录，这种操作方式有时可能导致不流畅，为得到更好的使用体验效果，可以采用 VNC 方式或远程桌面方式，远程桌面方式要求服务器必须具有公有 IPv4 地址。

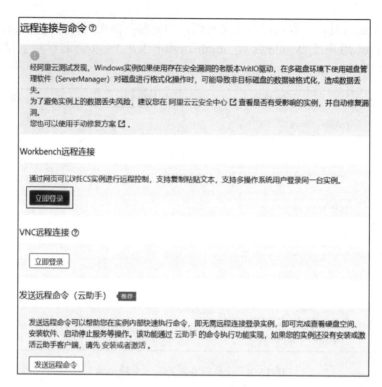

图 13-10　Web 方式连接云服务器

Web 方式登录连接成功后的画面如图 13-11 所示。

图 13-11　成功连接登录上服务器的桌面

2. 重置密码

如果在以后使用过程中忘记云服务器的登录密码，则可以通过控制台进行重置，如图 13-12 所示。

图 13-12　重置密码

3. 重启、停止、释放云服务器

云服务器服务到期后，可以手动释放。如果一直未续费，云服务器也会自动释放，手动释放操作如图 13-13 所示。

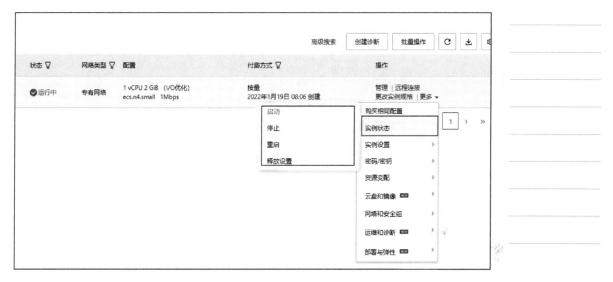

图 13-13　重启、停止、释放云服务器

课后练习

一、填空题

1. 云计算的4种部署模型是_____、_____、_____、_____。

2. 云计算是_____、_____、_____、_____、_____、_____等传统计算机和网络技术发展融合的产物。

3. 云计算平台的技术架构包含_____、_____、_____、_____。

二、选择题

1. 华为云提供的云计算服务类型是（　　）。

　A. SaaS　　　　　　　　　B. Iaas

　C. PaaS　　　　　　　　　D. 以上 3 个选项都是

课后练习

2. 将基础设施作为服务的云计算服务类型称为（　　）。

　　A．IaaS　　　　　　　　　　B．PaaS

　　C．SaaS　　　　　　　　　　D．以上都不是

3. PaaS 是（　　）的简称。

　　A．软件即服务　　　　　　　B．平台即服务

　　C．基础设施即服务　　　　　D．硬件即服务

三、简答题

1. 简述虚拟化技术的作用。

2. 简述云计算的 3 种服务模式及其功能。

单元 14　现代通信技术

【单元导读】

　　第 24 届冬季奥林匹克运动会于 2022 年 2 月在我国首都北京举办，开幕式直播首次使用 5G+8K 技术。冬奥期间，两地三赛区比赛同时进行，高速率、广覆盖的 5G 网络为冬奥会构筑了一个庞大的指挥调度体系，全面打通了冬奥赛事各场馆、各部门之间的通信壁垒。

　　作为首个 5G 网络全覆盖的冬奥会，北京冬奥会为参赛、观赛、办赛带来了新的体验、新的样板。5G 将深刻改变人类的生产生活方式，驱动人类社会进入万物互联的时代。

项目 14.1　通信技术概述

14.1.1　通信的概念

　　今天人们的生活一刻也离不开通信，"通信"简单来说就是信息的传递，是信息通过媒介从一点传递到另一点的过程。人与人，或人与自然之间，通过某种行为或媒介，进行的信息交流与传递，称为通信。通信不仅限于人类之间的信息交换，也包括自然万物。

　　任何通信行为，都可以看成是一个通信系统。而对于一个通信系统来说，都包括以下 3 个要素：信源、信道和信宿。例如下课时，校工打铃：校工就是信源，空气就是信道，而老师和同学们就是信宿。那铃声是什么呢？铃声是信道上的信号。这个信号带有信息，信息告诉信宿：该下课了。

14.1.2　通信技术发展历程

　　随着信息通信技术的飞速发展，智能手机通过 5G、WiFi 等通信网络实现无线接入后，可以方便地实现个人信息管理及查阅新闻、天气、交通、商品信息、应用程序下载、视频观看等。这些崭新的通信方式，是如何随着人类历史演变发展而来的呢？以下简要回顾通信技术发展的历史。

　　19 世纪中期，随着电报、电话的发明，电磁波的发现，通信领域产生了根本性的巨大变革，实现了利用金属导线来传递信息，通过电磁波来进行无线通信，人类真正意义上实现了"千里传音"。从此，人们的信息传递可以脱离常规的视听觉方式，用电信号作为新的载体，开始了通信的新时代。

　　1837 年，莫尔斯（Samuel Morse）发明了电报机。1844 年，莫尔斯用"莫尔斯电码"发出了人类历史上的第一份电报，从而实现了长途电报通信。

1875 年，贝尔（A.G.Bell）发明了电话。1878 年，在相距 300 公里的波士顿和纽约之间进行了首次长途电话实验并获得了成功。

1888 年，赫兹（H.R.Hertz）用实验发现了电磁波的存在，成为近代科学技术史上的一个重要里程碑，其后几年的时间，科学家们发明了无线电报，实现了信息的无线电传播。到 20 世纪初期，无线电收音机、电视机相继发明，广播电视迅速普及。

20 世纪中期，随着电子计算机的出现，晶体管、集成电路的发明促使电子产品朝小型化、高精度、高可靠性方向发展。单一计算机也很快发展成计算机联网，实现了计算机之间的数据通信，掀起了互联网浪潮。

（1）1G 语音时代

从 20 世纪 40 年代起，现代移动通信系统开始逐步萌芽，出现了车载无线电话服务以及一些小容量公用移动电话系统。

20 世纪 80 年代，移动通信进入蓬勃发展时期，贝尔试验室成功研制出先进移动电话系统（AMPS），在芝加哥建成了移动通信网，"大哥大"诞生，该阶段称为 1G（第一代移动通信技术）。1G 时代作为移动通信开天辟地的时代，其通信标准没有统一。

（2）2G 文本时代

20 世纪 80 年代中后期，移动通信从模拟向数字技术发展。2G 和 1G 相比，最大的突破在于从模拟传输进化到数字传输，是通信的一次数字化革命。20 世纪 90 年代，诺基亚拨通了中国第一个 GSM 电话，我国的移动通信 2G 时代到来。

1991 年，欧洲开通了"全球移动通信系统"（Global System for Mobile Communications，GSM）。GSM 标准采用了 TDMA（时分多址技术），在传输速率和开放性上完胜 1G 模拟通信，很快便成为 2G 时代的主流标准。GSM 俗称"蜂窝移动电话"，是把所有需要覆盖的区域分割为很多小块，每个小块近似为正六边形，所有的小块挨在一起就像蜂窝，如图 14-1 所示。

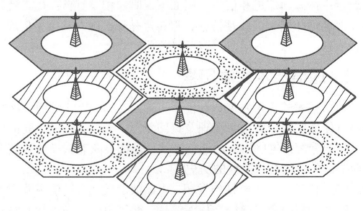

图 14-1　蜂窝移动通信系统

2G 形成了 CDMA 技术和 GSM 技术两强对峙的状态。中国移动采用 GSM 技术，中国联通采用 GSM 网络和 CDMA 网络。

（3）3G 图片时代

2009 年，中国发放 3G 牌照，标志着我国移动通信进入 3G 时代。第三代移动通信技术支持高速数据业务传输，从而能够无线接入互联网，能够实现宽带多媒体服务，意味着移动互联网时代的开启。

3G 时代，国际电信联盟（ITU）提出了 IMT-2000，要求符合 IMT-2000 要求的才能被接纳为 3G 技术。美国在 CDMA 的基础上发展了 CDMA 2000，欧洲在 GSM 的基础上推出了 WCDMA，而中国也推出了 TD-SCDMA。

在移动互联网时代，智能手机和 3G 网络成为两个巨大的引擎，推动了移动互联网一波又一波的新浪潮。从手机到应用，在世界范围以燎原之势迅速普及，改变了人们的通信方式和生活方式。

（4）4G 视频时代

2014 年，第四代移动通信系统即 4G 逐步普及。4G 网络的数据传输速率高达 150 Mbit/s，能够传输高质量图像和视频，移动互联网在 4G 时代取得了前所未有的繁荣。

4G 时代，欧洲的 LTE FDD 和中国的 TD-LTE 成为 4G 的两大标准。空中接口的关键技术放弃了 CDMA 转投正交频分复用（Orthogonal Frequency Division Multiplexing，OFDM），这是一种完全不同于 3G 时代的技术。此外，4G 的 MIMO，即多进多出的天线技术则提升了频率复用度，相当于通过修建多车道将路修得更宽，可以同时容纳多辆车并排行驶，跨载波聚合能获得更大的频谱带宽从而提升数据速率。

4G 实现了更快速率的上网，并基本满足了人们所有的互联网需求。人们可以随意地使用网络，包括用手机在线游戏、看视频、看直播、刷短视频，完全达到了和 WiFi 相似的体验。与 3G 相比，4G 无论是在个人体验上还是资费上都改善不少。

（5）5G 万物互联时代

2019 年，5G 网络已经开始大规模部署和商用。无线数据时延也将大幅度下降至 1 毫秒，这意味着虚拟现实、无人驾驶、自动控制等高新技术将真正从实验理论走近现实生活。

5G 时代的移动通信正在从人和人的连接，向人与物以及物与物的连接迈进，真正实现"信息随心至，万物触手及"，迈入万物互联的物联网时代。

每个移动通信标准都关乎国家利益。我国在通信技术标准领域经历了 1G 空白、2G 跟随、3G 参与、4G 同步、5G 主导的艰难奋斗历程，如图 14-2 所示，在移动通信标准领域逐步实现了话语权从无到有的过程。

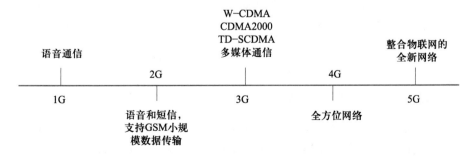

图 14-2　1G 到 5G 的移动通信发展史

14.1.3 通信技术发展趋势

当前，我国正处于十四五时期，5G 新基建已初具规模，一个崭新的产业环境正在形成，与此同时，产业内外多维形势叠加，通信技术的发展将迎来前所未有的挑战和机遇。

（1）5G 加速走出"传统通信"

5G 演进的方向仍然是聚焦在"商用"，而以"专网、非地面网络、车联网、工业互联网"等四大场景为重点的应用将进一步深化，5G 行业赋能的能力将进一步得到凸显。5G 也将从过往人们心目中的 2G、3G、4G 等传统迭代和客户连接、流量经营的传统模式走出，迈向数字经济赋能的广阔蓝海，进一步释放 5G 技术的非传统的革命性能力。

（2）赋能数字化深度转型

以数字化、网络化、智能化为方向的数字化转型加速到来，行业、企业的数字化转型将成为适应未来发展的基本发展方式，头部企业、领先行业正逐步走进数字化转型"深水区"，数字化的工具革命、决策革命对数字化技术服务提出更高需求。

（3）6G 图景渐行渐近

全球 6G 研发的大幕也已拉开，6G 将为人、物、环境的感知以及虚拟空间提供"一个连接"的保障，具有"智能"驱动、"快、准、全"的技术特性，相关技术特性也将驱动关键技术的产生。目前，全球对于 6G 的探讨研究仍处于愿景架构阶段，通信产业的互联互通特点使得国际标准成为产业发展的生命线。

项目 14.2 5G 技术

14.2.1 5G 概述

第五代移动通信技术，简称 5G，是 4G 之后的延伸。2015 年 10 月，在瑞士日内瓦召开的 2015 年无线电通信全会上，国际电联无线电通信部门（ITU-R）正式批准了 3 项有利于推进未来 5G 研究进程的决议，并正式确定了 5G 的法定名称是"IMT-2020"。

ITU 确定了 5G 的关键能力指标：5G 峰值速率达到 20 Gbit/s，用户体验数据率达到 100 Mbit/s、时延达 1 毫秒、连接密度每平方公里达到 10^6、流量密度每平方米达到 10 Mbit/s 等。5G 的无线接入称为 New Radio，简称 NR，全称为 New Radio Access Technology in 3GPP，即 5G NR。2017 年 12 月，在国际电信标准组织 3GPP RAN 第 78 次全体会议上，5G NR 首发版本正式发布，这是全球第一个可商用部署的 5G 标准。5G 的应用场景如图 14-3 所示。

14.2.2 5G 网络架构

5G 移动通信网络主要包括无线接入网、核心网和承载网三部分。无线接入网负责将终端接入通信网络，对应于终端和基站部分，称为 NG-RAN。核心网主要起运营支撑作用，负责处理终端用户的移动管理、会话管理以及服务管理等，位于基站和因特网之间，称为 NGC，主要包含：AMF，负责访问和移动管理功能；UPF，用于支持用户平面功能；SMF，用于负责会话管理功能。承载网主要负责数据传输，介于无线接入网和核心网之间，是为无线接入网和核心网提供网络连接的基础网络。5G 网络协议架构如图 14-4 所示。

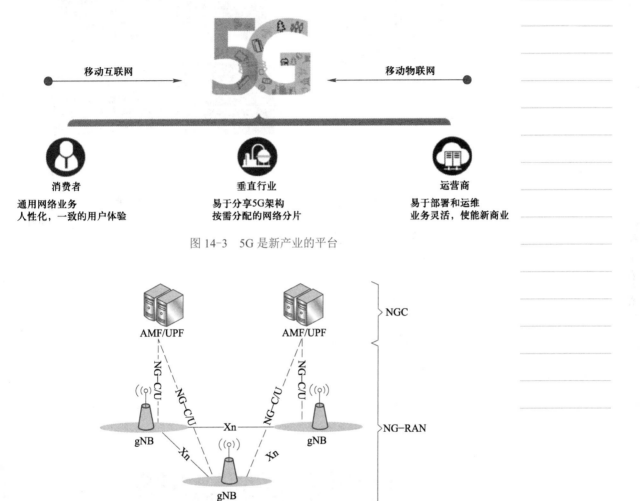

图 14-3　5G 是新产业的平台

图 14-4　5G 网络架构

14.2.3　5G 应用场景

如图 14-5 所示，ITU 对未来 5G 的 3 大类应用场景进行了描述，分别是增强型移动互联网业务（Enhanced Mobile Broadband，eMBB）、海量连接的物联网业务（Massive Machine Type Communication，mMTC）和超高可靠性与超低时延业务（Ultra Reliable & Low Latency Communication，uRLLC），并从吞吐率、时延、连接密度和频谱效率提升等多维度定义了对 5G 网络的能力要求。

从时延、吞吐量和连接数来说，4G 都无法满足将来大量的应用和需求。5G 的关键性能指标如图 14-6 所示。

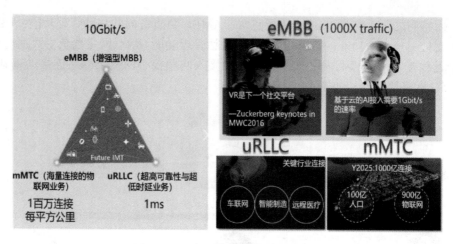

图 14-5 ITU 对 5G 应用场景的描述

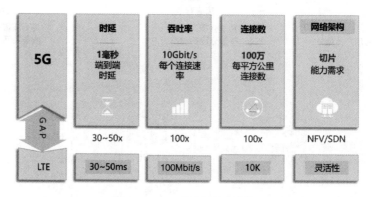

图 14-6 5G 的关键性能目标

　　未来的业务对网络要求各具不同，因此需要未来网络具备强大的弹性。如图 14-7 所示是 5G PPP 定义的 5G 网络能力模型。而实际上这是网络的弹性能够达到的范围，针对不同的网络需要灵活使能，以满足其需要的能力。

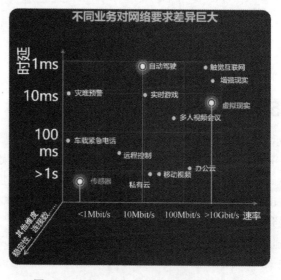

图 14-7 5GPPP 定义的 5G 网络能力模型

5G 不仅是 4G 的延伸，也是真正意义上的融合网络，它带给用户最直接的感受就是：更快的速度、更低时延以及更大的容量。它将在自动驾驶、VR/AR 应用、工业物联网、智能制造、智慧家居、智慧农业、智慧城市等领域实现越来越多的应用场景。

14.2.4　5G 网络部署及网络建设流程

1. 5G 网络部署方式

5G 网络部署模式分为非独立组网（Non-Standalone，NSA）和独立组网（Standalone，SA）模式。它们的主要区别在于，是否需要依附现有的 4G 网络进行 5G 网络部署，体现基站和核心网的搭配方式。

在 5G NSA 组网方式下，4G、5G 共用核心网，直接利用 4G 基站加装 5G 基站，即可快速实现 5G 网络覆盖。NSA 模式更有利于资源的最大利用，无论对用户还是对运营商来说，时间成本和资源投入都更少，业界将 NSA 看作 5G 的过渡方案，如图 14-8 所示。简单地说，NSA 模式的网络就像城市道路，既可以跑汽车也可以跑自行车。

而独立建设的 SA 模式网络类似于高速公路，跑的都是 5G 信号。SA 核心网的信令格式、流程及核心网架构都是全新的。SA 模式更能发挥 5G 的增强移动宽带（eMBB）、海量机器连接（mMTC）和低时延高可靠（uRLLC）三大技术优势，并在此基础上支撑实现更为丰富多元的场景业务，具有网络切片、超低时延链接、海量链接等诸多 NSA 模式无法提供的能力。SA 模式是 5G 组网的终极方案，如图 14-9 所示。

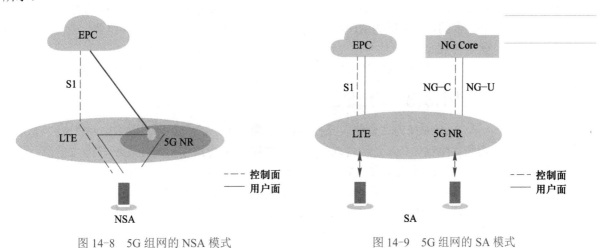

图 14-8　5G 组网的 NSA 模式　　　　　图 14-9　5G 组网的 SA 模式

2. 5G 网络建设流程

5G 网络规划流程包含网络规模估算、网络规划仿真和网络参数规划 3 个步骤。
5G 基站建设要点：
① 基站云化。5G 网络采用 BBU+AAU（射频拉远单元+有源天线）部署方式。BBU 包含 CU 和 DU 功能，CU 和 DU 既可以合并部署，也可以分别部署。

② 小基站引入。5G 阶段无线网络将变为多种无线技术全面融合的超密集型网络，站址资源将更加紧张，小基站可以同时满足密集组网、快速选址、快速建设以及室内外覆盖的需求。

③ 5G 室内覆盖。5G 室内覆盖要新建室内覆盖系统，可新建光纤分布系统或分布式小基站系统。

项目 14.3 其他通信技术

PPT:
其他通信技术

微课
其他通信技术

14.3.1 蓝牙

蓝牙（Bluetooth）：是一种无线技术标准，可实现固定设备、移动设备之间的短距离数据交换。蓝牙的波段为 2400 MHz～2483.5 MHz（包括防护频带），这是全球范围内无须取得执照（但并非无管制的）的工业、科学和医疗用（ISM）波段的 2.4 GHz 短距离无线电频段。蓝牙技术最初由爱立信公司于 1994 年创制，当时是作为 RS-232 数据线的替代方案。蓝牙可连接多个设备，解决了数据同步的难题。如今蓝牙由蓝牙技术联盟（Bluetooth Special Interest Group，SIG）管理。

14.3.2 WiFi

WiFi 全称为 Wireless-Fidelity，是一种允许电子设备连接到一个无线局域网（WLAN）的技术，通常使用 2.4G UHF 或 5G SHF ISM 射频频段。几乎所有智能手机、平板电脑和便携式计算机都支持 WiFi 上网，是当今使用最广的一种无线网络传输技术之一。实际上就是把有线网络信号转换成无线信号，所以 WiFi 信号是由有线网提供的，如家里的 ADSL、小区宽带等，只要连接一个无线路由器，就可以把有线信号转换成 WiFi 信号，无线网络的频段在世界范围内是无须任何电信运营执照的，WiFi 技术与蓝牙技术一样，同属于在办公室或家庭中使用的短距离无线技术。

14.3.3 ZigBee

ZigBee 译为"紫蜂"，这一名称来源于蜜蜂的八字舞，由于蜜蜂（bee）是靠飞翔和"嗡嗡"（zig）地抖动翅膀的"舞蹈"来与同伴传递花粉所在方位信息，蜜蜂依靠这样的方式构成了群体中的通信。

其特点是低功耗、低成本、低速率、近距离、短时延、高容量、高安全、免执照频段。ZigBee 网络主要是为工业现场自动化控制数据传输而建立，可以嵌入各种设备，适合应用在传感和控制领域。

14.3.4 射频识别

素材 项目 14.3

无线射频识别即射频识别（Radio Frequency Identification，RFID），是自动识别技术的一种，通过无线射频方式进行非接触双向数据通信，利用无线射频方式对记录媒体（电子标签或射频卡）进行读写，从而达到识别目标和数据交换的目的。其原理为在阅读器与标签之间进行非接触式的数据通信，达到识别目标的目的。RFID 的应用非常广泛，目前典型应用有动物晶片、汽车晶片防盗器、门禁管制、停车场管制、生产线自动化、物料管理等。

14.3.5　卫星通信

卫星通信是指利用人造地球卫星作为中继站转发无线电波，在两个或多个地球站之间进行的通信。它是在微波通信和航天技术基础上发展起来的一门无线通信技术，其无线电波频率使用微波频段（300 MHz～300 GHz，即波段 1 m～1 mm）。这种利用人造地球卫星在地球站之间进行通信的通信系统，称为卫星通信系统，而把用于实现通信目的的人造卫星称为通信卫星，其作用相当于离地面很高的中继站。因此，可以认为卫星通信是地面微波中继通信的继承和发展，是微波接力向太空的延伸。

14.3.6　光纤通信

光纤通信是利用光波作载波，以光纤作为传输媒质将信息从一处传至另一处的通信方式。光纤由纤芯、包层和涂层组成，纤芯一般为几十微米或几微米，中间层称为包层，通过纤芯和包层的折射率不同，从而实现光信号在纤芯内的全反射，也就是光信号的传输，涂层的作用就是增加光纤的韧性保护光纤。它具有体积小、重量轻、使用金属少、抗电磁干扰、抗辐射性强、保密性好、频带宽、抗干扰性好、防窃听、价格便宜等优点。光纤通信技术的发展方向，可以概括为两个方面：一是超大容量、超长距离的传输与交换技术，二是全光网络技术。

项目 14.4　现代通信技术与其他信息技术的融合发展

5G、云计算、大数据、人工智能、区块链等新一代信息技术正广泛、深入地渗透到社会各领域，以数字化、网络化、智能化为方向的数字化转型加速到来，通信企业兼具 CT 与 IT 基础、云网融合优势、算网一体能力，面向广泛的深度数字化需求，提供融合各项技术、集成各种能力、面向服务场景、解决难点痛点的数字交付，成为信息通信技术服务的关键。

PPT：
技术的融合发展

PPT

云技术的应用和 5G 的驱动加速了云网深度融合，云网融合的深入，更充分地提升新型信息通信网络能力优势。随着 5G、MEC 和 AI 的发展，以及广泛的计算需求，也要求信息通信网络"算力无处不用"，构建数据中心、云计算、大数据一体化的新型算力网络，被正式纳入国家新型基础设施发展建设体系。算力网络作为架构在 IP 网之上、以算力资源调度和服务为特征的新型网络形态，成为通信企业关注焦点，在云网融合基础上，行业正在迈向算网一体的新阶段。

素材　项目 14.4

课后练习

课后练习

一、选择题

1. 下面（　　）不属于有线通信。

A. 同轴电缆　　　B. 红外线　　　C. 光纤　　　D. 双绞线

2. 国际电信联盟的缩写是（　　）。

    A．ITU　　　　　　　B．IEEE　　　　　　C．3GPP　　　　D．ISO

3. 用光缆作为传输方式的是（　　）。

    A．无线通信　　　　　B．卫星通信　　　　　C．有线通信　　　D．微波通信

4. 5G 网络中 mMTC 的名称为（　　）。

    A．海量连接业务　　　　　　　　　　　　　B．超大带宽业务

    C．超可靠低时延业务　　　　　　　　　　　D．高可靠低时延业务

5. WiFi 的传输介质是（　　）。

    A．红外线　　　　　　B．卫星通信　　　　　C．无线电波　　　D．载波电流

二、填空题

1. 通信方式按照传输媒质分类可分为_____和无线通信两大类。

2. 5G 的法定名称 IMT-2020，是在_____年确定的。

3. 5G 的三大应用场景是_____、_____、_____。

三、操作题

1. 假设有一个非通信行业的同学，对 5G 很感兴趣，请你花 3 分钟时间向其介绍 5G。

2. 在未来你看好哪几种通信技术？请简单说明理由。

单元 15 物 联 网

素养提升 单元 15
物联网

【单元导读】

物联网中的"物"指的是人们身边一切能与网络相连的物品或人。物联网就是"物"之间通过连接互联网来共享信息并产生有用的信息，而且无须人为管理就能运行的机制。

项目 15.1 物联网的概述

PPT:
物联网

PPT

15.1.1 物联网的定义

物联网（Internet of things，IoT），即"万物相连的互联网"，如图 15-1 所示。根据中国电子技术标准化研究院白皮书的定义，物联网是通信网和互联网的拓展应用和网络延伸，它利用感知技术与智能装置对物理世界进行感知识别，通过网络传输互联，进行计算、处理和知识挖掘，实现人与物、物与物信息交互和无缝链接，达到对物理世界实时控制、精确管理和科学决策的目的。

微课
物联网概述

图 15-1 物联网示意图

15.1.2 物联网的特征

物联网有 3 个基本特征，即整体感知、可靠传输和智能处理。整体感知是指可以利用射频识别（Radio Frequency Identification，RFID）、二维码（Quick Response Code）、智能传感器等感知设备感知获取物体的物理、化学或生物等各类参数或状态等信息。可靠传输是指通过对互联网、无线网络的融合，将物体的信息实时、准确地传送，以便信息交流、分享，服务于人类的日常生活或生产活动。智能处理则是使用各种智能技术，对感知和传送到的数据、信息进行分析处理，实现监测与控制的智能化。

15.1.3　物联网的应用领域

素材　项目 15.1

目前，物联网的应用已经涵盖了家居生活、工业农业和公共服务等各个领域，包括定位、安防、支付、预测等越来越多的功能，最终为政府、企业、社会组织、家庭及个人服务。

1. 智能医疗

随着物联网技术的发展，患者与医务人员、医疗机构、医疗设备之间的互动更便捷、科学，建立健康档案区域医疗信息平台，实现医疗智能化。如图 15-2 所示是在患者端进行健康监测采用智能仪器监测身体指标的示意图。

随着电子信息技术的发展，使身体体征指标的智能监测成为可能，利用 LED、图像处理、加速度传感器、特定频率的电波、光纤等的测量，对人体呼吸、心率和脉搏、血压、心理压力等指标进行推测，准确度越来越高，并不断推广应用。

健康指标监测或远程康复指导。患者在家里通过智能设备，如血压计、心率计等自行监测个体健康指标，通过 WiFi、蓝牙等短距离通信技术可上传到手机终端的信息平台上。而远在医院的医务人员可在相应信息平台查看到相关数据，如果有指标不正常，便可启动提醒患者就医或进行健康指导。

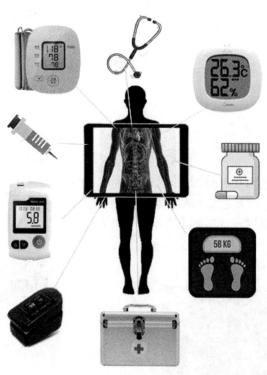

图 15-2　患者健康指标监测示意图

远程诊断治疗。远程医疗通过遥感、遥测、遥控，发挥医院或专科医疗中心的医疗技术和医疗设备优势，依托先进的物联网技术，利用高速网络进行数字、图像、语音的综合传输，可实现实时的语音和高清晰图像的交流，对医疗条件较差的边远地区、海岛或舰船上的伤病员进行远距离诊断、治疗和咨询，也可以加强各专科医院之间的交流及资源互补。

2. 智能交通

智能交通是交通的物联化体现，一是着眼于交通信息的广泛应用与服务，二是着眼于提高既有交通设施的运行效率。目前在车辆控制、交通监控、车辆管理和旅行信息等方面都有体现，以下重点介绍车辆控制和交通监控。

车辆控制。指辅助驾驶员驾驶汽车或替代驾驶员自动驾驶汽车的系统，目前辅助驾驶功能较为普遍。该系统通过安装在汽车前部和旁侧的雷达或红外探测仪，可以准确地判断车与障碍物之间的距离，当遇紧急情况时，车载计算机能及时发出警报或自动刹车避让；车辆通过气候和路况判断，进行防抱死刹车，避免交通意外，保护驾驶员和车辆安全；遇到紧急碰撞情况，判断是否要弹出气囊，降低驾驶员面临的生命安全风险，如图 15-3 所示。

防抱死刹车

前测距仪

后测距仪

驾驶室气囊

轮胎气压监测器

图 15-3 智能汽车示意图

交通监控。自动监测交通状态和交通路口的车辆流动，适时调节红绿灯持续时间，优化复杂路口在高峰阶段的通行切换；在道路、车辆和驾驶员之间建立快速通信联系，将交通事故、交通拥挤、交通畅通路线，停车场车位等关键信息以最快的速度提供给驾驶员和交通管理人员。

3. 工业领域

工业是物联网应用的重要领域，在供应链管理、生产过程工艺优化、产品设备监控管理、环保监测和能源管理及工业安全生产管理诸多方面都有应用。

制造业供应链管理。物联网应用于企业原材料采购、库存、销售等领域，通过完善和优化供应链管理体系，提高了供应链效率，降低了成本。

生产过程工艺优化。物联网技术的应用提高了生产线过程检测、实时参数采集、生产设备监控、材料消耗监测的能力和水平，同时使生产过程中的智能监控、智能控制、智能诊断、智能决策、智能维护水平不断提高。钢铁企业应用各种传感器和通信网络，在生产过程中实现对加工产品的宽度、厚度、温度的实时监控，从而提高了产品质量，优化了生产流程。

产品设备监控管理。各种传感技术与制造技术融合，实现了对产品设备操作使用记录的远程监控和设备故障的远程诊断。通过传感器和网络对设备进行在线监测和实时监控，并提供设备维护和故障诊断的解决方案。

如图 15-4 所示是某企业车间的智能生产线数据检测，以条码为载体，过程检测智能化，所有的加工参数与产品条码实时绑定，形成完整的产品追溯体系。

15.1.4 物联网的发展趋势

物联网是集电子技术、传感技术、网络技术、通信技术、生物技术等多学科技术发展为一体的综合体现。随着这些技术的不断发展和突破，物联网的发展和应用必定不断变化和增强。

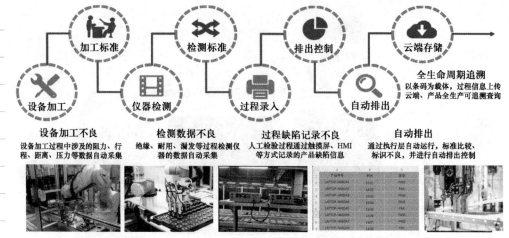

图 15-4　智能生产线的数据检测

　　无线传感器大规模应用是物联网在广度上的拓展。无线传感器是传感器部件、微处理器及无线通信芯片的集成，可以获取外界信息并加以分析和传输。由无线传感器组网构成无线传感网，由大量的传感器节点以自由形式进行组织与结合进而形成的网络形式，实现数据的采集、处理和传输功能，如图 15-5 所示。无线传感器模块的功耗、体积、传输延迟、成本等问题成为其应用瓶颈。未来这些问题得到解决后将加速物联网的应用。

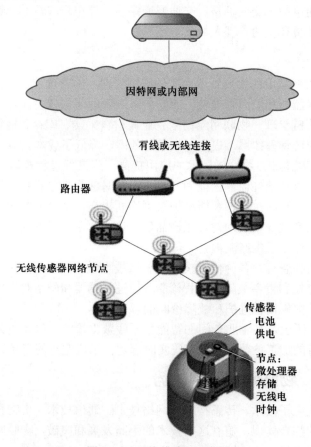

图 15-5　无线传感网示意图

人工智能物联网（AIoT）是物联网在深度上的拓展。AIoT 融合 AI 技术和 IoT 技术，通过物联网产生、检测到的不同维度的海量数据，再通过大数据分析、人工智能分析与处理，实现万物数据化、万物智联化。人工智能实现不同智能终端设备之间、不同系统平台之间、不同应用场景之间的互融互通、万物互融。当技术上突破后，有了技术标准和测试标准，技术的落地与典型的推广应用也就能实现了。

总之，随着传感网技术、人工智能技术的成熟与应用，物联网技术不断得到提升，物联网的应用将渗透到各个行业各个领域，为人们提供更加人性化的智能服务。

项目 15.2　物联网的体系结构

物联网的体系结构通常分为 3 个层次，即感知层、网络层和应用层。通过这 3 个层次，实现整体感知、可靠传输和智能处理。三层之间可交互、控制，信息不是单向传递的，具体如图 15-6 所示。

PPT:
物联网的体系结构

PPT

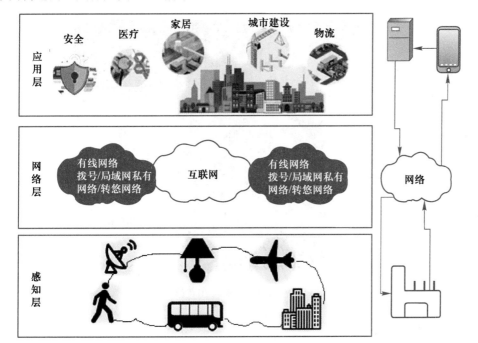

微课
物联网体系结构及
应用案例

图 15-6　物联网体系结构示意图

15.2.1　感知层

感知层相当于人的五感，实现通过视觉、听觉、味觉、嗅觉和触觉来感知外部世界，从而识别外界环境和物体，并采集信息。感知层是物联网的底层，解决的是人类世界和物理世界的数据获取问题。感知层首先通过传感器、数码相机等设备，采集外部环境或物理世界的数据，然后通过短距离传输技术传递数据。

感知层需要采用检测技术和短距离无线通信技术。检测技术普遍采用的是二维码标签和识读器、RFID 标签和读写器、摄像头、全球定位系统（Global Position System，GPS）和各类传感器等技术。短距离无线通信技术主要采用 RFID、工业现场总线、蓝牙、ZigBee、WiFi、红外、M2M（Machine-to-Machine/ Man，即机器之间或人机之间）终端和传感器网关等技术。

1. 传感器技术

物联网系统中的终端设备是通过海量数据来表征存在的，终端设备数据来源于传感器的检测。

传感器作为一种检测装置，能感受到被测量的信息，并能将感受到的信息，按一定规律转换为电信号或其他所需形式的信息输出，以满足信息的传输、处理、存储、显示、记录和控制等要求。

传感器的存在和发展，扩展了人感知周围环境的能力，是人体触觉、味觉和嗅觉等感官的延伸和扩展。按基本感知功能可以把传感器分为热敏元件、光敏元件、气敏元件、力敏元件、磁敏元件、湿敏元件、声敏元件、放射线敏感元件、色敏元件和味敏元件十大类。图 15-7 是智能洗衣机应用传感器技术可以检测布质、水质、浊度等参数，从而实现智能化洗衣。

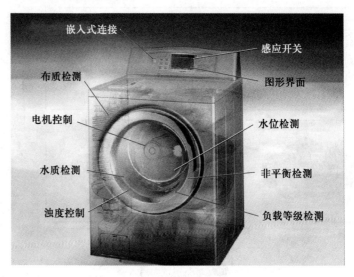

图 15-7 智能洗衣机应用传感技术

2. RFID 技术

RFID 技术是自动识别技术的一种，是利用射频信号通过空间耦合（交变磁场或电磁场）来实现无接触信息传递并通过所传递的信息来达到自动识别目的的技术。

一套完整的 RFID 系统，包括读写器（Reader）、电子标签及应用程序三个部分组成。RFID 系统工作时，由 Reader 发射一特定频率的无线电波能量，扫描电子标签（也称为应答器）。在电波能量的驱动下，阅读器通过内部电路依序接收电子标签上的信息并解读数据，并送给应用程序做相应的处理，如图 15-8 所示。

RFID 与互联网、移动通信等技术相结合，能够实现全球范围内的物品跟踪与信息共享，将物联网应用到更广的领域，实现万物共联。目前射频识别应用广泛，几乎无处不在，如在智能交通、智能物业、智能制造、智能物流、电子支付等领域。图 15-9 是在仓储管理中的应用。

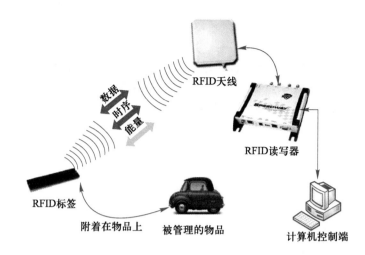

图 15-8 RFID 技术应用原理示意图

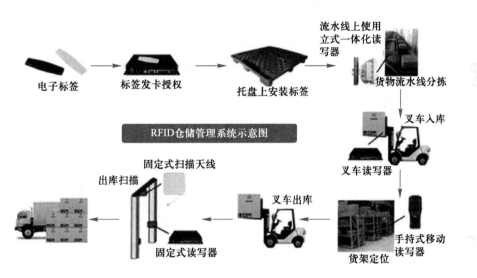

图 15-9 RFID 仓储管理系统工作示意图

3. WiFi

WiFi 是创建在 IEEE 802.11标准上的无线局域网技术。在无线网络技术出现以前，人们通过网线连接计算机，而 WiFi 则是通过无线电波来联网。WiFi 工作在两个频段：2.4 GHz 频段支持 802.11b/g/n/ax 标准，5 GHz 频段支持 802.11a/n/ac/ax 标准。其中，802.11n/ax 同时工作在 2.4 GHz 和 5 GHz 频段，所以这两个标准是兼容双频工作。

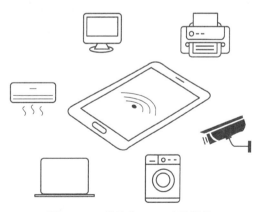

图 15-10 常见的 WiFi 应用场景

IEEE 802.11 的设备已安装在市面上的许多产品中，如个人计算机、游戏机、智能手机、平板电脑、打印机、便携式计算机以及其他无线上网的周边设备。如图 15-10 所示是常见的 WiFi 应用场景。

4. 蓝牙

蓝牙作为一种小范围无线连接技术，可实现固定设备、移动设备之间的短距离（一般 10 m 内）数据交换，使用 2.4 GHz 的 ISM（即工业、科学、医学）波段及 IEEE 802.15 协议。蓝牙可连接多个设备，解决了数据同步的难题。

蓝牙设备是蓝牙技术应用的主要载体，常见蓝牙设备有计算机、手机等。蓝牙产品容纳蓝牙模块，支持蓝牙无线电连接与软件应用。蓝牙设备连接必须在一定范围内进行配对。

5. ZigBee

ZigBee 与蓝牙相类似，是一种短距离无线通信技术、低速短距离传输的无线网上协议，底层是采用IEEE 802.15.4标准规范的媒体访问层与物理层。

相较于蓝牙等无线通信技术，ZigBee 无线通信技术可有效降低使用成本，能源消耗显著低于其他无线通信技术；ZigBee 具有较高的安全可靠性；响应速度较快，一般从睡眠转入工作状态只需 15 ms，节点连接进入网络只需 30 ms，而蓝牙需要 3～10 s、WiFi 需要 3 s；具有大容量，ZigBee 可采用星状、片状和网状网络结构，由一个主节点管理若干子节点，最多一个主节点可管理 254 个子节点；同时主节点还可由上一层网络节点管理，最多可组成 65000 个节点的大网。如图 15-11 所示是 ZigBee 无线网络应用在家居三表的抄送系统。

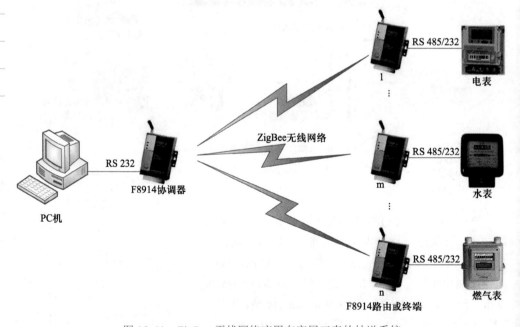

图 15-11　ZigBee 无线网络应用在家居三表的抄送系统

15.2.2　网络层

网络层相当于人的中枢神经，完成信息的接入、传输。网络层位于感知层之上，解决将感知层所获得的数据在一定范围内，通常是长距离进行传输的问题。

网络层所需要的关键技术包括长距离有线和无线通信技术、网络技术。现在普遍采用的是移动通信网、国际互联网、企业内部网、各类专网和小型局域网，随着三网融合的推进，有线电视网也进入到物联网的网络传输角色。国内外也有相关高校和研究机构探索尝试用电力线网组网。

1. 移动通信网络

从 20 世纪 80 年代开始，第一代移动通信技术出现以来，每隔十年左右就会出现一次新的变革，先后经历了四代移动通信技术。

5G 是新一代移动通信技术，具有高速率、低时延等特点的新一代移动宽带通信技术，是实现人机物互联的网络基础设施。5G 国际技术标准重点满足灵活多样的物联网需要。在 OFDMA 和 MIMO 基础技术上，5G 为支持三大应用场景，即增强移动宽带、超高可靠低时延通信和海量机器类通信。在频段方面，5G 同时支持中低频和高频频段，其中中低频满足覆盖和容量需求，高频满足在热点区域提升容量的需求，具有高速率传输、更优覆盖、低时延和高可靠。

2. 互联网

Internet 即互联网，是广域网、局域网及单机按照一定的通信协议组成的国际计算机网络。互联网是指将两台及以上计算机终端、客户端、服务端通过计算机信息技术手段互相联系起来的结果，解决人与人之间互联互通的需求，人们可以在互联网上获取信息、发布评论、采购产品、购买服务等，但是这些信息和服务需要人来做大量的工作才能完成，并且难以动态地了解其变化。

15.2.3　应用层

物联网的服务性质体现在应用层，解决信息处理和人机界面的问题。

应用层可以按形态直观地再划分为两个子层。一个是应用程序层，进行数据处理；另一个是终端设备层，提供人机界面，这也是物联网以人为本的具体体现，由人去操作和控制。通常会应用云计算和中间件，结合具体的应用场景构成系统。

1. 云计算

云计算（Cloud Computing）是一种通过网络统一组织和灵活调用各种信息与通信技术（Information and Communications Technology，ICT）资源，实现大规模计算的信息处理方式。云计算利用分布式计算和虚拟资源管理等技术，通过网络将分散的 ICT 资源（包括计算与存储、应用运行平台、软件等）集中起来形成共享的资源池，并以动态按需和可度量的方式向用户提供服务。

2. 中间件

中间件是介于应用系统和系统软件之间的一类软件，它使用系统软件所提供的基础服务（功能），衔接网络上应用系统的各个部分或不同的应用，能够达到资源共享、功能共享的目的。从互联网数据中心（Internet Data Center，IDC）的角度定义中间件，它是一种独立的系统软件服务程序，分布式应用软件借助这种软件在不同的技术之间共享资源，中间件位于客户机服务器的操作系统之上，管理计算资源和网络通信。中间件是平台和通信的结合，这也就限定了只有用于分布式系统中才能称为中间件，同时也把它与支撑软件和实用软件区分开来。

项目 15.3 应用案例——家居智能云摄像系统

PPT:
应用案例

微课
家居智能云摄像系
统的安装与配置

随着共享经济的火热，5G 时代的到来，物联网及大数据的综合应用，越来越多的产品趋向智能化发展，下面介绍家居智能云摄像系统应用案例。

15.3.1 案例描述

通过安装与配置典型物联网应用系统家居智能云摄像系统，让学习者熟悉搭建系统的基本过程和操作，掌握物联网系统的智能部件、网络连接等基本要素。

以"华为好望"产品（E20W 智能云摄像机）为例，进行安装和配置操作。如图 15-12 所示分别是壁装和吊装的摄像机。

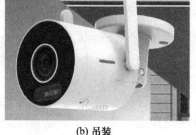

(a) 壁装　　　　　　　　　　(b) 吊装

图 15-12　摄像机

15.3.2 案例实现

1. 安装步骤

步骤 1　安装 SD 卡。用螺钉旋具拧开卡盖，将 SD 卡芯片朝上，对准卡槽将SD 卡插入。

注意事项：SD 卡槽内有个小孔（RESET 键）。

步骤 2　安装摄像机。安装固定在合适位置，垂直角度和水平方向可通过拧开相应螺钉调节，调好后再拧紧螺钉。

注意事项：按照产品手册上的提示，墙面要有一定厚度、承重能力及建议的安装高度。

步骤 3　连接电源线。将随摄像机配备的电源适配器圆形接口与摄像机电源接口相连接，之后将电源适配器插头接入市电即可。

此时摄像机红灯常亮，表明摄像机已进入等待配网阶段。

2. 配置步骤

步骤 1　按照产品手册上的提示，使用手机扫描二维码，或者在应用市场搜索"华为好望"下载并安装 APP。为通过 APP 添加摄像机做准备。

步骤 2　打开 APP，首次使用要注册、设置密码。

步骤 3　将手机连接至无线网络。

步骤 4　给摄像机通电，红灯常亮，表明摄像机已进入等待配网阶段。同时会听到语音提示"请使用手机 APP 连接摄像机"时，打开 APP 首页，扫描机身上的二维码，并根据 APP 页面提示确认摄像机通电及指示灯状态。

素材　项目 15.3

步骤 5　选择摄像机要接入的网络，输入无线网络的密码，等待网络配置。

步骤 6　摄像机语音提示"无线网络配置成功""连接好望云成功"且设备蓝灯亮约 5 秒，表示摄像机添加成功。

步骤 7　访问 APP 首页，选择摄像机，查看实况。

课后练习

课后练习

简答题

1. 物联网系统为什么必须有传感器？传感器有哪些作用？

2. 简述 RFID 的工作原理，并列举生活中的实例进行说明。

单元 16　数字媒体

【单元导读】

学校组织同学们外出游玩，用手机拍摄了一些照片和视频，想制作一个短视频，需要添加一些文字、背景音乐，然后分享到抖音，有什么方法可以快速完成，或者想制作一个生日贺卡，想录制一段配乐诗，不知道如何处理，最快捷的方式是在手机找一款 APP 进行快速处理，如果需要更专业的后期处理，可以在 PC 端用专业软件进行处理，如广告制作、公司宣传片制作、电影特效制作等，这些都是数字媒体的典型应用场景。本单元主要介绍数字媒体的基本概念、常用数字媒体的处理技术及移动端的典型应用。

素养提升　单元 16
数字媒体

项目 16.1　数字媒体概述

16.1.1　数字媒体概念

数字媒体是指以二进制数的形式记录、处理、传播、获取过程的信息载体。这些载体包括数字化的文字、图形、图像、声音、视频影像和动画等感觉媒体，和表示这些感觉媒体的逻辑媒体（编码），以及存储、传输、显示逻辑媒体的实物媒体。

PPT：
数字媒体

（1）感觉媒体

直接作用于人的感官，产生感觉的媒体称为感觉媒体，包括数字化的文字、图形、图像、声音、视频影像和动画等。

素材　项目 16.1

（2）逻辑媒体

为了对感觉媒体进行有效的传输，以便进行加工和处理，而人为构造出的媒体称为逻辑媒体，如语言编码、静止和活动图像编码及文本编码等。

（3）实物媒体

存储、传输、显示逻辑媒体的实物媒体，如输入和输出的实物媒体：键盘、话筒、扫描仪、摄像机、扬声器、显示器、投影仪和打印机等，传输信号的实物媒体：同轴电缆、光纤、双绞线和电磁波等，存放逻辑媒体的实物媒体：磁盘、光盘、磁带等。

16.1.2　数字媒体的分类及文件格式

数字媒体包括了文本、图形图像、视频、音频、动画等多种形式，以及信息的采集、存取、加工和分发的数字化过程。

（1）文本

文本指各种文字，包括纯文本文字及带有各种字体、尺寸、格式及色彩信息的文字，常见格式包含 PDF 文档、DOC 文档。

（2）图形和图像

图形是指从点、线、面到三维空间的黑白或彩色几何图（矢量图）；图像是由像素点阵组成的画面（位图），常见格式包含 PSD、JPG、BMP、PNG 等。

（3）视频

视频是图像数据的一种，若干有联系的图像数据连续播放便形成了视频，常见格式包含 AVI、MP4、MOV、WMV 等。

（4）音频

音频包括音乐、语音和各种音响效果，常见格式包含 WAV、MPEG、MIDI 等。

（5）动画

动画利用了人眼的视觉暂留特性，快速播放一连串静态图像，在人的视觉上产生平滑流畅的动态效果，常见格式包含 GIF、SWF、FLIC FLI/FLC 等。

项目 16.2　数字媒体相关技术

16.2.1　多媒体数据压缩和编码技术

1. 数据压缩的必要性

音频、视频的数据量巨大，如果不进行处理，计算机系统几乎无法对它进行存取和交换。因此，在多媒体计算机系统中，为了达到令人满意的图像、视频画面质量和听觉效果，必须解决视频、图像、音频信号数据的大容量存储和实时传输问题。因此，除了提高计算机本身的性能及通信信道的带宽外，更重要的是对多媒体进行有效的压缩。

2. 数据压缩的可行性

数据的压缩实际上是一个编码过程，即把原始的数据进行编码压缩。数据的解压缩是数据压缩的逆过程，即把压缩的编码还原为原始数据。因此数据压缩方法也称为编码方法。数据压缩技术日臻完善，适应各种应用场合的编码方法不断出现。针对多媒体数据冗余类型的不同，相应地有不同的压缩方法。主要基于三部分内容进行压缩：一是数据中间常存在一些多余成分，即冗余度；二是数据间尤其是相邻的数据之间，常存在着相关性，如图片中色彩均匀的背景，电视信号的相邻两帧之间可能只有少量的变化景物；三是人们在欣赏音像节目时，由于耳、目对信号的时间变化和幅度变化的感受能力都有一定的极限，如人眼对影视节目有视觉暂留效应。人眼或人耳对低于某一极限的幅度变化已无法感知等。

16.2.2　HTML5 技术

HTML5 是指包括 HTML、CSS 和 JavaScript 在内的一套技术组合，主要作用是减少网页浏览器对于插件的需求（如 Adobe Flash Player 插件等），并且提供更多能有效加强网络应用的标准集。

HTML5 具有独特的优势，如网络标准、多设备、跨平台、自适应网页设计。这对于程序员来说是绝对的福音，因为只需掌握 HTML5 就能随时更新自己的页面、适应多个浏览器。

HTML5 将 Web 带入一个成熟的应用平台，在这个平台上，视频、音频、图像、动画以及与设备的交互都进行了规范。

16.2.3 虚拟现实技术

虚拟现实技术是利用计算机生成一个逼真的三维虚拟环境，并通过使用传感设备与之相互作用的新技术。它与传统的模拟技术完全不同，是将模拟环境、视景系统和仿真系统合三为一，并利用头盔显示器、图形眼镜、数据服、立体声耳机、数据手套及脚踏板等传感装置，将操作者与计算机生成的三维虚拟环境连结在一起。操作者通过传感器装置与虚拟环境交互作用，可获得视觉、听觉、触觉等多种感知，并按照自己的意愿去改变虚拟环境。

16.2.4 融媒体

"融媒体"充分利用媒介载体，与广播、电视、报纸等既有共同点，又存在互补性的不同媒体，在人力、内容、宣传等方面进行全面整合，实现"资源通融、内容兼融、宣传互融、利益共融"的新型媒体。目前新型媒体还不是一种固化的、成熟的媒介组织形态，而是不断探索、创新的媒体融合方式和运营模式。

项目 16.3 数字媒体素材处理

16.3.1 数字图形图像处理——制作生日贺卡

PPT：
数字媒体素材处理

PPT

1. 制作要求

将人物素材去除白色背景；并将人物和花边移入至背景素材中。

2. 制作效果（图 16-1）

3. 制作工具（手机 APP：Canva 可画。）

微课
制作生日贺卡

4. 制作素材（图 16-2）

步骤 1 在手机市场中下载安装"Canva 可画"，素材照片"人物.jpg"先保存到手机相册。

步骤 2 打开 Canva 可画，进入可画首页，在搜索栏输入"生日贺卡"，选择一个免费模板。

素材 项目 16.3

步骤 3 上传素材到 Canva 可画。单击模板，会进入模板编辑页面，单击里面的文字和图片对象可以进行修改。选择贺卡中的图像，单击下方工具栏【替换】按钮，进入可画素材库，依次单击【上传】→【上传媒体文件】按钮，选择要上传的文件，如图 16-3 所示。

图 16-1 生日贺卡效果图 图 16-2 人物.jpg

步骤 4 去除照片背景。选择照片，在下方工具栏单击【抠图特效】→【抠图工具】按钮，去除照片背景，如图 16-4 所示。

图 16-3 上传照片到 Canva 可画 图 16-4 去除照片背景

步骤 5 保存并发布。单击【分享】→【下载】按钮，可以将文件保存（保存为本地需要收费）。

步骤 6 制作完成，最终效果如图 16-1 所示。

16.3.2 数字音频处理——制作配乐诗：生死不离

1. 相关知识

（1）人声录制的处理过程

人声录制完成后，不管采用哪种工具，都需要进行基本的效果处理，通常用到的效果处理顺序是：音量标准化→降噪→均衡→压限→混响→延时。

（2）音频编辑软件

常用的音频处理工具，PC 端主要有：AdobeAudition、Pro Tools，移动端的音

微课
制作配乐诗

频处理 APP 主要有：易剪多轨版、音频裁剪大师、音频音乐剪辑等。

（3）多轨音频编辑器

能边听边录的录音器，轻松完成音频剪切、串烧、多轨合成、升降调、变速、倒放、调节音量、歌曲消人声制作伴奏、视频提取音频、朗诵加背景音乐、设置 MP3 封面作者信息等热门需求，支持丰富的文件格式。

2. 案例描述

在手机上采用易剪多轨版，根据提供的文本录制一首现代诗，去除噪声，添加均衡、混响、延时效果，添加背景音乐。

录音文本如下。

生死不离	你的呼喊就刻在 我的血液里	搭起双手 筑成你 回家的 路基
生死不离 你的梦 落在哪里	生死不离 我数秒 等你消息	生死不离 全世界 都被沉寂
想着生活继续	相信生命不息	痛苦也不哭泣
天空失去美丽	我看不到你	爱 是你的传奇
你却等待明天 站起	你却牵挂在我心里	彩虹在风雨后 升起
无论 你在哪里 我都要找到你	无论你在哪里 我都要找到你	无论你在哪里 我都要找到你
血脉能创造奇迹	血脉 能创造奇迹	血脉能创造奇迹
		你一丝希望 是我全部的动力

3. 案例实现

步骤 1　在手机市场中下载安装"易剪多轨版"。

步骤 2　打开易剪多轨版，在"剪辑"页面单击【+】按钮，新建一个音频项目，进入多轨编辑页面。

步骤 3　选择录音轨道，点亮录音轨道【R】按钮，注意只能选择一个录音轨，如图 16-5 所示。

图 16-5　选择录音轨道

【知识拓展】 轨道中有【M】【S】【R】3 个基本控制按钮，分别代表轨道静音、独奏、录音功能。

步骤 4　单击红色【录音】按钮●，开始录音，单击【停止】按钮■停止录音。

步骤 5 去除噪声。选择录音轨道中的录制音频，单击工具栏中【编辑】按钮，进入音频编辑页面，单击工具栏中【更多】→【降噪】→【继续】按钮，进行降噪处理，如图 16-6 所示。单击【×】按钮回到主页面。

图 16-6 音频降噪

步骤 6 添加音频效果。在主页面单击【音效】按钮 🎵，进入音频效果设置页面，如图 16-7 所示，可分别添加"均衡""混响""延时"3 种效果。再次单击【音效】按钮 🎵 回到主页面。

图 16-7 音频效果设置

【知识拓展】 对于男声，提升 200Hz～500Hz 频率，可以增强人声力度，对于女声，1.6 kHz～3.6 kHz 影响音色的明亮度，提升此段频率可以使音色鲜明通透。如果不明白如何设置，可以选择软件中预设的效果。

步骤 7 添加背景音乐。选择第 2 个轨道，单击工具栏中的【插入音频】→【媒体库】按钮，单击【华为音乐】（不同的手机，显示媒体库列表的名称会不一样），选择刚刚下载的音乐"我的祖国（纯音乐）"，导入背景音乐。

步骤 8 调整位置及音量。选择音频轨道中间的【音量调节】按钮 ■，上下拖动可以调节音量大小。同时左右拖动调节音频起始位置，音频轨道的 4 个角有 4 个方形调节按钮，拖动上面按钮可以调整淡入和淡出的幅度，拖动下面按钮可以调整音频的左右截止位置，如图 16-8 所示。

步骤 9 导出音频。单击工具栏中的【导出】按钮 ⬆，弹出导出设置，选择【MP3】

【高】选项，单击【确定】按钮，如图 16-9 所示。

图 16-8 调整位置及音量　　　　　图 16-9 导出音频

16.3.3 数字视频处理——校歌 MV 视频制作

1. 相关知识

视频编辑软件分为 PC 端和移动端，PC 端常用视频编辑软件主要有：Adobe Premiere、Adobe After Effects，移动端视频编辑 APP 主要有：剪映、小影、Videoleap、快剪辑、快影、VUE Vlog、VN 视频剪辑、必剪、巧影、秒剪。

微课
校歌 MV 视频制作

2. 案例描述

在手机上，使用剪映 APP，根据提供的三段校园活动视频素材，添加音频素材，完成转场、字幕、片头并发布。

制作素材：

① 视频素材：校园活动视频，分别是视频素材 1、视频素材 2、视频素材 3、视频素材 4。

② 音频素材：歌曲"音频素材-顺德职院校歌.mp3"。

3. 案例实现

步骤 1　在手机市场中下载安装剪映 APP。

步骤 2　打开剪映 APP，单击【开始创作】按钮，选择"视频 1""视频 2""视频 3"。

步骤 3　设置比例。单击主工具栏【比例】按钮，选择 9∶16。

步骤 4　添加背景。单击主工具栏【背景】按钮，选择【画布样式】，在样式中选择喜欢的样式，单击【全局应用】按钮，然后单击【✓】按钮回到上一级，如图 16-10 所示。

步骤 5　调整视频顺序。长按播放的视频，可以看到视频缩略图，前后拖动调整视频顺序，将"视频 1"拖动至最前面。

步骤 6　视频剪辑。单击工具栏【剪辑】按钮，选择"视频素材 1"，向右滚动至 51 秒处，单击下方工具栏中的【分割】按钮，再向右滚动至 55 秒处，再次单击下方工具栏中的【分割】按钮，将视频分成 3 段，选择分段后的中间视频段，单击【删除】按钮。采用同样的方法，将"视频素材 2"～"视频素材 4"进行合适的剪辑，如图 16-11 所示。

图 16-10 添加背景   图 16-11 分割视频

步骤 7 设置封面。滚动视频至起始位置，依次选择【设置封面】→【封面模板】，选择一个合适的封面模板（此处选择第 1 个），单击模板中的文字，修改文字为"顺德职业技术学院校歌，制作：学生姓名"，根据需要设置文字的字体、样式等，双指在屏幕滑动可以放大和缩小文字，完成后如图 16-12 所示。

(a)

(b)

图 16-12 设置封面

步骤 8 添加音频。移动到视频轨道起始位置，单击【关闭原声】按钮，在视频轨道下方，单击【添加音频】按钮，在下方工具栏选择【音乐】选项，可以在搜索栏中搜索在线音乐，本视频选择【导入音乐】→【本地音乐】，选择"音频素材-顺德职业技术学院校歌"，单击【使用】按钮，如图 16-13 所示。选择音频轨道，通过【分割】按钮或者直接拖动两端移动按钮，根据视频长度缩减音频的长度。

　　步骤 9　添加歌词字幕。单击主工具栏中的【文字】→【识别歌词】，单击【开始识别】按钮，系统自动识别后，会自动将歌词添加到视频上，如图 16-14 所示。后期可以根据需要修改歌词文本样式、位置等。

图 16-13　添加音频

图 16-14　歌词字幕自动识别

　　步骤 10　导出与发布视频。单击【导出】按钮，剪映会导出编辑的视频为 MP4 文件，保存在相册，可以直接分享到抖音等平台。

16.3.4　HTML5 制作与发布——班会活动邀请函制作

1. 案例描述

在手机上使用初页 APP 制作一个班会活动邀请函，制作素材如下：
① 邀请函文字素材。

微课
班会活动邀请函
制作

　　尊敬的艾林老师，您好！
　　班级是同学们美好的归属。
　　为此，22 软件技术 1 班团支部精心布置了一场关于班级团结的主题班会，题为"相亲相爱一家人"，班会召开时间定为 2022 年 5 月 4 日（星期三）下午 14：00-16：00。望您能在百忙中抽出时间参加班会，22 软件技术 1 班团支部成员在此向您表示衷心的感谢！

22 软件技术 1 班团支部
2022 年 4 月 28 日

② 照片素材。

班级合照 1 张，嘉宾照片 3 张。

制作效果如图 16-15 所示。

(a)

(b)

(c)

(d)

图 16-15　邀请函效果图

2. 案例实现

步骤1　在手机市场中下载安装初页 APP。

步骤2　打开初页 APP，选择【模板】→【邀请函】，选择"红色喜庆年会"模板。

步骤3　在模板页面中单击【制作同款】按钮，选择准备好的照片，进入页面预览，单击右下角【去编辑】按钮，进入页面编辑。

步骤 4　更换图片：单击图片，在下方的页面工具栏单击【换图】按钮，依次修改每个页面的文字和图片；修改文字：单击需要修改的文字，在下方文本框修改对应文字内容，如果需要修改字体及颜色，在修改视图单击【字体/颜色】按钮，如图 16-16 所示。

图 16-16　修改文字和图片

步骤 5　删除多余的页面。如果需要删除多余的页面，单击【页面】→【删除本页】按钮，也可以在页面中添加图片、文字、视频等对象，如果需要，可单击【添加】按钮，选择需要添加的对象即可。

步骤 6　制作完成的效果图如图 16-15 所示。

课后练习

一、选择题

1. 数字媒体在编码时，为了减少文件大小，通常需要经过（　　）处理。

　　A. 压缩　　　　B. 采样　　　　C. 量化　　　　D. 传输

2. 在两段视频之间添加效果，通常称为（　　）。

　　A. 黑屏　　　　B. 过渡　　　　C. 转场　　　　D. 跳转

3. 数字媒体包括了文本、图形图像、（　　）、音频、动画等多种形式。

　　A. 纸张　　　　B. 视频　　　　C. 光盘　　　　D. 编码

二、填空题

1. RGB 分别表示（　　）（　　）（　　）3 种颜色。

2. 音频处理一般是一个图形图像处理软件，常用的软件是（　　）。

课后练习

3．人声录制完成后，不管采用哪种工具，都需要进行基本的效果处理，通常用到的效果处理是音量标准化、（ ）、均衡、混响、延时。

4．当需要将图像保存为透明的格式时，通常将文件保存为（ ）格式。

三、操作题

1．上网搜索融媒体案例，分析其采用了何种技术来实现。

2．上网搜索图片，推荐 3 个优秀的图片资源网站，说明其特点。

3．上网搜索"公鸡叫声"音频效果，并下载保存文件。

单元 17　虚　拟　现　实

【单元导读】

VR 眼镜和 VR 头盔与普通的眼镜和头盔有什么不同？VR 游戏和普通游戏有什么不一样的地方？如果对虚拟现实感兴趣，想要知道它是如何工作的，或者想自己创建 VR 体验，可以通过本单元进行了解。本单元将从虚拟现实的概念开始，到虚拟现实硬件设备的介绍，循序渐进地讲解虚拟现实案例应用，并引入虚拟现实开发引擎 Unity。

素养提升　单元 17
虚拟现实

项目 17.1　虚拟现实技术概述

PPT:
虚拟现实技术

PPT

"虚拟现实"作为一个技术概念提出已久。早在 20 世纪 90 年代初，我国著名科学家钱学森先生就对"Visual Reality"提出过自己的翻译和说明，如图 17-1 所示。2021 年被称为元宇宙元年，同时虚拟现实技术也进入如火如荼的发展阶段。

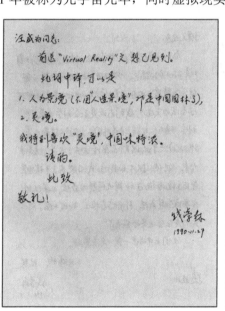

(a)

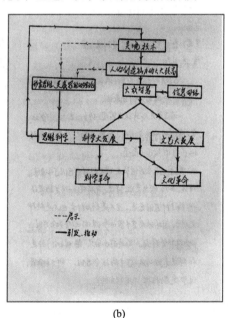

(b)

图 17-1　钱学森先生对"Visual Reality"的翻译和说明

17.1.1　虚拟现实技术概念

虚拟现实（Virtual Reality，VR），顾名思义，就是虚拟和现实相互结合，是一个集成了计算机图形学、仿真技术、电子技术（传感器、显示器）及人工智能等多门技术的综合领域。

从理论上来讲，虚拟现实技术是一种可以创建和体验虚拟世界的计算机仿真系统，它利用计算机生成一种模拟环境，使用户沉浸到该环境中。虚拟现实技术利用现实生活中的数据，通过计算机技术产生的电子信号，将其与各种输出设备结合使其转化为能够让人们感受到的现象，这些现象可以是现实中真真切切的物体，也可以是人们肉眼所看不到的物质，通过三维模型表现出来。因为这些现象不是人们直接所能看到的，而是通过计算机技术模拟出来的现实中的世界，故称为虚拟现实。

虚拟现实技术受到了越来越多人的认可，用户可以在虚拟现实世界能体验到真实的感受，其模拟环境的真实性与现实世界难辨真假，让人有种身临其境的感觉；同时，虚拟现实具有一切人类所拥有的感知功能，如听觉、视觉、触觉、味觉、嗅觉等感知系统；最后，它具有超强的仿真系统，真正实现了人机交互，使人在操作过程中，可以随意操作并且得到环境真实的反馈。

17.1.2 虚拟现实核心三要素

沉浸性、交互性和多感知性是虚拟现实的核心三要素。

1. 沉浸性（Immersion）

沉浸性是指用户作为主角存在于虚拟环境中的真实程度。虚拟世界会给用户产生极为逼真的体验，使用户沉浸其中且难以将意识放到别处。

2. 交互性（Interaction）

交互性是指参与者对虚拟环境内物体的可操作程度和从环境得到反馈的自然程度。在 PC 和移动互联网时代，人们使用鼠标、键盘、触控屏等入口进行信息交互，但到了虚拟现实时代，人们可以使用手势、动作、表情、语言，甚至眼球或者脑电波识别等更加真实的方式进行多维的信息交互，并得到符合一定规律的反馈。

3. 多感知性（Imagination）

素材 项目 17.1

多感知性是指用户因虚拟现实系统中装有的视觉、听觉、触觉、动觉的感应及反应装置，在人机交互过程中获得视觉、听觉、触觉、动觉等多种感知，从而达到身临其境的感受。

17.1.3 虚拟现实关联技术

虚拟现实技术的实现基于计算机相关技术，在其发展道路上有许多的关联技术，如计算机仿真、计算机图形学、人工智能、5G 通信和大数据技术等，它们都和虚拟现实技术紧密相联，相互促进，共同发展。

1. 计算机仿真

计算机仿真是一种描述性和定量分析技术，通过建立某一过程或某一系统的模式，来描述该过程或系统，然后利用一系列有目的、有条件的计算机仿真实验来刻画系统的特征，从而得出数量指标，为决策者提供关于这一过程或系统的定量分析结果，作为决策的理论依据。

而 VR 技术是一种可以创建和体验虚拟世界的计算机仿真技术，它利用计算机生成一种结合了多源信息融合、交互式的三维动态视景和实体行为的模拟环境，使用户沉浸到该环境中，以直接观察的方式获得仿真结果。

2. 计算机图形学

计算机图形学是一种使用数学算法将二维或二维图形转换为计算机显示器的栅格形式的学科。简单地说，计算机图形学的主要研究内容就是研究如何在计算机中表示图形，如何用计算机进行图形的计算处理和显示的相关原理与算法。

VR 技术与计算机图形学是包含关系，除了计算机图形学需要做的视觉方面的展示外，还要将图形渲染出的效果再呈现为 3D 画面，以被人眼直接观察到。

3. 人工智能

人工智能是研究、开发用于模拟、延伸和扩展人的智能的理论方法、技术及应用系统的一门技术科学，是计算机科学的一个分支，它试图揭示人类智能的本质，并生产出一种新的，能以人类智能相似的方式做出反应的智能机器。

人工智能和 VR 又有何种关系呢？简单来说，人工智能能够创造接受感知的事物，而 VR 是一个创造被感知的环境。人工智能的事物可以在 VR 环境中进行模拟和训练，随着时间的推移，人工智能会使得虚拟世界中的环境更真实，让虚拟的人更像人，让虚拟的场景更逼真。

4. 5G 通信

VR 也需要 5G 通信的支持，在 VR 和 AR 技术中，语音识别、视线跟踪、手势感应等都需要低时延处理，同时也要求网络时延必须足够低。所以，高速的、低时延的 5G 网络就为 VR 走进人们的日常生活铺平了道路。

5. 大数据技术

大数据是指无法在一定时间范围内用常规软件工具进行捕捉、管理和处理的数据集合，是需要新处理模式才能处理的，具有更强的决策力、洞察力和流程优化能力的，海量、高增长率和多样化的信息资产。而大数据技术就是对这些海量的数据进行处理和分析。

从表面上看，大数据技术和 VR 技术好像没有关联，其实不然，VR 可以从很多方面改变大数据。例如，大数据将变为沉浸式，在 2D 屏幕可视化大量数据几乎是不可能完成的任务，但 VR 提供了一种可能性。同时，分析将变成交互式。交互性是理解大数据的关键。毕竟，如果没有动态处理数据的能力，仿真并没有太多意义。几十年以来人们一直在使用静态数据模型来了解动态数据，但 VR 为人们提供了动态处理数据的能力。

17.1.4　虚拟现实技术分类

VR 只是狭义上的虚拟现实，广义上的虚拟现实还包括 AR 和 MR，三者合称泛虚拟现实，而泛虚拟现实产业也被称为 3R 产业。

三者最大的区别是，VR 独立于真实世界之外，AR 叠加在真实世界之上，MR

与真实世界融为一体。

图 17-2　VR 独立于真实世界之外

1. VR

VR 全称为 Virtual Reality，如图 17-2 所示，其概念已经在前面介绍，这里就不再赘述。

2. AR

AR 全称为 Augmented Reality，即增强现实技术。这项技术是利用计算机技术将虚拟的信息叠加到真实世界，通过手机、平板电脑等设备显示出来，被人们所感知，从而实现真实与虚拟的大融合，丰富现实世界。简而言之，就是将本身平面的内容"活起来"，赋予实物更多的信息，增强立体感，加强视觉效果和互动体验感。

AR 技术的常见应用是利用手机摄像头扫描现实世界的物体，通过图像识别技术在手机上显示相对应的数据、图片、音视频和 3D 模型等，如图 17-3 所示。

3. MR

MR 全称为 Mixed Reality，即混合现实技术，它是通过在虚拟环境中引入现实场景信息，在虚拟世界、现实世界和用户之间搭起一个交互反馈信息的桥梁，从而增强用户体验的真实感。MR 技术的关键点就是与现实世界进行交互和信息的及时获取，也因此它的实现需要在一个能与现实世界各事物相互交互的环境中，如图 17-4 所示。如果环境都是虚拟的，那就是 VR；如果展现出来的虚拟信息只是与真实事物的简单叠加，那就是 AR。

图 17-3　AR 叠加在真实世界之上

图 17-4　MR 与真实世界融为一体

微课
虚拟现实应用领域

17.1.5　虚拟现实应用领域

随着 VR 行业的迅猛蓬勃发展，企业创新能力也在不断提高，相关设备的应用范围越来越广。不仅在传统的网络游戏、娱乐领域，近年来，VR 虚拟现实技术还在医疗、教育、电商等众多行业得到了广泛运用。

VR 虚拟现实在很多领域都有着可运用的潜力，可以广泛地应用于城市规划、室内设计、工业仿真、古迹复原、桥梁道路设计、房地产销售、旅游展示、水利电力、地质灾害、教育培训等众多领域，为其提供切实可行的解决方案。

1. VR 游戏

相比传统的电子游戏，VR 游戏能够带来更加沉浸式的游戏体验。在主机或智能手机的游戏体验中，玩家控制游戏主角，完成相关的任务；而戴上 VR 头显后玩家即可化身为游戏中的主角，体验更加惊险、刺激的游戏内容。

2. VR 影视

VR 影视，即虚拟现实电影。虚拟现实通过计算机生成模拟现实的三维动态场景，模拟人的视觉、听觉、触觉等多重感官，使人沉浸在虚拟的环境中。虚拟现实电影可以让观众走进电影场景中，360°查看周围的环境，这将彻底颠覆传统的观影体验，颠覆传统的创作手法，甚至电影的发行方式。

3. VR 社交

在没有互联网前，人们的社交活动都是面对面的，称为线下社交。而随着互联网的发展，人们借助一些社交应用（QQ、微信、微博等），把活动移到了线上，使得人们之间的沟通变得更加顺畅，不受空间限制，这种形态称为线上社交。

而 VR 社交则介于二者之间，与它们又都不同，人们倾向于把它定义为"虚拟线下社交"。线上社交是使得人们不用见面就可以产生联系，而 VR 社交则是使人们可以随时可以虚拟见面。它是线下社交的替代，而非简单的增强，如图 17-5 所示。

4. VR 教育与培训

随着 VR 教育的出现，整个教育形态和学生的认知形式又将进行新一轮的升级，VR 带来的空间三维化的效果，将对图形的理解能力从学生的自我空间想象能力转为三维图形的效果记忆。

除了知识和信息上的直观感知与获取，VR 技术通过模拟真实环境，让学生进行模拟操作，这对一些在实际操作中成本较高或较大危险性的职业教育领域拥有广泛的应用前景。

在厂矿、电力、消防等行业，越来越多的企业引入了 VR 技术，对员工进行职业培训，通过对相关操作设备进行建模，在 VR 技术下实现操作仪器设备，一方面减少了实际培训的安全风险，另一方面降低了培训演练的成本，达到理想的培训效果，如图 17-6 所示。

图 17-5　VR 社交

图 17-6　光伏电站 VR 安装教学实训

5. VR 医疗

虚拟现实技术在医疗培训、临床诊疗、医学干预、远程医疗等方面都有一定的应用空间。在医疗培训方面，虚拟现实技术可以突破实验设备、实验场地和经费等物理方面的局限，让更多的医学院学生或者医生可以沉浸在虚拟现实环境中进行训练并学习新技术，加深对训练内容的理解。

虚拟现实技术从无到有地制造了一个完全真实的经历给医生体验，对于刚刚走出医学院校门的新手，借助虚拟手术系统可以成为经验丰富的外科手术高手，而且利用虚拟现实技术，同样的病例和场景可被重复使用，从而节省资源，如图 17-7 所示。

6. VR 电商

虚拟现实的互动能让消费者获得更为逼真的感官体验，并降低经营成本，未来虚拟电商将会是一种新的趋势。在虚拟售房领域，通过展示日照情况、交通体验、自主漫游、样板间效果，可以更好地满足用户多样化的需求。

VR 商城采用 VR 技术生成可交互的三维购物环境，消费者戴上一副连接传感系统的眼镜，就能看到 3D 真实场景中的商铺和商品，实现各地商场随便逛，各类商品随便试的目的，如图 17-8 所示。

图 17-7 VR 医疗　　　　　　　　　图 17-8 VR 家具选购

项目 17.2　常见的 VR 硬件设备

虚拟现实技术的实现需要依赖一定的硬件设备和环境，由计算机或独立计算单元生成虚拟环境，体验者通过封闭式头部显示器观看这些数字内容，虚拟现实设备通过传感器感知体验者的运动，将这些运动数据（如头部的旋转、手部的移动等）传送给计算机，相应地改变数字环境内容，以符合体验者在现实世界的反应。体验者可以在虚拟环境中行走、观察，与物体进行交互，从而感受到与现实世界相似的体验。

17.2.1　VR 眼镜

大部分 VR 眼镜都只是一个纯光学设备，没有自己的显示屏和计算平台，必须配合手机使用。这类产品的优点是门槛低、价格便宜，缺点是沉浸感较差，玩久了会有晕眩感。

以 Cardboard 为代表，是简易版 VR 眼镜，整体使用纸壳构造，包含两个透镜，插槽用于搭载智能手机。智能手机提供显示内容、追踪头部旋转、数据计算等功能，头显一侧提供辅助点击屏幕的部件，模拟 VR 中的点击交互。缺点是舒适性较差，并且没有头部固定带，需要一直用手扶着，如图 17-9 所示。

Gear VR 也属于此类产品，由三星公司提供硬件设备制造，Oculus 公司提供软件层面的技术支持，Oculus 移动平台可以将智能手机转换为便携式 VR 设备，如图 17-10 所示。

图 17-9　Cardboard　　　　　　　　　　　　图 17-10　Gear VR

17.2.2　VR 头显

VR 头显自带显示屏，配备有控制手柄，但没有计算平台，需要配合 PC 使用。与纯粹的 VR 眼镜相比，VR 头盔的操作更方便，体验感也更好，沉浸感强，晕眩感较低。

其缺点是需要连接线和外接设备，活动空间受到限制。另外，VR 头显对 PC 的处理器和显卡的要求比较高，需要 PC 有较高的硬件配置。

HTC VIVE 是 PC 端 VR 头显设备的典型代表，如图 17-11 所示。

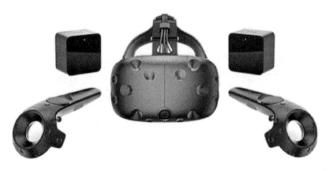

图 17-11　HTC VIVE

17.2.3　VR 一体机

VR 一体机不需要 PC 或智能手机驱动，自带独立的显示屏和计算平台，其原理是将手机和 PC 集成到眼镜框里，脱离手机和 PC 使用。

和头显相比，一体机的好处是摆脱了连接线和其他的计算终端，不再受缆线的约束，更加便携，而且价格要便宜很多。但是在实时计算和数据传输等方面，VR

一体机的性能比 PC 还是差了一截。

　　Oculus 旗下的 Quest VR 是 VR 一体机的典型代表，如图 17-12 所示，HTC 公司也推出了名为 Focus 的 VR 一体机，如图 17-13 所示。

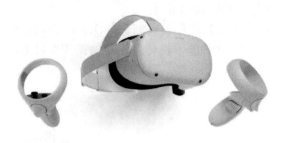

图 17-12　Oculus Quest2

图 17-13　HTC VIVE Focus

项目 17.3　HTC VIVE 平台下的 Unity VR 开发

　　HTC VIVE 是 HTC 公司与 Valve 公司联合开发的一款虚拟现实头戴式显示器，由 Valve 公司的 Steam VR 提供技术支持，HTC 获得技术授权，并进行整合营销，可以直接在 Steam 平台上体验虚拟现实游戏。

　　Unity 是当前业界领先的 VR/AR 内容制作工具，是大多数 VR/AR 创作者首选的开发工具，世界上超过 60%的 VR/AR 内容使用 Unity 制作完成。

17.3.1　HTC VIVE 设备

　　HTC VIVE 设备一般包含 3 个部分，分别是头戴式显示器、控制手柄和一对能在空间中同时追踪显示器与控制器的无线定位器所组成的定位系统，如图 17-14 所示。

1. 头戴式显示器

　　简称头显，使用 OLED 屏幕，双眼合并分辨率可以达到 2880×1600 像素，正面有追踪感应器和相机镜头，侧面包含指示灯、头戴式设备按钮和镜头距离旋钮，如图 17-15 所示。

图 17-14　HTC VIVE 设备

图 17-15　HTC VIVE 头显

2. 控制手柄

控制手柄是虚拟现实中进行交互的最重要手段之一，通过控制手柄可以实现手势追踪和与虚拟世界中的对象交互。手柄两个一对，分为左右，开发的时候也需要分左右进行，如图 17-16 所示。

3. 定位器

定位器构成了 HTC VIVE 设备中的定位系统。定位系统不需要通过摄像头，而是借助激光和光敏传感器来确定玩家的位置。将两个定位器安置在对角，形成一个长方形区域，玩家在此长方形区域内的活动都会被侦测并记录下来，如图 17-17 所示。

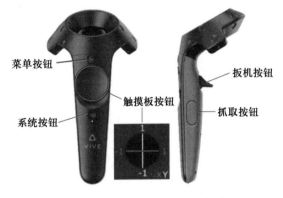

图 17-16　HTC VIVE 控制手柄

图 17-17　HTC VIVE 定位器

17.3.2　VR 开发工具 Unity

基于跨平台的优势，Unity 支持市面上绝大多数的硬件平台，如 Oculus Rift、Steam VR/VIVE、Gear VR、Microsoft HoloLens 等。

微课
VR 开发工具 Unity

课后练习

一、填空题

1. 虚拟现实技术的核心三要素是_____、_____、_____。

2. 虚拟现实技术的 5 种关联技术分别是_____、_____、_____、_____、_____。

3. _____是当前业界领先的 VR/AR 内容制作工具，同时也是大多数 VR/AR 创作者首选的开发工具。

二、简答题

1. 虚拟现实技术目前主要应用在哪些领域？

2. 请简述虚拟现实硬件设备的主要类型及相关特点。

3. 请简述增强现实技术（AR）和混合现实技术（MR）的概念，它们和虚拟现实技术（VR）最大的区别。

课后练习

单元 18　区　块　链

【单元导读】

　　什么是区块链呢？下面通过一个小故事来帮助大家理解。在古代有一个村子，村民们每次交易都会找村长做见证，村长则会将交易记录在他的小账本上，随着找村长记账的村民越来越多，大家逐渐发现了问题，如果村长监守自盗修改账本怎么办？为了避免这种情况的发生，再有交易时，村民就用广播告知全村人，请全村人一起记账，信任问题也就解决了，如果某一个村民账本的丢失，其他村民都有备份，从而降低了数据丢失的风险，为了激励村民记账，记账又快又好的村民还能得到一定奖励，这就是区块链技术的基本原理。

　　那么，区块链技术能为人们的生活带来哪些变化呢？区块链上信息的公开透明和不可篡改的特征，为传统公证方式带来转机，甚至未来在合同、房产、司法、档案、电子病历的保存和存证上也可能为人们带来便利，此外在版权保护方面区块链也可以发挥作用。在如今日益发展的物联网行业中更少不了区块链的身影，如自动售卖机监测到货物不足时，可以通过智能合约自动下单补货，甚至物联网设备可以依靠区块链实现数据互通，区块链技术让万物互联、价值互通成为可能，随着科技的不断发展，未来区块链还会发挥更多作用。

素养提升　单元 18
区块链

项目 18.1　区块链概述

18.1.1　区块链的基本概念

　　关于区块链的定义，本书采用我国工信部《中国区块链技术和应用发展白皮书（2016）》中关于区块链的定义：

　　狭义来讲，区块链是一种按照时间顺序将数据区块以顺序相连的方式组合成的一种链式数据结构，并以密码学方式保证的不可篡改和不可伪造的分布式账本。

　　广义来讲，区块链技术是构建在点对点网络上，利用链式数据结构来验证与存储数据，利用分布式节点共识算法来生成和更新数据，利用密码学的方式保证数据传输和访问的安全,利用由自动化脚本代码组成的智能合约来编程和操作数据的一种全新的分布式基础架构与计算范式。

微课
区块链概述

18.1.2　区块链的发展历程

1. 区块链发展的 3 个阶段

素材　项目 18.1

　　区块链自诞生以来，在应用方面，它经历了 3 个阶段的变化。区块链技术每个阶段都有重要的发展和发明。区块链 3 个阶段的发展分别被称为区块链 1.0、2.0 和 3.0。

（1）区块链 1.0

区块链 1.0 阶段，主要应用在数字货币领域。数字货币的各种买卖，是人们参与区块链的最主要形式之一。可编程货币的出现，使得价值在互联网中直接流通成为可能。

区块链构建了一种全新的、去中心化的数字支付系统，随时随地进行货币交易、毫无障碍的跨国支付以及低成本运营的去中心化体系。

（2）区块链 2.0

区块链 2.0 阶段，主要应用在金融领域，以智能合约的开发和应用为代表。基于区块链技术可编程的特点，人们尝试将"智能合约"的理念加入到区块链中，形成了可编程金融。有了合约系统的支撑，区块链的应用范围开始从单一的货币领域扩大到涉及合约功能的其他金融领域。

区块链技术得以在包括股票、清算、私募股权等众多金融领域崭露头角，许多金融机构都开始研究区块链技术，并尝试将其运用于现实。

（3）区块链 3.0

区块链 3.0 阶段，是超越货币、金融范围的区块链应用，致力于为各行业提供去中心化解决方案，向智能化物联网时代发展。

随着区块链"去中心化"功能及"数据防伪"功能逐步受到重视。人们开始认识到，区块链的应用不仅局限在金融领域，还可以扩展到任何有需求的领域中去。区块链应用的领域将扩展到人们生活的方方面面，如医疗、司法、物流等。区块链技术对每一个互联网中心代表价值的信息进行产权确认、计量和存储，重塑人们生活的方方面面。

2. 我国支持区块链发展的政策

2016 年 10 月，工业和信息化部发布《中国区块链技术和应用发展白皮书（2016）》，总结了国内外区块链发展现状和典型应用场景，介绍了区块链技术发展路线图以及未来区块链技术标准化方向和进程。

2016 年 12 月，"区块链"首次被作为战略性前沿技术写入《国务院关于印发"十三五"国家信息化规划的通知》。

2017 年 1 月，工业和信息化部发布《软件和信息技术服务业发展规划（2016—2020 年）》，提出区块链等领域创新达到国际先进水平等要求。

2018 年 3 月，工业和信息化部发布《2018 年信息化和软件服务业标准化工作要点》，提出推动组建全国信息化和工业化融合管理标准化技术委员会、全国区块链和分布式记账技术标准化委员会。

2019 年 1 月，国家互联网信息办公室发布《区块链信息服务管理规定》。2019年 10 月，在中央政治局第十八次集体学习时，提出把区块链作为核心技术自主创新的重要突破口，并加快推动区块链技术和产业创新发展。"区块链"已走进大众视野，成为社会的关注焦点。

18.1.3　区块链的特征

区块链是一个分布式的共享账本和数据库，具有去中心化、不可篡改、公开透明、匿名性等特点，为区块链创造信任奠定基础。区块链主要有以下几个特征：

（1）去中心化

去中心化是区块链最基本的特征之一，区块链不再依赖于中心化机构，实现了数据的分布式记录、存储和更新。在传统的交易管理中，可信赖的第三方机构持有并保管着交易账本，但建立在区块链技术基础上的交易系统，在分布式网络中用全网记账的机制替代了传统交易中第三方中介机构的职能，买家卖家可以直接交易，无须通过任何第三方支付平台，同时也无须担心自己的其他信息泄漏。去中心化的处理方式就需要更为简单和便捷，当中心化交易数据过多时，去中心化的处理方式还会节约很多资源，使整个交易自主简单化，并且排除了被中心化控制的风险。

（2）不可篡改

区块链系统的信息一旦经过验证并添加至区块链后，就会得到永久存储，无法更改（具备特殊更改需求的私有区块链等系统除外）。除非能够同时控制系统中超过 51% 的节点，否则单个节点上对数据库的修改是无效的，因此区块链的数据稳定性和可靠性极高。哈希算法的单向性是保证区块链网络实现不可篡改性的基础技术之一。

（3）公开透明

区块链的透明性，实际上是指交易的关联方共享数据、共同维护一个分布式共享账本。因账本的分布式共享、数据的分布式存储、交易的分布式记录，人人都可以参与到这种分布式记账体系中来，账本上的交易信息也对所有人公开，所以任何人都可以通过公开的接口对区块链上的数据信息进行检查、审计和追溯。区块链数据记录和运行规则可以被全网节点审查、追溯，具有很高的透明度。

（4）匿名性

匿名性，是指区块链利用密码学的隐私保护机制，可以根据不同的应用场景来保护交易人的隐私信息，交易者在参与交易的整个过程中身份不被透露，交易人身份、交易细节不被第三方或者无关方查看。通过密码学的隐私保护机制，区块链技术解决了节点间的信任问题。因为节点之间的交换可以遵循固定的算法，并且区块链中的程序规则会在数据进行交互活动时自行判断活动的有效性，所以链上的数据存储和交互可以在匿名而非基于地址和个人身份的情况下进行。

项目 18.2　区块链的分类

PPT:
区块链的分类

PPT

区块链按准入机制分成公有链，私有链和联盟链 3 类，如图 18-1 所示。

18.2.1　公有链

第一类是公有链（Public Blockchain）对所有人开放，任何人都可以参与的区块链。公有链完全去中心化、不受任何机构控制，账本完全公开透明、任何人都可以参与到区块链的维护和数据读取。

```
            区块链
   ┌──────────┼──────────┐
   ▼          ▼          ▼
 公有链      私有链      联盟链
```

图 18-1　区块链分类

公有链是开放程度最高，也是去中心化程度最高的；在公有链中数据的更新、存储、操作都不依赖于一个中心化的服务器，而是依赖于网络上的每一个节点，这就意味着公有链上的数据是由全球互联网上成千上万的网络节点共同记录与维护的，没有人能够篡改其中的数据，这也是其最重要的标志。

素材　项目 18.2

但是公有链的特征注定它无法适用于所有场景，如公有链数据是全网公开的，并不适用于所有行业，如银行、证券等不可能将全网数据公开；公有链因为需要全网节点共同参与，参与节点太多，影响处理交易的速度，导致效率低。

18.2.2 私有链

第二类是私有链（Private Blockchain），是指存在一定的中心化控制的区块链，对单独的个人或实体开放，参与的节点只有自己，数据的访问和使用有严格的权限管理。

本质上来说，私有链就是以牺牲部分去中心化的特性为代价，来换取对于区块链权限的一些特殊控制，并且可以使用比公有链更为高效、灵活、低成本的共识机制来进行区块链的运转。私有链确实有大量的场景可以对接现实世界的需求。

采用私有链的主要群体是金融机构、大型企业、政府部门等。私有链典型的应用是央行开发的用于发行央行数字货币的区块链，该链只能由央行进行记账，个人不能参与记账。

18.2.3 联盟链

第三类是联盟链（Consortium Blockchain），对特定的组织团体开放，是指参与区块链的节点是事先选择好的，节点间很可能有很好的网络连接。联盟链是公司与公司、组织与组织之间达到的联盟的模式，维护链上数据的节点都来自于这个联盟的公司或组织，记录与维护数据的权利掌握在联盟公司成员手上；采用联盟链的主要群体有银行、证券、保险、集团企业等。

联盟链的特点是可以做到很好的节点之间的连接，只需要极少的成本就能维持运转，它的交易速度非常快，交易成本大幅降低。数据可以有一定的隐私。联盟链中的数据读取权限是分级别的，分为对外和对内，以及内部各节点之间的权限也可以不同。该类区块链上可以采用非工作量证明的其他共识算法，其应用范围不会太广。

公有链、联盟链、私有链在开放程度上是递减的，公有链开放程度最高、最公平，但速度慢、效率低；联盟链、私有链的效率较快，但弱化了去中心化属性，更侧重于区块链技术对数据维护的安全性。

项目 18.3 区块链关键技术

18.3.1 分布式账本

区块链网络的核心是一个分布式账本，记录所有在网络上发生的交易。在区块链中，账本会被所有网络中的参与者复制到本地，且每一个参与者都在对账本进行维护协作，因此它是完全去中心化的，如图 18-2 所示。分布式存储区别于传统中心化存储的优势主要体现在两个方面：一是每个节点上备份数据信息，避免了由于单点故障导致的数据丢失；二是每个节点上的数据都独立存储，有效规避了恶意篡改历史数据。

除了去中心化外，还使用了加密技术，每一个区块都有唯一的哈希值。这种不可篡改的特性使得信息具备可追溯的能力，因为所有的参与者在提交信息后都无法改变，都会在区块中留存记录，这也是区块链有时被称作证明系统的原因。

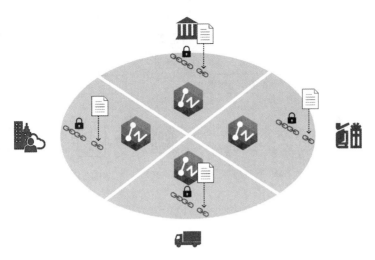

图 18-2　分布式账本

18.3.2　加密算法

密码技术是区块链的核心技术之一，目前的区块链应用中采用了很多现代密码学的经典算法，主要包括哈希算法、对称加密、非对称加密、数字签名等。

以哈希算法为例，哈希算法的目的是针对不同输入，产生一个唯一的固定长度的输出。哈希算法有 3 个特点：一是不同的输入数据产生的输出数据必定不同；二是输入数据的微小变动会导致输出的较大不同；三是给定已知输出数据，无法还原出原始的输入数据。常用的 SHA-256 算法就是针对任意长的数据数列输出 256 位数据，实际使用中 SHA-256 用于对区块链的每个区块数据进行哈希摘要后防止篡改，同时结合 Merkle Tree 数据结构实现部分区块数据的哈希值验证，如图 18-3 所示。

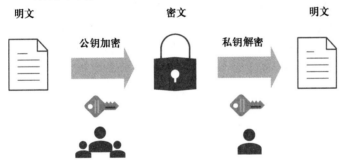

图 18-3　加密算法

素材　项目 18.3

18.3.3　智能合约

为了支持信息更新的一致性，并支持完整的账本功能（包括但不限于交易、查询等），区块链网络通过使用智能合约来约束和规范对账本的访问及变更。智能合约可视作一段部署在区块链上可自动运行的程序，其涵盖的范围包括编程语言、编译器、虚拟机、事件、状态机、容错机制等。在智能合约中封装了信息处理的完整方案。所有的参与者都可以按照智能合约中的约定自动执行相关事务处理操作，如图 18-4 所示。

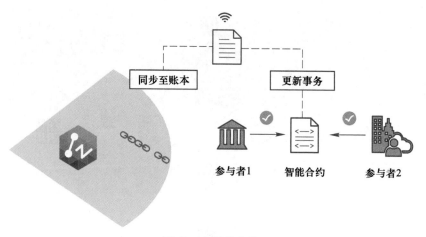

图 18-4 智能合约

例如，一份智能合约可以规定货物运输的成本，成本根据货物到达的时间而变化。在双方同意的条件下，当收到货物时，根据智能合约中约定的资金会自动地转手。

18.3.4 共识机制

区块链系统是一个分布式架构，交易账本信息由各个节点管理，组成一个庞大的分布式账本。在分布式系统中，各个节点收到的交易信息的顺序可能存在差异（如网络延迟、主机处理性能等），这会导致账本信息的状态不一致。所以，在区块链系统中，需要一套机制来保证交易的先后顺序，这套机制就是人们常说的"共识机制"。

保持账本中发生的交易在整个网络中同步的过程，并确保只有当交易得到拥有决策权力的参与者（背书方或符合背书条件）批准时才会更新，并且当所有网络账本进行更新时，它们以相同的顺序更新相同的事务，这称为"共识"。常用的共识机制主要有 PoW、PoS、DPoS、Paxos、PBFT 等。

通过对区块链更加深入地了解，会学到更多关于账本、智能合约和共识的知识。就目前而言，将区块链视为一个共享的、复制的交易系统即可，它通过智能合约进行更新，并通过一个称为共识的协作过程保持一致，如图 18-5 所示。

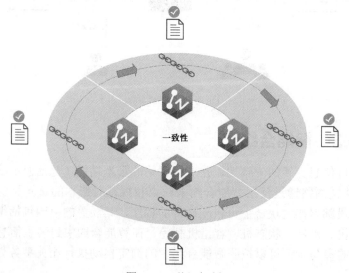

图 18-5 共识机制

项目 18.4　区块链应用场景

目前，区块链的应用已从单一的数字货币应用延伸到社会的各个领域，其应用的场景概览如图 18-6 所示，包括金融服务、文化娱乐、医疗健康、物联网、通信等行业的应用场景。需要注意的是，除金融服务行业的应用相对成熟外，其他行业的应用还处于探索起步阶段。

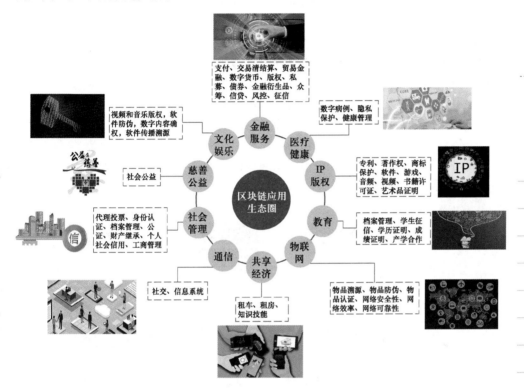

图 18-6　区块链应用场景概览

18.4.1　区块链与金融服务

金融服务是区块链技术的第一个应用领域，不仅如此，由于该技术所拥有的高可靠性、简化流程、交易可追踪、节约成本、减少错误以及改善数据质量等特点，使其具备重构金融业基础架构的潜力。

区块链对于支付领域、资产管理领域、证券领域、清算和结算领域等痛点问题都有广泛应用。以支付领域为例来说明，金融机构特别是跨境的金融机构间的对账、清算、结算的成本较高，也涉及很多的手工流程，这不仅导致了用户端和金融机构中后台业务端等产生的支付业务费用高昂，也使得小额支付业务难以开展。

区块链技术在支付领域的应用有助于降低金融机构间的对账成本及争议解决的成本，从而显著提高支付业务的处理速度及效率，这一点在跨境支付领域的作用尤其明显。另外，区块链技术为支付领域所带来的成本和效率优势，使得金融机构能够处理以往因成本因素而被视为不现实的小额跨境支付，有助于普惠金融的实现。

18.4.2 区块链与供应链管理

供应链是由物流、信息流、资金流所共同组成，并将行业内的供应商、制造商、分销商、零售商、用户串联在一起的复杂结构。整个供应链在运行过程中产生的各类信息被离散地保存在各个环节各自的系统内，信息流缺乏透明度。这会带来两个方面的严重的问题：一是分割的信息链条导致的各参与主体难以准确了解相关事项的状况，从而降低整体供应链的效率；二是当供应链各主体间出现纠纷时，举证和追责的耗时费力。

区块链技术作为一种大规模的协作工具，天然地适合运用于供应链管理。首先，区块链技术能使得数据在交易各方之间公开透明，从而在整个供应链条上形成一个完整且流畅的信息流，这可确保参与各方及时发现供应链系统运行过程中存在的问题，并有针对性地找到解决问题的方法，进而提升供应链管理的整体效率；其次，区块链所具有的数据不可篡改和时间戳的存在性证明的特质能很好地运用于解决供应链体系内各参与主体之间的纠纷，实现轻松举证与追责；最后，数据不可篡改与交易可追溯两大特性相结合可根除供应链内产品流转过程中的假冒伪劣问题，如图 18-7 所示。

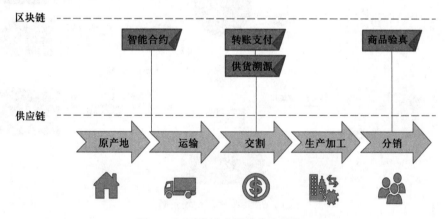

图 18-7 区块链应用于供应链管理

素材 项目 18.4

18.4.3 区块链与社会公益

随着互联网技术的发展，社会公益的规模、场景、辐射范围及影响力得到空前扩大，"互联网+公益"、普众慈善、"指尖公益"等概念逐步进入公益主流。这些模式不仅解构了传统慈善的捐赠方式，同时推动公众的公益行为向碎片化、小额化、常态化方向发展。慈善机构要获得持续支持，就必须具有公信力，而信息透明是获得公信力的前提。公益透明度影响公信力，公信力决定社会公益的发展速度。

区块链从本质上来说，是利用分布式技术和共识算法重新构造的一种信任机制，是用共信力助力公信力。区块链上存储的数据，高可靠且不可篡改，天然适合用在社会公益场景。公益流程中的相关信息，如捐赠项目、募集明细、资金流向、受助人反馈等，均可以存放于区块链上，在满足项目参与者隐私保护及其他相关法律法规要求的前提下，有条件地进行公开公示。

课后练习

一、选择题

1. 区块链技术具备以下（　　）特性。

    A．去中心化　　　　　B．不可篡改　　　　　C．可追溯　　　　　D．共识性

2. 区块链的安全性主要是通过（　　）来进行保证的。

    A．签名算法　　　　　B．密码算法　　　　　C．哈希算法　　　　　D．共识算法

3. 区块链的技术分类包括公有链、联盟链和（　　）。

    A．区域链　　　　　　B．社会链　　　　　　C．私有链　　　　　　D．数据链

4. 共识由多个参与节点按照一定机制确认或验证数据，确保数据在账本中具备正确性和（　　）。

    A．真实性　　　　　　B．多样性　　　　　　C．可靠性　　　　　　D．一致性

5. 区块链技术带来的价值包括（　　）。

    A．提高业务效率　　　　　　　　B．降低拓展成本

    C．增强监管能力　　　　　　　　D．创造合作机制

二、简答题

与传统的中心化服务相比，区块链技术具有哪些独特的特点？

参 考 文 献

[1] 眭碧霞. 信息技术基础[M]. 2 版. 北京：高等教育出版社，2019.

[2] 陈正振，肖英. 信息技术[M]. 北京：高等教育出版社，2021.

[3] 刘万辉，刘升贵. 信息技术基础案例教程（Windows 10+Office 2016）[M]. 3 版. 北京：高等教育出版社，2021.

[4] 刘春茂，刘荣英，张金伟. Windows 10+Office 2016 高效办公[M]. 北京：清华大学出版社，2018.

[5] 刘瑞新. Windows 10+Office 2016 新手办公从入门到精通[M]. 北京：机械工业出版社，2017.

郑重声明

高等教育出版社依法对本书享有专有出版权。任何未经许可的复制、销售行为均违反《中华人民共和国著作权法》，其行为人将承担相应的民事责任和行政责任；构成犯罪的，将被依法追究刑事责任。为了维护市场秩序，保护读者的合法权益，避免读者误用盗版书造成不良后果，我社将配合行政执法部门和司法机关对违法犯罪的单位和个人进行严厉打击。社会各界人士如发现上述侵权行为，希望及时举报，我社将奖励举报有功人员。

反盗版举报电话　（010）58581999　58582371

反盗版举报邮箱　dd@hep.com.cn

通信地址　北京市西城区德外大街 4 号　高等教育出版社法律事务部

邮政编码　100120

读者意见反馈

为收集对教材的意见建议，进一步完善教材编写并做好服务工作，读者可将对本教材的意见建议通过如下渠道反馈至我社。

咨询电话　400-810-0598

反馈邮箱　gjdzfwb@pub.hep.cn

通信地址　北京市朝阳区惠新东街 4 号富盛大厦 1 座　高等教育出版社总编辑办公室

邮政编码　100029